Bauen im Bergbaugebiet

Bauen im Bergbaugebiet

Bauliche Maßnahmen
zur Verhütung von Bergschäden

Von

Dr.-Ing. habil. Otto Luetkens
Honorarprofessor an der Technischen Universität
Berlin-Charlottenburg

Mit 176 Abbildungen

Springer-Verlag
Berlin/Göttingen/Heidelberg
1957

ISBN-13: 978-3-642-92705-8   e-ISBN-13: 978-3-642-92704-1
DOI: 10.1007/978-3-642-92704-1

Vorwort

Die Auswirkungen des untertägigen Bergbaues auf die Bauwerke über Tage berühren nur den kleinen Kreis der Bauschaffenden, der sich mit der Planung der Neubauten innerhalb der Bergbaugebiete befaßt. Im Vergleich zu der Gesamtfläche des Bundesgebietes handelt es sich um verhältnismäßig eng begrenzte Gebiete. Diese sind aber sehr dicht bevölkert, weil große Teile der Eisen schaffenden und verarbeitenden Industrie zur Verringerung der Transportkosten ihren Standort in unmittelbarer Nähe der Steinkohlenzechen bezogen haben. Alle Schäden, die an der Erdoberfläche durch den Bergbau verursacht werden, müssen nach dem Allgem. Preuß. Berggesetz von 1865 vom Bergwerksbesitzer ersetzt werden. Folglich liegt auch die Entscheidung, ob und wie man die Bauwerke vor Bergschäden schützen soll, ausschließlich beim Bergbau.

Die Belastung des Kohlenpreises durch Bergschäden betrug in den letzten Jahren etwa 1,30 DM je Tonne, das ergibt innerhalb des Bundesgebietes einen Jahresbetrag von 170 Millionen. Diese Ziffer mag für die Volkswirtschaft verhältnismäßig unbedeutend erscheinen, wenngleich die Kohle eine Schlüsselstellung für das gesamte Preisgefüge innehat. In letzter Zeit verschlechtert sich aber die Lage. Das Ausmaß der Kosten für die Bergschäden hängt hauptsächlich vom Wert und von der Schadensempfindlichkeit aller Bauwerke und Anlagen ab, die sich im Einwirkungsbereich des Abbaues befinden. Insgesamt betrachtet sind es weniger die Hochbauten als die öffentlichen Verkehrswege, die Bahnanlagen und besonders die Wasserstraßen, welche den Hauptanteil der Schadensbeträge in Anspruch nehmen. Hieran hat sich zwar grundsätzlich nichts geändert, aber infolge der Fortschritte in der Technik, die man unter dem Begriff „Automation" zusammenfaßt, wächst die Höhe der Investierungen in der Industrie ständig, und gleichzeitig werden die maschinellen und elektrischen Ausrüstungen immer empfindlicher gegen die Bewegungen ihrer Fundamente, die zwangsläufig von jeder Änderung des Gleichgewichtszustandes im Baugrund ausgelöst werden. Je weiter die automatische Steuerung der einzelnen Arbeitsvorgänge einer industriellen Anlage fortschreitet, um so mehr steigt auch die Anfälligkeit eines Betriebes. Der Ausfall einer einzigen Maschine kann eine ganze Anlage stillegen. Damit wächst das Risiko der Bergschäden erheblich. Es ist nicht ausgeschlossen, daß ich diese Gefahr zu hoch bewerte, weil ich hauptsächlich in diesem Fachgebiet tätig bin, und weil mir jede Bergschädenberatung ein reichliches Maß an Verantwortung aufbürdet. Es ist aber wohl nicht abzustreiten, daß zum Beispiel eine Betriebsunterbrechung in einem großen Stahlwerk — d. h. also an einem einzigen Objekt im Bereich eines Grubenfeldes — einen Ausfall von mehreren hundert Millionen verursachen *kann*. Dann geht es nicht mehr um den Schaden an einer Maschine oder an einem Bauwerk, sondern um die mittelbaren Folgen der Betriebsunterbrechung. Die Lieferverpflichtungen, der Kapitaldienst und die gesamten sonstigen Unkosten laufen weiter, und der Endbetrag der Rechnung, welche zu Lasten des Bergbaues geht, ist im voraus kaum zu übersehen. Sollte einmal ein derartiger Fall eintreten, so würde wahrscheinlich das Bergschädenproblem mehr in das Blickfeld der Öffentlichkeit gerückt, als es wünschenswert ist.

Die Bergschädenfrage ist somit hauptsächlich ein *wirtschaftliches* Problem, das die technische Leitung der Gruben vor schwierige Entscheidungen in der Abbauplanung stellt, zumal da sich die Bergschäden nicht auf die Anlagen über Tage beschränken. Auch die Folgen der Formänderung des Gebirges auf den technischen Abbauvorgang unter Tage zählen zu den Bergschäden. Die vorliegende Arbeit behandelt aber ausschließlich die Fragen, die sich auf die übertägigen Bauwerke beziehen. Für den Bergbau stellen die zu erwartenden Schäden über Tage einen recht unsicheren Posten in der Kalkulation der Gestehungskosten dar. Nur in Ausnahmefällen steht von vornherein fest, daß ein Bauwerk in vollem Umfange gegen jede theoretisch mögliche Bodenverformung gesichert werden muß. Die hierfür erforderlichen Maßnahmen sind so kostspielig, daß dieser Ausweg nur in wirklich unbedingt notwendigen Fällen beschritten werden kann. Die Kosten einer totalen Bergschädensicherung sind aber ganz genau zu errechnen. Im allgemeinen steht der Bergbau vor dem schwierigen Problem, den Nutzeffekt vorsorglicher Maßnahmen zur *teilweisen* Sicherung der Anlagen und Bauwerke über Tage vorher abwägen zu müssen. Grundsätzlich bestehen drei Möglichkeiten:

Es soll zunächst von *besonders* ungünstigen Verhältnissen ausgegangen werden. Diese liegen dann vor, wenn örtlich starke Unregelmäßigkeiten in der Senkungskurve infolge geologischer Störungen oder ungünstiger Abbauführung erwartet werden müssen, oder wenn das fragliche Bauobjekt sehr kostspielig und schadensempfindlich ist. Bei dieser Sachlage kann eine Grubenverwaltung versuchen, die Bebauung des betreffenden Baugeländes abzuwenden und durch Standortverlegung des geplanten Neubaues das Bergschadensrisiko zu verringern. Auf die juristische Seite dieses Vorgehens soll hier nicht näher eingegangen werden. Die Grubenverwaltung hat unter gewissen Voraussetzungen sowohl die Möglichkeit, bei den zuständigen Behörden gegen eine unerwünschte Bebauung Einspruch zu erheben, als auch eine sogenannte Bergschädenverwarnung auszusprechen. Dafür muß dann der dem Grundstückseigentümer entstandene Minderwert, d. h. die Kostendifferenz für die Verlegung der Bebauung in ein anderes Gelände und der Ausgleich für etwaige mit der Standortveränderung verknüpfte nachteilige Folgen, von der Grube getragen werden. Eine derartige Regelung kann für beide Teile günstig sein und ist vom volkswirtschaftlichen Standpunkt aus in Einzelfällen sogar begrüßenswert. Die Kohlenförderung darf ja nicht als einer der üblichen privaten Erwerbszweige gewertet werden, weil die für die Wirtschaft benötigte Gesamtmenge an Kohle höheren Ortes bestimmt wird. Wenn die Standortfrage eines Neubaues nicht von entscheidender Bedeutung ist, so ist kaum einzusehen, weshalb man ein Bauwerk an einer besonders gefährdeten Stelle errichten und damit dem Bergbau unnötige Lasten und dem Eigentümer unangenehme Störungen aufbürden soll. Es dürfte aber verständlich sein, daß der Bergbau von den obenerwähnten Möglichkeiten nur in seltenen Fällen Gebrauch macht.

Die zweite Möglichkeit besteht darin, daß die Grubenverwaltung keinerlei Einfluß auf die bauliche Planung ausübt und die späteren Schäden, wie sie anfallen, beseitigt. Dieses Verfahren ist aber nur dann wirtschaftlich zu verantworten, wenn ausgesprochen günstige Voraussetzungen vorliegen, d. h. wenn nur geringe Verformungen an der Erdoberfläche zu erwarten sind, und wenn die Planung in ihrer baulichen Gestaltung den Erfahrungen im Bergbaugebiet angepaßt ist.

Meistens sind die Voraussetzungen weder so ungünstig anzusetzen, daß eine Bergschädenverwarnung ausgesprochen werden kann, noch sind sie so günstig zu beurteilen, daß man die bergbaulichen Einwirkungen völlig unberücksichtigt lassen kann. Dann hat eine Grubenverwaltung eine dritte Möglichkeit, die später zu erwartenden Schäden und damit auch die Kosten ihrer Beseitigung dadurch zu verringern, daß sie vom Bauherrn abweichende und zusätzliche konstruktive Maßnahmen verlangt, die man als „Bergschädensicherung" zu bezeichnen pflegt. Wirtschaftlich betrachtet ist eine Bergschädensicherung, die von der Grube bezahlt wird, gleichsam eine Teilkaskoversicherung mit einmaliger Prämienzahlung. Die Wirtschaftlichkeit dieser Versicherung ist aber sehr schwierig nachzuweisen. Wenn die getroffenen technischen Maßnahmen ihren Zweck erfüllen und das betreffende Bauwerk vor beachtlichen Beschädigungen schützen, so bemerkt man im allgemeinen gar nicht, wenn ein Schadensereignis eingetreten ist. Man kennt im voraus weder das Ausmaß der späteren Bodenverformung innerhalb der verhältnismäßig kleinen Grundfläche eines einzelnen Bauwerkes noch die Höhe des Geldbetrages, der für die Beseitigung der baulichen und betrieblichen Schäden später einmal aufzuwenden sein wird.

Die *technische* Klärung der Frage, wie sich ein Bauwerk verhält, dessen Auflagerbedingungen sich im Laufe der Zeit mehrmals ändern, fällt aus dem üblichen Rahmen der Aufgaben des Bauingenieurs heraus. Schon die Ausgangsbasis für die konstruktive Planung ist ungewöhnlich. Der Planende unterliegt sonst immer dem Zwang, die bestehenden Normen und amtlichen Vorschriften einhalten zu müssen. Mit der Einhaltung der Normen werden auch die Formänderungen, die üblicherweise im Bauwerk auftreten können, berücksichtigt, so daß sich der Standfestigkeitsnachweis im wesentlichen auf die Ermittlung des Kräfteflusses und auf den Nachweis der Kraftaufnahme in den einzelnen Gliedern des Tragwerkes beschränkt. Bei der Berücksichtigung der bergbaulichen Einwirkungen gibt es aber, abgesehen von unverbindlichen Richtlinien, weder allgemeingültige Belastungsangaben noch Abgrenzungen der Materialbeanspruchungen. Außerdem gelten völlig andere Voraussetzungen für die konstruktive Gestaltung der Bauwerke, wenn die Belastung eines Tragwerkes aus einer beschränkten Formänderung des Baugrundes und nicht aus den üblichen Eigen-, Nutz- und Windlasten besteht. Hinzu kommt der Umstand, daß der Bauingenieur auf die Zusammenarbeit mit anderen Fachrichtungen angewiesen ist. Beim Ansatz der Belastung, die aus einer Veränderung der Auflagerbedingungen eines Tragwerkes besteht, bedarf es der Angaben des Markscheiders, die zunächst in die Fachsprache des Bauingenieurs übertragen und dann ausgewertet werden müssen. Im Industriebau ist es notwendig, die Formänderungen des Bauwerkes in ihren Folgerungen bis in die Betriebseinrichtungen weiter zu verfolgen. Hierzu ist eine Kostengegenüberstellung unerläßlich, ob es wirtschaftlicher ist, die Folgen der Baugrundverformung ausschließlich durch die Konstruktion oder auch zum Teil durch Anpassung der maschinellen Einrichtung zu berücksichtigen.

Die Verknüpfung verwickelter technischer und wirtschaftlicher Überlegungen fordert die Frage heraus, ob es sich verlohnt, für ein so eng begrenztes Fachgebiet eine eigene Grundlagenforschung zu betreiben, denn es geht nicht um geringfügige Abweichungen der Bauweise, sondern um eine grundsätzliche Neuentwicklung. Es bedarf wohl keines Beweises dafür, daß es wirtschaftlicher ist, für andersgeartete Ansprüche von vornherein eine geeignete Bauart zugrunde zu legen, als nachträglich Umänderungen vorzunehmen und dabei von einem Kompromiß in den nächsten zu geraten. Nach dieser Überlegung müßte sich eine Klärung der grundsätzlichen Zusammenhänge bezahlt machen. Dagegen spricht der Umstand, daß das Thema reichlich undankbar ist, weil die Voraussetzungen in mancher Hinsicht recht unsicher sind, und weil jeder Einzelfall anders gelagert ist. Aber in besonderen Fällen, so zum Beispiel bei den Neuplanungen großer Werke, die im Bergbaugebiet errichtet werden sollen, handelt es sich nicht mehr um eine freie Entscheidung, ob man die bergbaulichen Einwirkungen berücksichtigen will, sondern um eine Notwendigkeit, die Planung den besonderen Bedingungen anzupassen. Hiergegen läßt sich zwar einwenden, daß man in früherer Zeit auch ohne eine grundsätzliche Klärung der Vorgänge im Bergschadensfall ausgekommen ist. Aber in allen Fällen, in denen ein Schadensrisiko von vielen Millionen eingegangen werden muß, benötigt man eine genauere Kenntnis der technischen Maßnahmen, mit deren Hilfe das Risiko auszuschalten oder auf ein tragbares Maß abzumindern ist.

Die ersten Ansätze, um die Ergebnisse der markscheiderischen Bergschadenkunde für die Bauwerke über Tage auszuwerten, liegen etwa dreißig Jahre zurück. Den Stand der Entwicklung im Jahre 1941 beschreibt eine frühere Arbeit von mir, die im gleichen Verlag unter dem Titel „Bergschädensicherung" erschien. Hierin habe ich bereits einige Überlegungen niedergelegt, die zu allgemeinen Regeln einer Teilsicherung führten. Inzwischen ist die Lösung des Bergschadensproblems noch nicht abgeschlossen. Der Wunsch, meinen Hörern das lästige Mitschreiben zu ersparen und gleichzeitig der Praxis einen Überblick über den derzeitigen Stand der Entwicklung zu vermitteln, gab mir den Anstoß zu der nunmehr vorliegenden neuen Bearbeitung des gleichen Themas. Da die bautechnischen

Schwierigkeiten weniger in der konstruktiven und statischen Bearbeitung der baulichen Einzelheiten als in der Grundkonzeption der Bauplanung liegen, habe ich den Titel „Bauen im Bergbaugebiet" gewählt. Die vorliegende Arbeit bezweckt eine zusammenhängende Darstellung der Gesetzmäßigkeit, welche die durch den Abbau bedingte Bodenverformung und die hieraus folgende Formänderung im Bauwerk verbindet, und deren Nutzanwendung auf eine zweckmäßige Bauweise in den Bergbaugebieten. Die Darstellung wendet sich an alle, die sich mit Bergschäden und deren Verhütung befassen. Es wird damit der Versuch einer Koordinierung aller beteiligten Fachrichtungen gemacht, an der es bisher fehlte.

Fertige Anweisungen zur Bergschädensicherung einzelner Bauwerkstypen habe ich bewußt vermieden, weil damit großes Unheil angerichtet werden kann, wenn die Voraussetzungen nicht richtig erkannt werden. Ich möchte nur die grundsätzlichen Gedankengänge der Bergschadenkunde herausschälen und damit der Nutzanwendung im Baufach einen freien Spielraum in der Entwicklung neuer Konstruktionen lassen.

Dem Springer-Verlag spreche ich für das meiner Arbeit entgegengebrachte Interesse sowie für die sorgfältige Drucklegung und die gute Ausstattung meinen verbindlichen Dank aus.

Dortmund, im Januar 1957

Otto Luetkens

1.0 Die Formänderung der Erdoberfläche

Unter einem *Bergschaden* versteht man die mit der Gewinnung der Kohle verknüpften schädlichen Folgen unter und über Tage. Bei einem „Schaden" stellt man sich die Frage nach seiner Entstehung und seinem Verlauf. Ferner möchte man eine Gesetzmäßigkeit erkennen, aus der sich ableiten läßt, wie man beim Abbau die Ursache verringern und die unvermeidlichen Folgen später wieder beheben kann oder wie man ein gefährdetes Objekt gegen Schäden unempfindlich macht. Alle diese Fragen fallen insgesamt unter den Begriff „*Bergschadenkunde*". Die größte Schwierigkeit bereitet die Erforschung der Gesetze, die für die Bewegung und Formänderung des Gebirges einschließlich der Tagesoberfläche gelten. Die Federführung der Forschung liegt in den Händen der Bergbaukunde und deren Abteilung Markscheidewesen. Dagegen gehört das Verhalten des Baugrundes bei der Übertragung der Kräfte aus der Formänderung des Untergrundes in das Bauwerk zum Aufgabenbereich der Bodenmechanik und damit des Baufaches. Auch die Behebung der Schäden am Bauwerk und die Entwicklung neuer Baukonstruktionen, die weniger schadensempfindlich sind als die sonst üblichen, sind Aufgaben des Bauingenieurs.

Für den Bauingenieur, der sich mit der Aufgabe befassen will, eine zweckmäßige Gestaltung und eine geeignete Konstruktion für die Bauten im Einwirkungsbereich des untertägigen Bergbaues zu entwickeln, bedarf es einer *Einführung* in den gegenwärtigen Stand der *Bergschadenkunde*. Hierbei muß sich der Verfasser auf eine kurze Darstellung beschränken, die weder den Anspruch auf Vollständigkeit noch auf wissenschaftliche Genauigkeit erhebt. Es sollen nur die für das Verhalten der Bauwerke wesentlichen Merkmale der Formänderung an der Erdoberfläche beschrieben und erläutert werden. Eine eingehendere Darstellung für den Markscheider enthält die „Bergschadenkunde" von NIEMCZYK[1].

1.1 Voraussetzungen hinsichtlich der Teufe und Mächtigkeit der Flöze

Die Auswirkung des Abbaues auf die Verformung der Tagesoberfläche hängt unter anderem von der Teufe ab, in der abgebaut wird. Man unterscheidet hauptsächlich zwischen dem *oberflächennahen* Abbau bis zu etwa 150 m Teufe und dem Abbau in *größerer Teufe* von 150 bis 1000 oder maximal 1200 m. In den Steinkohlenrevieren an der Ruhr und Saar, im Aachener sowie im oberschlesischen und tschechischen Raum, auf die sich die Erfahrungen des Verfassers erstrecken, begegnet man dem Fall des oberflächennahen Abbaues verhältnismäßig selten. Bei geringer Abbauteufe sind die Folgen ungleich härter und unmittelbarer als bei größerer Überdeckung. Es treten Tagesbrüche und kraterförmige Einsenkungen in geringer Entfernung vom Ort des Abbaues auf, die weder in ihrer Lage und Größe vorausbestimmt noch durch eine Vorausberechnung genau erfaßt werden können.

Die Folgen des *oberflächennahen Abbaues* am Bauwerk sind einfach zu beurteilen. Man kann ein Bauwerk vor derartig unregelmäßigen Bewegungen des Bodens nur dadurch schützen, daß man es vollständig steif ausbildet und jede beliebige — innere oder äußere — Freilage seiner Auflagerfläche berücksichtigt. Dann kommt man zu der sogenannten

---

[1] NIEMCZYK: Bergschadenkunde, Essen 1949, Glückauf.

Vollsicherung. Die Gesetzmäßigkeiten der Vollsicherung von Bauwerken, welche später in anderem Zusammenhang beschrieben werden, gelten für jede beliebige Verformung des Baugrundes und sind somit an keine Voraussetzungen hinsichtlich der Abbauteufe gebunden.

Die Formänderung an der Erdoberfläche infolge eines oberflächennahen Abbaues ist völlig willkürlich und bedarf keiner weiteren Erläuterung. Die nachstehenden Betrachtungen *beschränken sich* daher auf die Folgen eines Abbaues, der in *mehr als 150 m Teufe* erfolgt.

Einen entscheidenden Einfluß auf den Umfang der Bergschäden hat auch die *Mächtigkeit der Flöze*. Für diese muß zunächst eine Voraussetzung gemacht werden. In den vorerwähnten Bergbaugebieten befinden sich im allgemeinen abbauwürdige Flöze von 0,60 bis 2,5 m Stärke, lediglich in Oberschlesien und in der Tschechei gibt es Mächtigkeiten von zehnfacher Größe, die eine andere Abbautechnik bedingen. Dort sind die Auswirkungen über Tage viel größer, andererseits sind die Gestehungskosten der Kohle niedriger, so daß eine höhere Belastung für die Regulierung der Bergschäden getragen werden kann. Auf die oberschlesischen und tschechischen Verhältnisse soll an dieser Stelle nicht näher eingegangen werden, es werden in der nachstehenden Arbeit *Flözmächtigkeiten* vorausgesetzt, wie sie in *Westdeutschland üblich* sind.

1.2 Die Grundform eines stetigen Senkungsverlaufes an der Tagesoberfläche

Die Gebirgs- oder Geomechanik ist viel verwickelter, als sie hier dargestellt wird. Ihre Kenntnis soll auch nicht vorausgesetzt werden, aber eine allgemeine, wenn auch nur oberflächliche Betrachtung der Vorgänge im Untergrund ist zum Verständnis notwendig. Ein Bauingenieur, der sich mit der Untersuchung der Bergschäden an Bauten und deren Sicherungsmaßnahmen befassen will, muß die wesentlichen Voraussetzungen und deren Sicherheitsgrad kennen, auf denen die markscheiderischen Angaben des zu erwartenden Senkungsverlaufes beruhen.

Im Gegensatz zum Tunnel- und Stollenbau muß man sich zunächst von der Vorstellung frei machen, daß sich das Hangende — d. h. der Teil des Gebirgskörpers, der sich oberhalb des Abbaues des betrachteten Flözes befindet — über dem durch den Abbau geschaffenen Hohlraum frei tragen und durch Gewölbewirkung restlos seitlich abstützen kann, denn die Abbaufelder einer einzigen Zeche erstrecken sich im ganzen über viele Quadratkilometer. Auch wenn der Hohlraum der abgebauten — oder in der Sprache des Bergmanns „*verritzten*" — Kohle durch mehr oder weniger dichten *Versatz* nachträglich wieder verfüllt wird, preßt sich dieser unter der großen Belastung des Hangenden beträchtlich zusammen. Bei Einbringung eines Versatzes mit dichtester Lagerung muß noch mit einer Senkung von ungefähr 50% der ursprünglichen Flözmächtigkeit gerechnet werden. Dieser große Betrag erklärt sich unter anderem daraus, daß sich das Hangende bereits beträchtlich gesenkt hat, bevor der Versatz eingebracht wird. Da meist eine größere Zahl von Flözen untereinander von verschiedenen Horizonten aus abgebaut wird, die man von oben beginnend mit der ersten, zweiten, dritten usf. *Sohle* bezeichnet, senkt sich bei großen durchgehenden Abbaufeldern die Erdoberfläche um viele Meter, so daß die Gebäudekeller bei hohem Grundwasserspiegel in das Grundwasser eintauchen können.

Abgesehen von dieser — im übrigen sehr beachtenswerten — Folgeerscheinung des scheinbar steigenden Grundwasserspiegels ist für die Betrachtung der meisten Übertagebauten die *absolute* Höhenlage der Erdoberkante völlig belanglos, wichtig sind dagegen die *relativen Höhenunterschiede* innerhalb der Grundfläche eines Bauwerkes.

Bei der Untersuchung des Senkungsverlaufes an der Tagesoberfläche, die der Einfachheit halber im folgenden als ebene waagerechte Fläche vorausgesetzt wird, geht man davon aus, daß der nach Abzug des Versatzes verbleibende Hohlraum eines abgebauten Flözes den gleichen Rauminhalt wie die an der Oberfläche entstehende Senkungsmulde hat. Die Änderung des Gebirgsvolumens durch Gesteinsauflockerung, Zu- oder Abnahme von Hohlräumen oder Klüften und sonstige Folgen der Bewegung unter Tage wird hierbei vernachlässigt. Betrachtet man den Zustand, nachdem ein rechteckiges Feld eines horizontal gelagerten Flözes abgebaut ist, vgl. Abb. 1, so senkt sich an der Tagesoberfläche nicht nur das Rechteck oberhalb der abgebauten Fläche des Flözes. Der Gebirgskörper schert nicht senkrecht ab, sondern es preßt sich auch das Gebirge außerhalb der abgebauten Rechteckfläche seitlich nach. Wie weit seitlich der Einwirkungsbereich reicht, hängt von der Struktur des Gebirges ab. In einem bestimmten Abstand von der Lotrechten über dem Abbaurand muß zweifellos die Grenze des Einwirkungsbereiches liegen. Man geht von einer lotrechten Schnittebene aus, die im Grundriß mit dem Abbaurand einen rechten Winkel bildet, und bezeichnet den Winkel zwischen der Horizontalen und der Geraden, welche vom Abbaurand bis zur Einwirkungsgrenze an der Erdoberkante

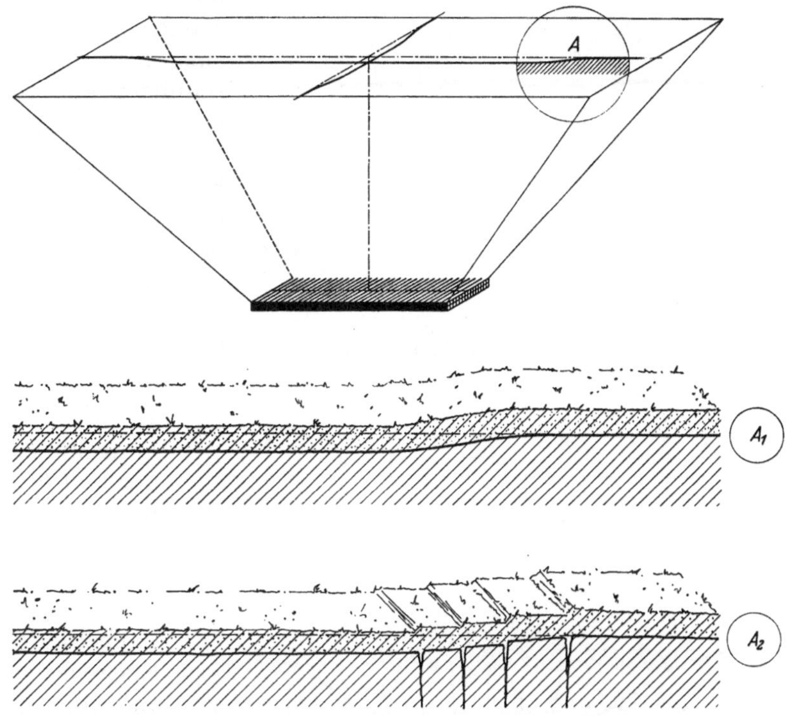

Abb. 1. Pyramidenstumpf als Abgrenzung des Einwirkungsbereiches

gezogen wird, als *Grenzwinkel*. In grober Annäherung verformt sich somit das Hangende im Bereich eines Pyramidenstumpfes, dessen obenliegende Basis ein wesentlich größeres Rechteck als die Abbaufläche unten bildet. Am Rande der Senkungsmulde kann die Formänderung der Oberfläche sowohl stetig als auch unstetig, d. h. treppenförmig, verlaufen, wie in Abb. 1 dargestellt ist.

Aus einer einfachen Betrachtung der Abb. 1 folgen drei wichtige Schlüsse:

Erstens muß das absolute Senkungsmaß an der Erdoberfläche kleiner als die Dicke des abgebauten Flözes sein. Da der Rauminhalt der Senkungsmulde und des nach Abzug des Versatzes verbleibenden Abbauhohlraumes ungefähr gleich groß sein muß, verringert sich die durchschnittliche Tiefe der Senkungsmulde im Verhältnis der Flächeninhalte der beiden Rechtecke, welche den Pyramidenstumpf begrenzen. Je kleiner die Fläche des Abbaufeldes ist und je tiefer der Abbau erfolgt, um so geringer ist das Maß der absoluten Senkung an der Oberfläche. Um das Verhältnis der Abbaufläche zur Teufe zu kennzeichnen, unterscheidet der Markscheider drei Fälle, den Abbau einer „*Teil-, Voll- und Überfläche*". Entscheidend ist die Lage des Schnittpunktes der Schenkel der beiden vom Abbaurand nach innen angetragenen Grenzwinkel, vgl. Abb. 2, 3 und 4. Liegt der Schnittpunkt unterhalb der Geländeoberkante, so spricht man von dem Abbau einer *Teil*fläche. Bei einer *Voll*fläche liegt der Schnittpunkt gerade in der Linie der Geländeoberkante, und bei einer *Über*fläche schneiden sich die Schenkel der Grenzwinkel oberhalb der Geländeoberkante.

Die Form der Senkungsmulde über dem Abbau eines horizontal gelagerten Flözes hängt unter anderem vom Verhältnis der Abbauteufe zur Längen- bzw. Breitenabmessung des abgebauten Flözabschnittes ab und ändert sich mit dem Abbaufortschritt ständig. Beim Beginn des Abbaues handelt es sich nach der obigen Begriffsfestlegung um den Abbau einer Teilfläche, vgl. Abb. 2. Dann ist der durchschnittliche absolute Senkungsbetrag nur ein kleiner Bruchteil der Flözdicke. In Abb. 3 ist die Senkungskurve für den Fall der *Vollfläche* dargestellt, bei der sich die Schenkel der nach innen angetragenen Grenzwinkel in einem Punkt der Oberflächenlinie schneiden. Erstreckt sich der Abbau auf eine größere Länge und bei Inangriffnahme der Nachbarfelder auch auf eine größere Breite, so entsteht eine Überfläche, vgl. Abb. 4. Im Innern einer Überfläche kann sich das absolute Senkungsmaß dem Betrag der Flözdicke abzüglich der Höhe des zusammengepreßten Versatzes nähern, während die Senkungsunterschiede, bezogen auf die Längeneinheit, immer geringer werden. Im Endzustand einer Überfläche sind daher hauptsächlich die Auswirkungen des Abbaues an den Rändern der Senkungsmulde zu beachten. Im mittleren Bereich verläuft die Senkungskurve nahezu gerade. Die Ordinaten der

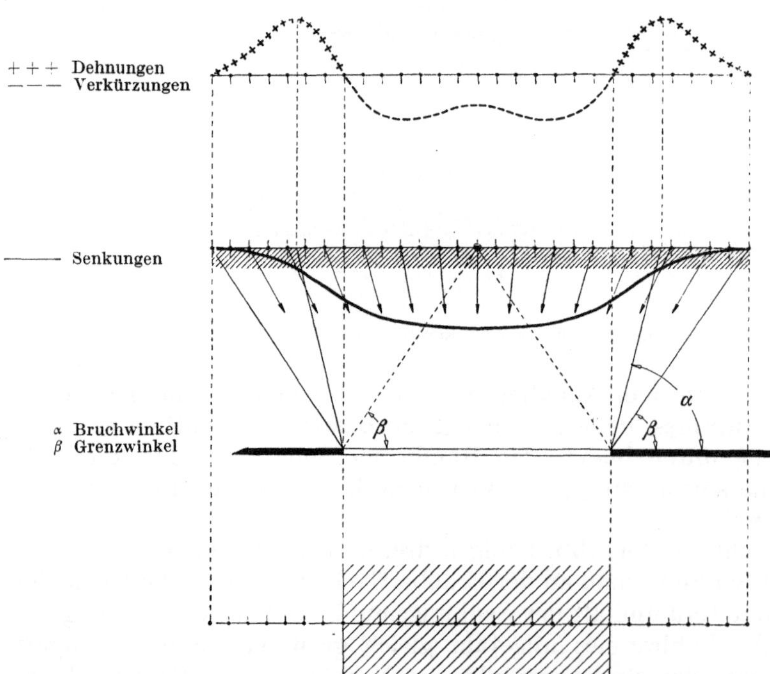

Abb. 2. Senkungsmulde bei Abbau einer Teilfläche in flacher Lagerung (nach NIEMCZYK)

Abb. 3. Senkungsmulde bei Abbau einer Vollfläche in flacher Lagerung (nach NIEMCZYK)

Senkungskurven sind in allen Abbildungen übertrieben, mit starker Überhöhung gezeichnet. Oberhalb der Senkungskurven sind in den Abb. 2 bis 4 die relativen Längenänderungen, im äußeren Bereich die relativen Dehnungen und im mittleren Bereich die relativen Verkürzungen, auf die Längeneinheit bezogen, aufgetragen.

Zweitens kann sich bei einer Abbauteufe von mehreren hundert Metern infolge des Senkungsvorganges über Tage keine *örtliche Vertiefung* mit einem Durchmesser von nur wenigen Metern, sondern nur eine flache, langgestreckte Mulde bilden. Vertiefungen von kleinem Flächenausmaß, die man „Tagesbrüche" nennt, kommen zuweilen vor, vgl. Abb. 5, 6, 7. Sie sind aber nicht aus dem eigentlichen Absenkungsvorgang zu erklären, sondern entstehen unter anderem dadurch, daß sich das Tageswasser in dem gestörten Gebirgskörper einen neuen Ablauf schafft und feinkörniges Bodenmaterial fortschwemmt.

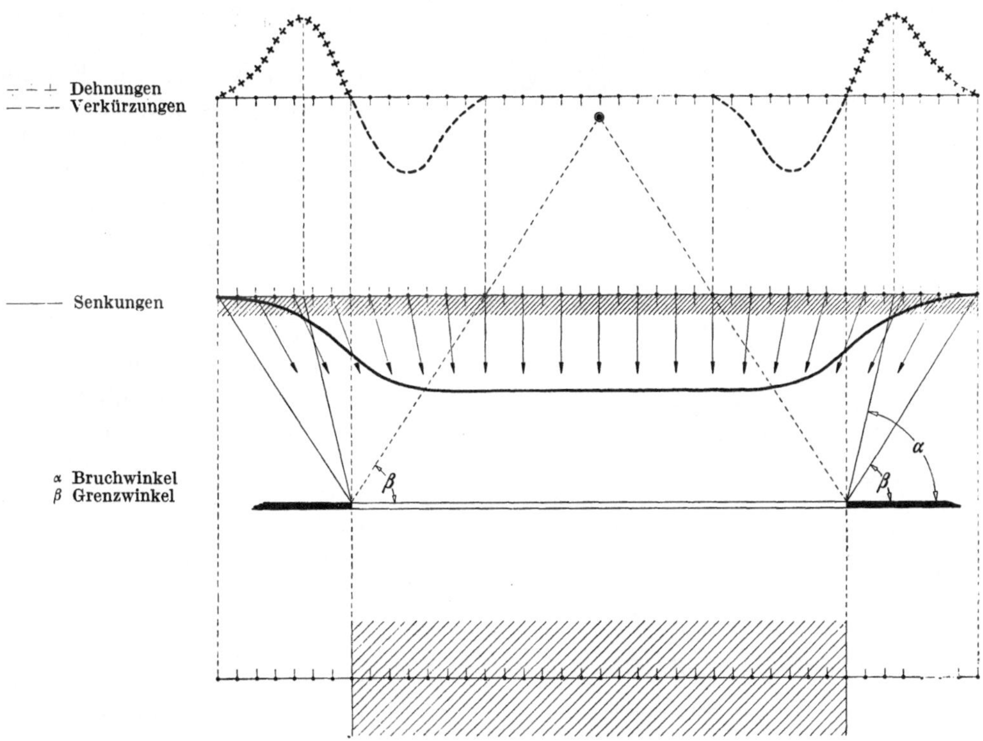

Abb. 4. Senkungsmulde bei Abbau einer Überfläche in flacher Lagerung (nach NIEMCZYK)

Drittens folgt aus der Überlegung, daß sich der außerhalb der Lotrechten zum Rand des Abbauhohlraumes seitlich angrenzende Gebirgskörper am Senkungsvorgang beteiligt, eine *horizontale Verschiebung* der Flächenelemente an der Erdoberfläche. Dieser Vorgang erklärt sich aus dem Winkelunterschied der Bewegungsrichtung jedes Flächenelementes, vgl. Abb. 3. Entsteht unten ein Hohlraum, dann wandert jedes Teilchen des in Bewegung kommenden Gebirgskörpers in der Richtung zum Schwerpunkt des Hohlraumes. Nur über dem Schwerpunkt des Hohlraumes kann die Bewegung lotrecht gerichtet sein, seitlich davon ist die Bewegungsrichtung geneigt. Im äußeren Rand der im Einwirkungsbereich liegenden Tagesoberfläche findet eine *Dehnung* statt. Da die Gesamtlängenabmessung sich nicht ändern kann, muß die Dehnung in der Randzone durch eine *Verkürzung* im mittleren Bereich ausgeglichen werden.

Die starke Betonung der horizontalen Längenänderungen an der Tagesoberfläche erfolgt deshalb, weil die hierdurch bedingten Abstandsänderungen im Baugrund die Fundamente eines Bauwerkes horizontal gegeneinander verschieben, sofern keine Maßnahmen hiergegen getroffen werden. Wie später näher erläutert wird, stellen die horizontalen Bewegungen des Baugrundes die Hauptursache der Bauwerksschäden dar.

Der in den Abb. 2 bis 4 dargestellte Idealfall der völlig horizontalen Lagerung gilt natürlich auch für eine flache Neigung. Bei *halbsteiler* Lagerung, vgl. Abb. 8, nimmt sowohl die Senkungskurve als auch die Kurve der relativen Dehnungen und Verkürzungen eine etwas abweichende Form an, die sich erst stärker ändert, wenn sich der Abbau bis nahe an die Erdoberfläche erstreckt, vgl. Abb. 9.

Das Gemeinsame der vorhergehenden Kurvenbilder ist ihr kontinuierlicher Verlauf, der mathematisch als *stetige* Kurve gekennzeichnet wird. Außerdem ist in allen Kurven die Krümmung am Rande stärker als im mittleren Bereich, d. h. der Krümmungshalbmesser im Sattel ist kleiner als in der Mulde. Es ist zu beachten, daß grundsätzlich der *Sattel* mit einer *Dehnung*, die *Mulde* mit einer *Verkürzung* verknüpft ist.

Die Darstellung eines einzigen Querschnittes verführt leicht dazu, die Verformung der Erdoberfläche nur in einer Richtung zu betrachten. Tatsächlich handelt es sich aber immer um eine *räumliche* Verformung. Es wird später gezeigt, daß die Krümmung der Tagesoberfläche in Richtung des Abbauvortriebes von ähnlicher Größe wie in der Querrichtung ist. Eine weitere Schwierigkeit in der Beurteilung der Senkungskurve und insbesondere in der Frage nach den auftretenden Größtwerten, d. h. nach dem kleinsten vorkommenden Krümmungshalbmesser, liegt darin, daß sich das Verformungsbild mit fortschreitendem Abbau ständig ändert. Im Endzustand entsteht, wie bereits erwähnt wurde, eine Überfläche, dann hat die Senkungsmulde bei flacher oder wenig geneigter Lagerung im Querschnitt die Form eines *flachen Tellers*, dessen Rand ein liegendes „s" zeigt und der im mittleren Bereich nur schwach gewölbt ist. Man spricht bei einer derartigen Verformung der Tagesoberfläche von einer *flachtellerförmigen Mulde*, deren Begrenzung indes nicht kreisrund,

Abb. 5. Tagesbruch unter einem Wohnhaus

Abb. 6. Äußere Einbruchstelle

Abb. 7. Innere Einbruchstelle

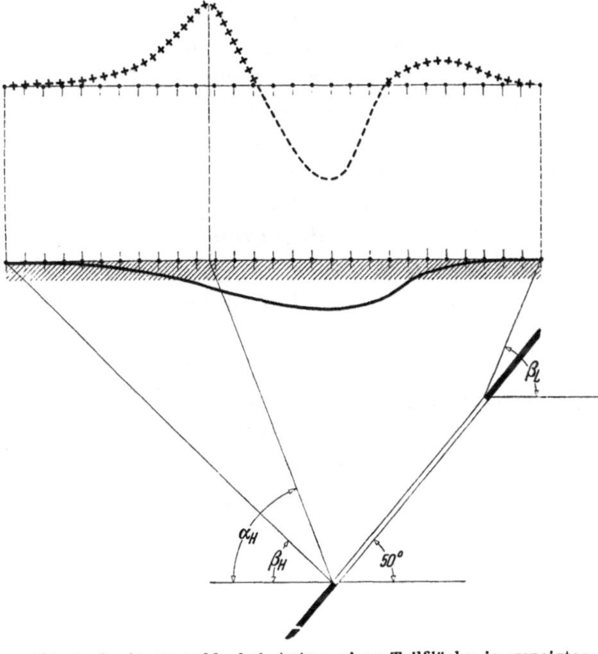

Abb. 8. Senkungsmulde bei Abbau einer Teilfläche in geneigter
Lagerung (nach NIEMCZYK)

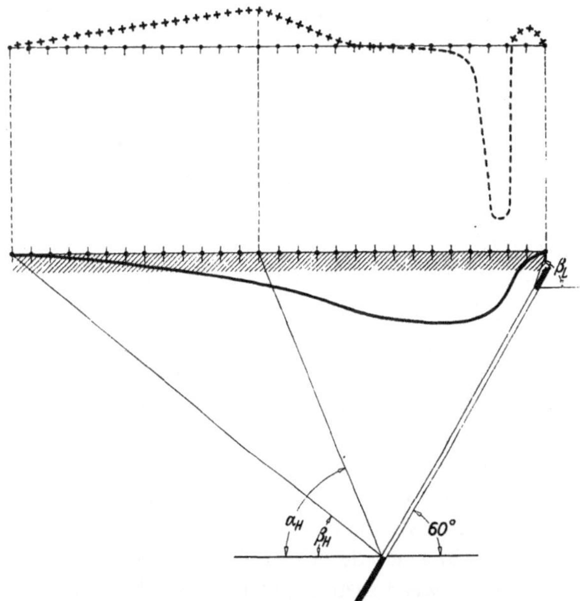

Abb. 9. Senkungsmulde bei Abbau einer Vollfläche in geneigter
Lagerung (nach NIEMCZYK)

sondern ungleichmäßig geschwungen verläuft. Um ein anschauliches Bild von diesem Vorgang zu vermitteln, wird in Abb. 10 eine Straßenzeile einer Bergarbeitersiedlung im Raum von Karvin gezeigt, deren Gelände ursprünglich völlig eben war.

Zu Abb. 8 und 9

$+++$ Dehnungen
$---$ Verkürzungen
$------$ Senkungen
α_H Bruchwinkel ins Hangende
γ_H Grenzwinkel ins Hangende
β_L Grenzwinkel ins Liegende

Abb. 10. Häuserzeile im Bereich einer Senkungsmulde

1.3 Unstetiger Verlauf der Senkungskurven

1.31 Im Dehnungsbereich des sattelförmigen Muldenrandes

Ein *stetiger* Verlauf der Senkungskurven, wie er im vorangegangenen Abschnitt beschrieben wurde, setzt eine gleichmäßige Verformung des Gebirgskörpers oberhalb der abgebauten Flöze voraus. Aber ähnlich wie sich ein Eisenstab beim Zugversuch nur bis zur Elastizitätsgrenze gleichmäßig dehnt und im plastischen Bereich vor dem Zerreißen an seiner schwächsten Stelle eine Einschnürung erfährt, so ändert auch das Gebirgs- und Bodenmaterial sein Verhalten, wenn die Formänderung und damit auch der Spannungszustand eine bestimmte Grenze überschreitet. Das Material des Baugrundes hat naturgemäß eine geringe Zugfestigkeit und befindet sich in einem ständigen, mit der Teufe zunehmenden dreiachsigen Druckzustand. Je weiter nun die waagerechte Druckspannungskomponente am Muldenrand durch die Dehnung abgebaut wird und allmählich in Zugspannung übergeht, um so geringer wird gleichzeitig die Scherfestigkeit des Materials, die gerade in der Nähe des seitlichen Anschlusses an das ruhende Gebirge am meisten benötigt wird. Infolgedessen können sich an der Stelle der größten Dehnung *Bruchspalten* bilden, in denen eine Abscherung stattfindet. Aus diesem Grunde bezeichnet man den Winkel, den die Horizontale mit einer vom Rand des abgebauten Hohlraumes zur *Stelle der maximalen Dehnung* an der Tagesoberfläche gezogenen Geraden bildet, als *Bruchwinkel*, vgl. $\sphericalangle \alpha$ in den vorhergehenden Kurvenbildern.

Für die Schäden am *Einzelbauwerk* ist es von entscheidender Bedeutung, ob die Senkungskurven stetig mit ganz allmählicher Krümmung verlaufen oder ob irgendwo ein einzelner bzw. mehrere *treppen- oder terrassenförmige Absätze* auftreten. Bruchspalten mit gleichzeitigen Abscherungen können *verschiedene Ursachen* haben. Nach dem Gesetz des Minimums der Formänderungsarbeit entsteht ein Bruch zuerst an der Stelle, an der die Verformung, die dem Gebirgskörper durch das Nachpressen in den entstandenen Hohlraum des Abbaues aufgezwungen wird, die geringste Arbeitsleistung benötigt. Bei völlig gleichmäßiger Beschaffenheit des Gebirgskörpers fällt die Bruchstelle mit dem Maximum der Hauptzugspannung und damit auch mit dem Höchstwert der auftretenden Dehnung zusammen. Auf diesen kausalen Zusammenhang des Auftretens einer Bruchspalte als Funktion der beobachteten Zerrungsdehnung hat bereits FLÄSCHENTRÄGER hingewiesen, auf dessen Forschungsarbeiten später noch näher eingegangen werden soll. Weist dagegen die Gebirgsstruktur in der Nähe des Ortes der größten Zugspannung eine örtlich schwache Stelle auf, so verlagert sich die Bruchstelle dorthin. Da ja eine Arbeit aus den beiden Faktoren Kraft, d. h. Spannung, und Weg, d. h. Formänderung in der Kraftrichtung, besteht und die Formänderung umgekehrt proportional der Materialkonstanten für die Festigkeit ist — das sind bei elastischem Verhalten des Baustoffes der Elastizitäts- und der Schubmodul —, so erfolgt der Bruch dort, wo der Quotient von Spannung und Festigkeit seinen Größtwert erreicht.

Für die Bergschädenuntersuchung von Bauwerken interessiert am meisten die Frage, bei welcher Dehnung in der Randzone von Senkungsmulden Brüche festgestellt wurden, welche zu einem treppenförmigen Absatz geführt haben. Einen entscheidenden Einfluß hat hierauf unter anderem die Struktur des Deckgebirges. Enthält es plastisch verformbare Schichten, deren Fließgrenze unter dem vorübergehend durch den Abbau erzeugten Spannungszustand liegt, so gleichen diese bis zu einem gewissen Grade einen im darunterliegenden festen Gebirge auftretenden Bruch aus. FLÄSCHENTRÄGER hat unter ungünstigsten Verhältnissen, d. h. bei einem Deckgebirge aus sandigem Material, das bekanntlich nicht plastisch verformbar ist, einen Erfahrungswert von 7 mm/m als kritische Dehnungsgrenze ermittelt, bei der ein Abbruch ausgelöst wird. Nach Ermittlungen von WEISSNER liegt die kritische Grenze im Ruhrgebiet bei etwa 8 mm/m. Ob dieser Wert auch unter beliebigen Voraussetzungen hinsichtlich der Struktur des angetroffenen Gebirges und Deckgebirges allgemein gültig ist, darüber werden erst weitere Beobachtungen Aufschluß geben.

Bei flacher und flach geneigter Lagerung tritt ein Dehnungsbruch und damit die Gefahr einer Absatzbildung besonders dann auf, wenn der Abbau mehrerer Flöze in der Grundrißprojektion an der gleichen Stelle endigt. Das kann zweierlei Ursachen haben.

Wenn eine geologische *Störung* vorliegt, in der die Flöze verspringen — eine Störung wird daher auch als *Sprung* bezeichnet —, kann der Abbau an dieser Stelle nicht weitergeführt werden. Außerdem verursacht der Sprung eine starke Schwächung des Gebirgskörpers und bildet eine durchgehende Scherfuge, die sich nach einseitigem Abbau mehrerer Flöze oben im Deckgebirge fortsetzen kann. Abb. 11 zeigt die markscheiderische Aufnahme eines derartigen Sprunges in Oberschlesien. Am Punkt *A*, in dem der Sprung zutage austritt, entstand durch den einseitigen Abbau der Flöze *2, 5* und *6* ein treppen-förmiger Absatz, wie er im Kreis angedeutet ist. Endigt der Abbau mehrerer Flöze an der gleichen Stelle, so führt dieses häufig in einem größeren Bereich zu einer Überschreitung der Gebirgsfestigkeit. Daher können dort leicht Staffelbrüche auftreten, die sich an der Tagesoberfläche als terrassenförmige Absätze anzeigen.

Die zweite Ursache kann die Lage der Eigentumsgrenze, der sogenannten *Mark-scheide*, bilden. Meist ist die Abbauplanung der an einer Markscheide angrenzenden Zechen nicht aufeinander abgestimmt. Die Termine des beiderseitigen Abbaues können um Jahre oder Jahrzehnte auseinanderliegen. Die Verhältnisse, die bei einseitigem Abbau eintreten, ähneln dann denen, wie sie bei Vorhandensein eines Sprunges bereits beschrieben wurden. Nur ist die genaue Lage des Bruches nicht durch eine von der Natur vorgezeichnete Scherfuge bestimmt. Es bilden sich eine oder mehrere zum Abbau einfallende Scherflächen, die meist von einem entgegengesetzt einfallenden, näher am Abbau liegenden Sprung begleitet werden, der als *Böschungs-sprung* bezeichnet wird. Es schert dann ein ganzer Erdkeil ab, der sich in die Bruchspalte hineinpreßt. Einen besonders markanten Fall zeigen die Abb. 12 bis 14, die über der Markscheide zwischen einer saar-ländischen und einer französischen Zeche aufgenommen wurden. Auf der französischen Seite waren die ergiebig-sten Flöze bereits restlos verritzt, wäh-rend die Saarzeche die Markscheide erst viel später mit ihrem Abbau erreichte. In den Abb. 12 und 13 sieht man an zwei verschiedenen Stellen die Bruch-spalte, deren Rauminhalt überraschend groß war, so daß ihre Verfüllung eine lange Zeit in Anspruch nahm, obgleich alle unter Tage anfallenden Berge hierzu herangezogen wurden. Abb. 14 läßt er-kennen, wie sich über Tage ein Absatz bildet.

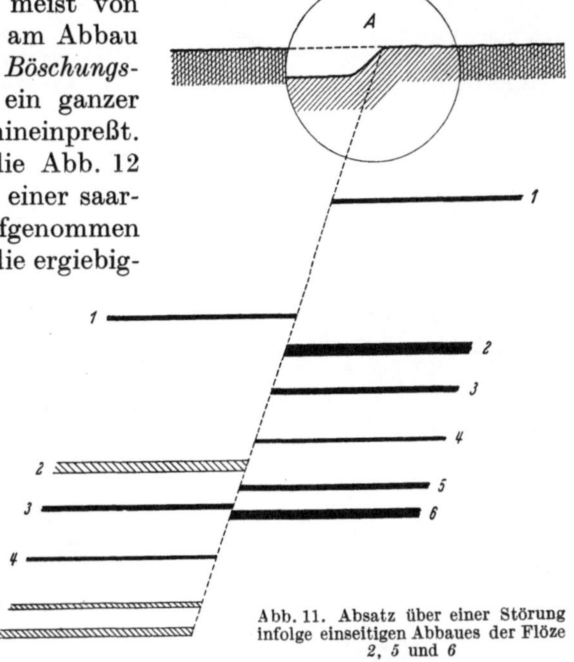

Abb. 11. Absatz über einer Störung infolge einseitigen Abbaues der Flöze *2, 5* und *6*

Ein anderer Fall, der sich durch einen scharfen, rechtwinklig umgrenzten Absatz von 1,0 m Höhe auszeichnete, begegnete dem Verfasser im Eschweiler Revier. Hier bestand die oberste, etwa 300 bis 400 m starke Schicht des Deckgebirges aus sehr feinkörnigem Sand. Man hätte vermuten können, daß sich im Fein- und Feinstsand — bei einer Mächtigkeit von mehreren hundert Metern — ein im darunterliegenden Gebirge auftretender Scherbruch ausgleichen würde. Die Erklärung dafür, daß sich eine einzige senkrechte Scherfläche gebildet hat, liegt in dem Unterschied eines lockeren Lagerungszustandes, wie er z.B. in einer Sanduhr auftritt, und eines drei-achsigen Druckzustandes. Ein Sand in 300 m Teufe hat eine Auflast von etwa 600 t je qm und damit eine lotrechte Spannungskomponente von 60 atü. Dann handelt es sich nicht mehr um Sand, sondern um die Vorstufe eines Sandsteins von spröder Struktur, der sich bei der Probeentnahme aus dem Bohrloch in Sand zurückverwandelt hat. Die Nutz-anwendung dieser Betrachtung besteht darin, daß eine plastische Verformbarkeit sowohl des eigentlichen Gebirges als auch der diluvialen Überdeckung davon abhängt, ob der Anteil an bindigen, also tonigen Bestandteilen groß genug ist, um die spröde Kraftübertragung von Korn auf Korn in einen plastischen Gleitvorgang umzuwandeln. Eine ausführliche Dar-stellung dieser bodenmechanischen Zusammenhänge folgt später im Abschn. 1.6 (S. 27ff.).

Auch wenn der Abbau in großer Teufe erfolgt, ändert sich an dieser Feststellung nichts, obgleich sich der Betrag der unterschiedlichen Senkung über Tage mit der Abbau-teufe verringert, weil sich die Verformung auf einen Körper von viel größerem Raum-

Abb. 12. Bruchspalte über einer Markscheide

Abb. 13. Verlauf der Bruchspalte

Abb. 14. Absatzbildung sowohl an der Bruchspalte als auch am Böschungssprung

inhalt verteilt. Als Beispiel wird in Abb. 15 ein Treppenabsatz im östlichen Ruhrrevier gezeigt, wo der Abbau schon bis zu 1000 und 1100 m Teufe vorgedrungen ist. Zur Erläuterung der Abb. 15 ist noch zu bemerken, daß ein derartiger scharfer Absatz, der sich über mehrere hundert Meter erstreckt, im zentralen Ruhrgebiet selten auftritt, obgleich hier der Bergbau in durchschnittlich 400 bis 700 m Teufe umgeht. Das erklärt sich geologisch daraus, daß sich im Zentrum des Ruhrgebietes als Deckgebirge eine 30 bis 50 m starke Tonmergelschicht befindet, welche zum Teil sogar in eine stark wasserhaltige, mit Feinsand vermischte Schluffschicht übergeht. Im östlichen Randgebiet, aus dem die Aufnahme der Abb. 15 stammt, fehlt die Tonmergelschicht im Deckgebirge.

Bei *steiler Lagerung* befindet sich der Muldenrand häufig in der Verlängerung des abgebauten Flözes, vgl. Abb. 9. Das Flöz bildet selbst eine Scherfuge, die sich nach oben fortsetzt. In Abb. 16 ist die markscheiderische Aufnahme eines derartigen Vorganges wiedergegeben. Über Tage bildete sich ein Graben von etwa 95 m Breite, dessen Entstehung bereits früher bei der Erläuterung der Abb. 12 bis 14 erklärt wurde. Der am rechten Absatz auslaufende Sprung, der entgegengesetzt zur Einfallrichtung des Abbaues verläuft und einen Erdkeil aus dem Hangenden herausschneidet, wird, wie bereits erwähnt, als *,,Böschungssprung''* bezeichnet.

Diese treppen- oder terrassenförmigen Absätze müssen

nicht in derart krasser Form auftreten, wie es nach den vorangegangenen Abbildungen
scheinen mag. Die in größerer Teufe auftretenden Abscherungen werden, sofern das Deckgebirge plastisch nachgiebige Schichten enthält, von diesen weitgehend aufgefangen.
Dann entsteht über Tage statt eines scharfkantigen Absatzes eine s-förmig geschwungene

Abb. 15. Absatzbildung infolge eines Abbaues in großer Teufe

Übergangskurve. Diese kann man in der Natur recht deutlich verfolgen, aber in den
fotografischen Aufnahmen ist eine leicht gekrümmte Wellenform der Tagesoberfläche
schlecht zu erkennen. Dagegen zeigen sich die Folgen stark abgemilderter und ausgerun-
deter Absätze deutlicher an Aufnahmen der hiervon betroffenen Bauwerke. Im zweiten
Abschnitt werden entsprechende Schäden an Bauwerken ausführlicher behandelt.

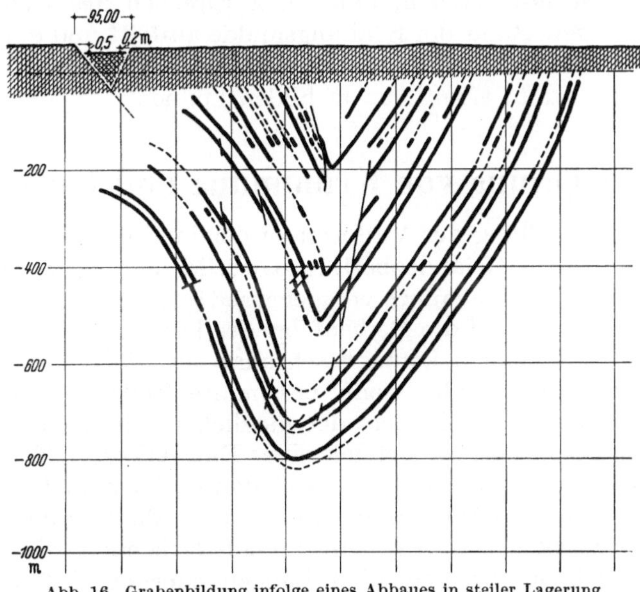

Abb. 16. Grabenbildung infolge eines Abbaues in steiler Lagerung

1.32 Im mittleren Verkürzungsbereich der Senkungsmulde

Im Verlauf der Verformung, die das Hangende während des Abbauvorganges erfährt,
entsteht beim Abbau eines Flözes vorübergehend ein Hohlraum von meist etwa rechteckiger Grundfläche, der mit der Geschwindigkeit des Vortriebes weiterwandert. Der
Gleichgewichtszustand, der sich in dem Gebirgskörper während seiner Freilage einstellt,
wird vermutlich im wesentlichen durch eine Gewölbewirkung ermöglicht. Man kann den
Kräfteverlauf auch als Biegung mit gleichzeitiger Längskraft auffassen. Dabei ist die
geringe Zugfestigkeit des fraglichen Gebirgsmaterials zu beachten. Wahrscheinlich hängt
der Kräfte- und Spannungsverlauf im wesentlichen von der mehr oder minder spröden

oder plastisch nachgiebigen Beschaffenheit des angetroffenen Materials ab. Je plastischer sich die Formänderung vollzieht, um so gleichmäßiger beteiligt sich hieran der Gesamtkörper und um so stetiger verläuft sowohl die Kurve der Senkungen als auch der horizontalen Abstandsänderungen (Dehnungen und Verkürzungen) an der Tagesoberfläche. Bei spröder Beschaffenheit zerteilt sich aber der Gesamtkörper in einzelne Abschnitte. Dann häufen sich die Formänderungsbeträge in der Umgebung der Rißfugen, und es bilden sich auch über Tage Stellen, in denen sich die Auswirkungen des Bruches konzentrieren.

In der Mitte der Senkungsmulde sind die Querkräfte — im Gegensatz zum sattelförmigen Rand — gering. Ferner tritt hier keine Dehnung auf, welche in der Randzone den Vorgang des Abscherens einleitet, sondern es entsteht im Gegenteil eine Verkürzung und eine entsprechende Druckbeanspruchung. Folglich zeigen sich die Auswirkungen beim Zubruchgehen des Gebirgskörpers hauptsächlich in den Kurven der horizontalen Abstandsänderung, während sich die Senkungskurve hierbei kaum ändert. Der Vorgang berührt die Frage der baulichen Bergschädensicherung nur insofern, als sich die sonst auf einen längeren Abschnitt verteilten Verkürzungen des Baugrundes an einzelnen Stellen anhäufen. Im allgemeinen ergeben sich daraus nicht unbedingt irgendwelche andersgearteten Auswirkungen auf das Bauwerk, der Unterschied eines örtlichen Bruches von einer allmählichen Verformung zeigt sich aber in dem zeitlichen Verlauf der Verformung im Baugrund. Geht der Gebirgskörper nur an Einzelstellen zu Bruch, so erfolgt die Längenänderung an der Erdoberfläche innerhalb weniger Stunden, während sich der Vorgang sonst allmählich vollzieht. Ein kurzfristig auftretender „Pressungsschaden" kann ebenso wie ein derartiger „Zerrungsschaden" unangenehme Folgen haben, wenn es sich z. B. um eine Gleisanlage handelt.

Zusammenfassend ist festzustellen, daß ein Zerbrechen des Gebirgskörpers hauptsächlich im sattelförmigen Rand der Senkungsmulde auftritt und dort stärkere Schäden an Bauwerken auslöst, weil sich hier die beiderseitgen Ränder einer Bruchstelle vertikal gegeneinander versetzen, d. h. einen Absatz bilden können.

1.4 Die Überlagerung von Krümmung und Längenänderung

Eine umfassende Darstellung der Verformung der im Einwirkungsbereich des untertägigen Bergbaues liegenden Geländeoberfläche würde sehr verwickelt sein, weil diese Aufgabe viele Variable und Unbekannte von gegenseitiger Abhängigkeit enthält. Da man im voraus auch den Umfang und die Reihenfolge des künftigen Abbaues der meist zahlreichen Kohlenflöze nicht kennen kann, beschränkt sich die markscheiderische Untersuchung auf einzelne Endzustände, wenn bestimmte Teile des abbauwürdigen Vorkommens abgebaut sind. Die Größtwerte der möglichen, gleichzeitig wirkenden Krümmungen und Längenänderungen im Bereich einer Bauwerksgrundfläche lassen sich nur sehr roh schätzen. Im allgemeinen behilft man sich damit, daß man die für den Endzustand errechneten Werte mit einem Faktor erhöht, der das Verhältnis des Zwischenzustandes zum Endzustand ausdrücken soll. Es fehlt an ausreichendem Beobachtungsmaterial, insbesondere hinsichtlich der waagerechten Längenänderung. Infolge der bestehenden Unsicherheit setzt man den Sicherheitszuschlag sehr verschieden an. Vielleicht war es früher auch nicht von so großer wirtschaftlicher Bedeutung, die tatsächlich auftretenden Grenzwerte der Oberflächenverformung zu kennen. Erst mit der fortschreitenden Mechanisierung der industriellen Anlagen taucht immer häufiger die Frage auf, für welche Baugrundbewegungen man die Maschinen und Betriebseinrichtungen auslegen soll. Dabei handelt es sich weniger um das Risiko der Beschädigung oder des Totalschadens der einzelnen Maschinen, die man ja notfalls durch eine Vollsicherung schützen kann, als um die Gefahr der Stillegung eines ganzen Werkes, wenn ein kontinuierlicher Arbeitsvorgang an irgendeiner Stelle unterbrochen wird.

1.41 Die Auswirkung des Abbaues eines einzelnen Feldes

Für die Berücksichtigung der Bodenverformung in der Planung und konstruktiven Gestaltung eines Bauwerkes genügt es, die ungünstigsten Grenzwerte der Längenänderung und Krümmung der Bauwerkssohle festzulegen. Daher beschränkt man sich im allgemeinen auf die Betrachtung der beiden lotrechten Schnitte längs und quer zur Abbaurichtung. Aus den Abb. 2 bis 4, 8 und 9 ergibt sich unter der Voraussetzung eines *regelmäßigen* Verlaufs der Senkungskurve die bekannte Regel, daß meist in jeder der beiden Schnittebenen entweder eine Dehnung in Verbindung mit einer sattelförmigen Krümmung oder eine Verkürzung in Verbindung mit einer muldenförmigen Krümmung auftritt. Im mittleren Bereich erfolgt sowohl die Verkürzung als auch die Krümmung bei beiden Schnittebenen im gleichen Vorzeichensinn. Im Randbereich eines Feldes von länglicher Form tritt die mit einer sattelförmigen Krümmung verbundene Dehnung nur in einer Richtung auf. In der rechtwinklig hierzu liegenden Richtung — d. h. in der Linie, die gleichsam den Rücken des Sattels bildet — findet auch eine Krümmung mit entsprechender Längenänderung statt, diese kann aber sowohl muldenförmig (im inneren Bereich, in der Nähe der beiden Hauptschnitte) als auch sattelförmig (oberhalb der Ecken des betrachteten Feldes) verlaufen. Diese Verformung ist aber verhältnismäßig gering, so daß man sie im allgemeinen vernachlässigen kann.

Im Dehnungsbereich kann der Senkungsverlauf auch *unregelmäßig* sein, dann entsteht dort eine kurze und damit gefährliche *Sekundärmulde*. In diesem Fall tritt eine Dehnung gleichzeitig mit einer muldenförmigen Krümmung auf.

Zusammenfassend kann man aussagen, daß der innere Verkürzungsbereich wesentlich günstigere Verhältnisse aufweist als der Dehnungsbereich in der Randzone. Die muldenförmige Krümmung im Innern der Mulde ist flacher und verläuft in gleichem Sinne nach beiden Richtungen, die aus der Verkürzung der Baugrundfläche in der Fundamentebene entstehende Pressung wirkt meist gleichzeitig in beiden Richtungen. In der Schnittebene, welche vom Rand zum Muldentiefsten geführt ist, kann sich dagegen der Krümmungssinn der Senkungskurve im Bereich der Randzone umkehren.

1.42 Die Auswirkung des Abbaues mehrerer Flöze

Den Wechsel der Längenänderungen und Krümmungen an einem bestimmten Punkt der Erdoberfläche, der von dem fortschreitenden Abbau eines einzigen Feldes *eines* Flözes ausgelöst wird, kann man in Abb. 19, vgl. S. 17, noch recht klar verfolgen. Dagegen vermag sich der in bergbaulichen Fragen unbewanderte Bauingenieur kaum vorzustellen, wie verwickelt die Vorgänge werden, wenn verschiedene Flöze untereinander in unregelmäßigen Zeitabständen abgebaut werden. Um nur einen rohen Einblick zu vermitteln, soll in Abb. 17 an einem willkürlich gewählten Beispiel aus der Praxis gezeigt werden, wie die Zeitfolge der Abbauplanung ausschauen kann. Die vorhandenen Flöze sind in der Einfallrichtung geschnitten, dann sind die Jahre vermerkt, in denen die betreffenden Abschnitte der Flöze abgebaut wurden. Darunter sind die unter Tage beim Abbau entstandenen Hohlräume in senkrechter Projektion überlagert und die Zwischenzustände für drei Zeitabschnitte dargestellt. Daraus erkennt man, wie unregelmäßig die Gesamthöhen der untereinanderliegenden Hohlräume zu verschiedenen Zeiten sein können. Mit dieser Auftragung der Zustände in Zeitabständen von etwa zehn Jahren ist noch nicht gesagt, daß nicht innerhalb der einzelnen Jahre wesentlich ungünstigere Kombinationen aus der Überlagerung der dann gerade auftretenden Zwischenzustände eintreten können. Wenn an vielen Stellen gleichzeitig — noch dazu in verschiedenen Teufen — abgebaut wird, so können sich die Auswirkungen der einzelnen Abbauvorgänge teilweise gegenseitig aufheben, häufig addieren sie sich aber. Die Darstellung in Abb. 17 ist nicht vollständig. Man müßte jedes Flöz mit den Abbaudaten jedes Abschnittes im Grundriß zeigen und noch mehrere Schnitte untersuchen, um den Zustand zu ermitteln, der die unregelmäßigste Verteilung der Hohlräume ergibt, in die sich das Hangende

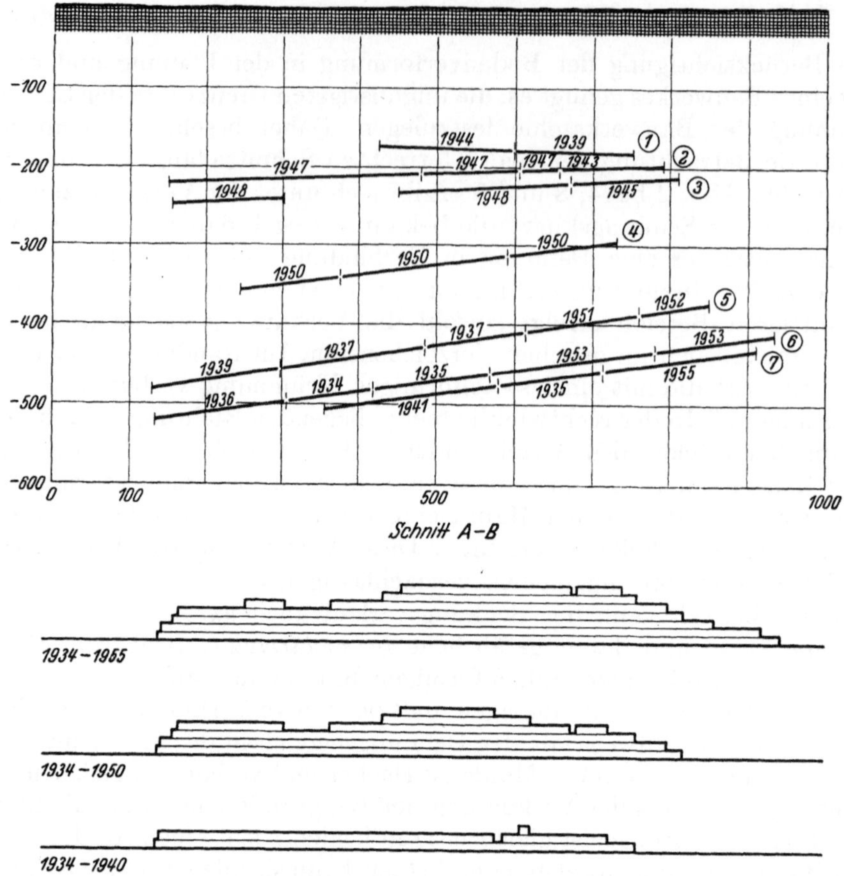

Abb. 17. Zeitliche Reihenfolge des Abbaues von sieben Flözen und Auftragung der gesamten beim Abbau entstandenen Hohlräume für drei Zwischenzustände

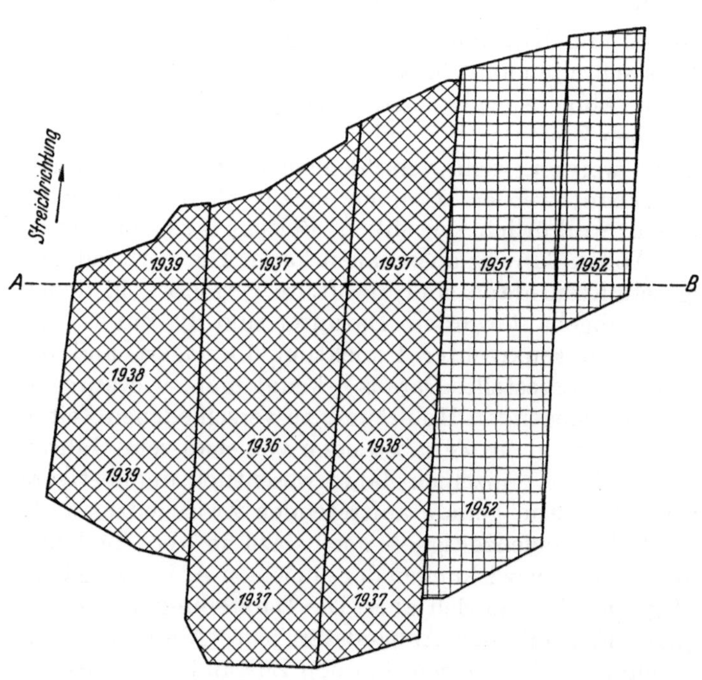

Abb. 18. Grundriß Flöz ⑤ , vgl. Abb. 17

nachpreßt. In Abb. 18 ist zur besseren Anschauung das drittunterste Flöz Nr. ⑤ im Grundriß dargestellt. Man kann wohl daraus erkennen, daß der Abbau in der Streichrichtung, also rechtwinklig zum Querschnitt der Abb. 17 erfolgte. Ferner geht daraus hervor, daß beim vorliegenden Beispiel zwischenzeitlich die größten Unterschiede in der Einfallrichtung aufgetreten sind. Zwischen dem Abbau der einzelnen Feldstreifen liegt teilweise ein Zeitraum von zwei bis drei Jahren. In der Hauptsache soll aber die Abb. 17 den Unterschied der Senkungskurven zeigen, der zwangsläufig zwischen dem *Endzustand* — nach beendetem Abbau — und den *Zwischenzuständen* — während des Unterfahrens — entsteht.

Angesichts der Vielfältigkeit der Zwischenzustände erscheint dem Verfasser eine genaue rechnerische Erfassung der gleichzeitig auftretenden Verformungsbeträge in allen drei Koordinatenrichtungen als ein aussichtsloses Unterfangen. Das negative Ergebnis dieser Betrachtung ist recht beachtlich, weil es die Notwendigkeit beweist, für die Unsicherheit der Bodenverformung und damit für die Voraussetzungen der Kräfte, die in das Bauwerk übertragen werden, einen Sicherheitsbeiwert einzuführen. Hierfür sprechen auch noch andere Argumente, die im nächsten Abschnitt behandelt werden. Die richtige Erfassung der möglichen Grenzwerte der Bodenverformung fällt aber eindeutig in den Verantwortungsbereich des Markscheiders. Der Bauingenieur kann die Angaben des Markscheiders nur als gegeben hinnehmen und deren Folgen am Bauwerk untersuchen.

1.5 Die Auswertung der markscheiderischen Vorausberechnung für die Planung von Bauwerken

Es ist notwendig, bei der Betrachtung der zu erwartenden Auswirkungen des untertägigen Bergbaues auf die Tagesoberfläche zwischen der *absoluten Gesamtverformung* der ganzen Fläche des Einwirkungsbereiches in der Größenordnung von meist mehreren Quadratkilometern und der *relativen Veränderung* innerhalb *der* verhältnismäßig *kleinen Grundfläche einzelner Bauwerke* zu unterscheiden.

1.51 Die Betrachtung der Gesamtverformung der Senkungsmulde

Es gibt eine Art von baulichen Anlagen, bei denen es auf die absolute Höhenlage ankommt, das sind die öffentlichen Verkehrswege zu Land und zu Wasser. Dazu zählen in erster Linie die Eisenbahnen, Kanäle und Häfen, ferner die Brücken- und sonstigen Bauwerke, die sich aus den Kreuzungen verschiedener Verkehrswege ergeben. Die Schäden an diesen Anlagen und deren Wiederinstandsetzung nehmen den größten Teil der Gesamtaufwendungen des Bergbaues in Anspruch.

Die Schäden an den Verkehrswegen sind völlig andersgeartet als an Einzelbauwerken. Sie unterscheiden sich erstens in der Bewertung der *absoluten Höhenlage*. Für die Verkehrswege ist die absolute Höhenlage von größter Bedeutung. Landstraßen und in geringerem Umfange auch Eisenbahnen lassen noch gewisse Beträge einer flachen Muldensenkung zu. Höhenunterschiede von mehreren Metern lassen sich auf eine Länge von wenigen Kilometern zwar meist noch technisch überwinden, aber dadurch verteuert sich der Betrieb. Wasserstraßen vertragen naturgemäß keinerlei Höhenänderungen. Demgegenüber ist die absolute Höhenlage der Einzelbauwerke meist völlig belanglos. Lediglich bei hohem Grundwasserspiegel können sich Folgerungen für die Bauplanung oder für die Schadensbeseitigung ergeben. Dagegen ist die Aufhöhung von kilometerlangen Bahndämmen einschließlich der erforderlichen Brückenhebungen ebenso wie die Überhöhung der Kanalböschungen oder -wände sehr kostspielig. Bei den Verkehrswegen entstehen somit die Hauptkosten durch die Notwendigkeit einer Wiederherstellung der ursprünglichen Höhenlage. Einzelbauwerke müssen höchstens wieder geradegerichtet, d. h. in eine waagerechte Stellung gebracht werden, aber auch das ist selten erforderlich.

Zweitens hat die *Längenänderung* des Baugrundes, die an Einzelbauwerken die Hauptschäden verursacht, nur eine geringe Bedeutung für die Verkehrswege. Im Vergleich zu den Kosten der Höherlegung sind deren Schäden aus den horizontalen Dehnungen und Kürzungen unerheblich. Auch sind die *örtlichen Unstetigkeiten* im Verlauf der Senkungskurve, der sich selten mit Sicherheit voraussehen läßt, hier von untergeordneter Bedeutung.

Für die Beurteilung der Gesamtverformung der Senkungsmulden liefert die markscheiderische Vorausberechnung eine *ausreichende Unterlage*, aus der die bauliche Planung der Verkehrswege entwickelt werden kann.

Der Hinweis darauf, daß der Gesamtverlauf einer Senkungsmulde für das Einzelbauwerk verhältnismäßig unwichtig ist, gilt hauptsächlich für den großen inneren Bereich und nicht ohne Einschränkung für den schmalen Randbereich einer Mulde. Da am Muldenrand die größten Verformungen auftreten können, ist es für ein Einzelbauwerk wohl von Bedeutung, ob die Grenz- und Bruchwinkel in der Vorausberechnung der Gesamtmulde zutreffend angesetzt wurden. Verläuft z. B. der Bruchwinkel flacher, als in der Vorausberechnung der Abgrenzung eines *Sicherheitspfeilers* angenommen wurde, so erfüllt dieser seine Aufgabe nicht mehr. Als „Sicherheitspfeiler" bezeichnet man einen unverritzt bleibenden Gebirgskörper, der sich nach unten unter dem Bruchwinkel verbreitert. Innerhalb der Schachtanlagen dienen die Sicherheitspfeiler hauptsächlich zum Schutz der Schachtsäulen, deren Achse sich sonst bei einseitigem Abbau krümmen kann. Da die Ausdehnung des Sicherheitspfeilers mit der Teufe wächst, drohen große Kohlenvorräte verlorenzugehen. Man geht deshalb mehr und mehr zum planmäßigen Abbau des Schachtsicherheitspfeilers über und sichert die Schächte gegen Dehnungen und Stauchungen durch eine nachgiebige Ausgestaltung der Schachtwandung. Die Bergbaubehörde ordnet aber auch unter wichtigen Bauwerken des öffentlichen Verkehrs, z. B. unter Schleusen usf. Abbaubeschränkungen oder Sicherheitspfeiler an.

1.52 Die Betrachtung der Grundfläche eines Einzelbauwerkes

Beim Einzelbauwerk kommt es auf die Einzelheiten der Bodenverformung innerhalb der Bauwerksgrundfläche an, die nur einen kleinen Ausschnitt des gesamten Einwirkungsbereiches eines Abbaufeldes umfaßt. Der Markscheider muß bei seiner Vorausberechnung von der Betrachtung jedes Abbaufeldes aller in Betracht kommenden Flöze ausgehen und die Ergebnisse dieser Einzelvorgänge später überlagern.

Es ist bisher wenig Tatsachenmaterial veröffentlicht worden, aus dem der Verlauf der Formänderung der Tagesoberfläche in Zusammenhang mit dem Fortschreiten des Abbaues unter Tage hervorgeht. Wenn überhaupt in gewissen Zeitabständen Messungen vorgenommen werden, dann beschränken sich diese meist auf das Höhennivellement. Die horizontale Verschiebung der einzelnen Meßpunkte ist wesentlich schwieriger zu messen, insbesondere ihre absolute Wanderung. Zur Beurteilung der Schäden an Bauwerken würde die Messung der relativen Abstandsänderung der Meßpunkte ausreichen, die weniger mühevoll ist. Diese Arbeit unterbleibt aber häufig, zum mindesten werden selten Ergebnisse der Horizontalmessungen Außenstehenden zugänglich gemacht. So bedauerlich im übrigen die Zurückhaltung des Bergbaues in der Bekanntgabe der Meßergebnisse für die Entwicklung der Bergschadenkunde im baulichen Sektor sein mag, so notwendig ist sie andererseits angesichts der ungünstigen Rechtslage. Vor Gericht hängt die Entscheidung häufig vom Urteil eines Sachverständigen ab, der die ursächlichen Zusammenhänge der Vorgänge im Baugrund und der Schäden im Bauwerk mangels entsprechender Ausbildung nicht kennt und jegliche Folgeerscheinungen der Baugrundsetzung sowie der Konstruktionsfehler zu Lasten des Bergbaues bucht.

Da sich ein Bauingenieur schwerlich eine richtige Vorstellung von dem Wechsel der Bodenverformung während des Abbauvorganges machen kann, ist es notwendig, die Ergebnisse einer in Abständen von wenigen Monaten wiederholten Messung zu zeigen. Derartig ausführliche Geländeaufnahmen gibt es verhältnismäßig selten. Im folgenden werden die besonders sorgfältigen Messungen wiedergegeben, welche dem Verfasser von FLÄSCHENTRÄGER zur Verfügung gestellt wurden, der eine von JANUS begonnene Arbeit fortgesetzt und ausgewertet hat. Es handelt sich um den Abbau zweier Felder eines flach gelagerten Flözes in 175 m Teufe. Die Reihenfolge des Abbaues ist in Abb. 19 eingetragen.

Das *erste* Feld hat eine etwa 300 m breite Abbaufront und eine Länge von etwa 570 m, der Abbau erfolgte in einer Richtung, beginnend mit dem Abschn. ① und abschließend mit dem Abschn. ⑦. Die Messungen wurden an je einer Meßlinie in der Längs- und Querrichtung durchgeführt. Die Meßpunkte haben einen Abstand von 30 m, der Übersichtlichkeit wegen sind in den Abb. 20 bis 23 die Bewegungen in jedem zweiten Meßpunkt ausgezogen. Die Kurven, die mit ① bis ⑦ bezeichnet sind, geben den Zustand wieder, der nach Abbau des gleichlautend bezifferten Feldstreifens gemessen wurde. Zeitlich liegen die Messungen etwa drei Monate auseinander.

Die an der Tagesoberfläche beobachtete Formänderung in den Meßlinien der Längsrichtung (Abb. 20) und Querrichtung (Abb. 21) ist in drei Kurvenscharen ausgedrückt. Zuunterst sind die *Senkungskurven* aufgetragen, welche Werte bis zu 600 mm Absenkung ausweisen. Gleichzeitig mit der Senkung wird die *horizontale Wanderung* jedes zweiten Meßpunktes gezeigt. Man erkennt, wie sich die Meßpunkte in der jeweiligen Richtung zum Schwerpunkt des derzeitigen Hohlraumes horizontal verschieben. Die Senkungskurven wurden nicht, wie es sonst üblich ist, durch geradlinige Verbindung der Lage der Meßpunkte, sondern durch Konstruktion einer stetigen Kurve gewonnen, um daraus den

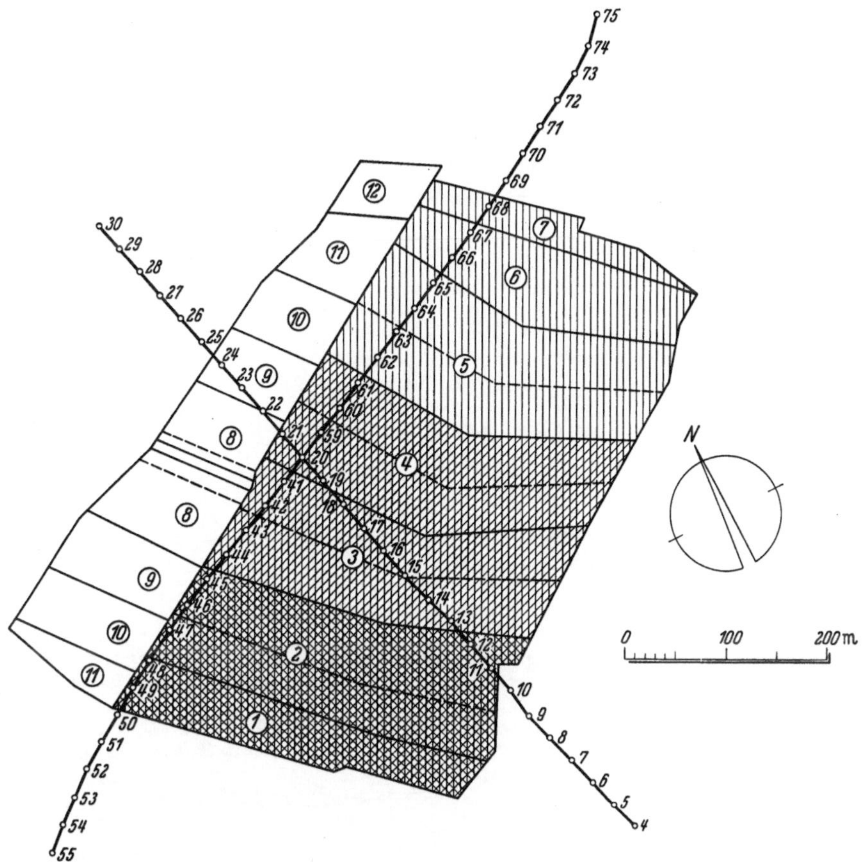

Abb. 19. Grundriß und Abbaufolge eines Flözes in flacher Lagerung (nach JANUS u. FLÄSCHENTRÄGER)

Verlauf der Krümmung ableiten zu können. Die Darstellung der Krümmung erfolgt durch Auftragung einer Kurve des reziproken Wertes des an jeder Stelle auftretenden *Krümmungshalbmessers.* Der Grund, weshalb nicht die Krümmungshalbmesser selbst, sondern deren reziproke Werte als Ordinaten gewählt wurden, ist folgender: Es ist verständlicher, wenn einer großen Krümmung, d. h. einem kleinen Halbmesser, eine große Kurvenordinate entspricht, als wenn der Nullwert der Krümmung durch die Ordinate „∞" ausgedrückt wird. Die Kurven der reziproken Werte des Krümmungshalbmessers sind oberhalb der Senkungskurven aufgetragen, sie verlaufen im übrigen unregelmäßiger, als es die Abb. 2, 3 und 4 der idealisierten Senkungskurven erwarten ließen.

Über den Krümmungskurven sind die *relativen Abstandsänderungen* der Meßpunkte aufgetragen, oberhalb der Nullinie die Dehnungen, unterhalb die Verkürzungen. Die Ordinaten dieser Kurven ergeben sich aus den Linien in der untersten Kurvenschar, welche die horizontale Wanderung der Meßpunkte wiedergeben. Aus diesen Kurven, die von der ursprünglichen Lage der Meßpunkte ausgehen, läßt sich übrigens die absolute Horizontalverschiebung jedes Punktes in den einzelnen Phasen des Abbauvortriebes ablesen. Für die Auswirkung am Einzelbauwerk interessiert nur die relative Abstandsänderung der einzelnen Punkte innerhalb der Gebäudegrundfläche, während für die Verbindungsbrücken zwischen zwei Bauwerken auch die Absolutwerte der Verschiebung benötigt werden.

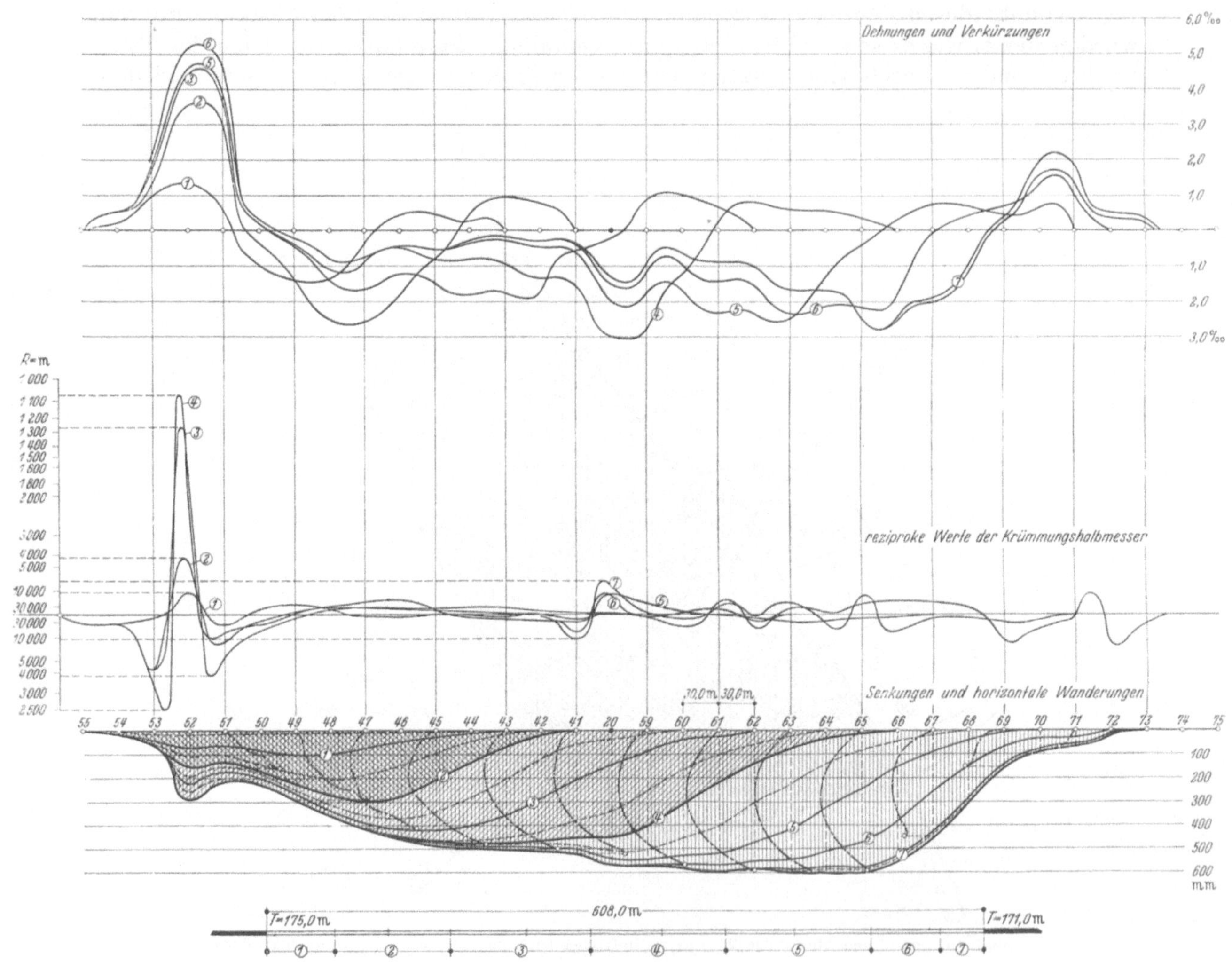

Abb. 20. Senkungsverlauf in der Längsrichtung beim Abbau des ersten Feldes, Abschn. 1 bis 7
(nach Janus u. Fläschenträger)

Das *zweite Feld*, welches bei gleicher Länge nur etwa 100 m breit ist, wurde von der Mitte aus nach beiden Seiten, d. h. gleichzeitig mit zwei Fronten abgebaut. Die Bezeichnungen ⑧ bis ⑪ gelten je für zwei Streifen, die zur gleichen Zeit verritzt wurden. Abb. 22 zeigt die Auswirkungen des Abbaues in der ursprünglichen Meßlinie der Längsrichtung, Abb. 23 gilt für die Meßlinie in der Querrichtung, vgl. Abb. 19. Die Darstellung beschränkt sich auf die Senkung und Horizontalwanderung der einzelnen Meßpunkte. Es sind die Kurven des Abbaues vom ersten Feld wiederholt, man erkennt dadurch die Richtungsänderung der Kurven, welche die Horizontalverschiebung der Meßpunkte wiedergeben. In Abb. 22 ist besonders deutlich der andersgeartete Abbauvortrieb zu verfolgen. Die Kurven verlaufen zunächst nach innen gerichtet, weil der Abbau in den Streifen ⑧ beginnt. Dann kehren sie ihre Richtung um und folgen dem Abbau beiderseits nach außen.

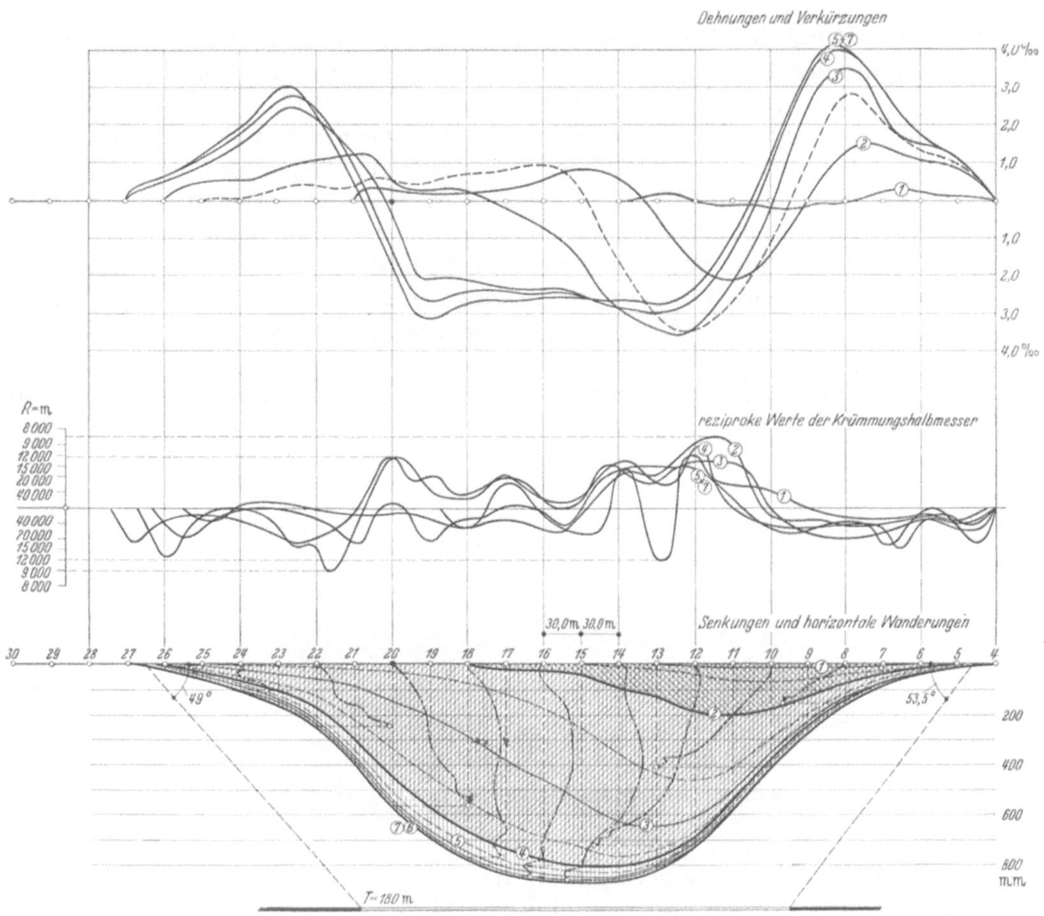

Abb. 21. Senkungsverlauf in der Querrichtung beim Abbau des ersten Feldes, Abschn. 1 bis 7
(nach JANUS u. FLÄSCHENTRÄGER)

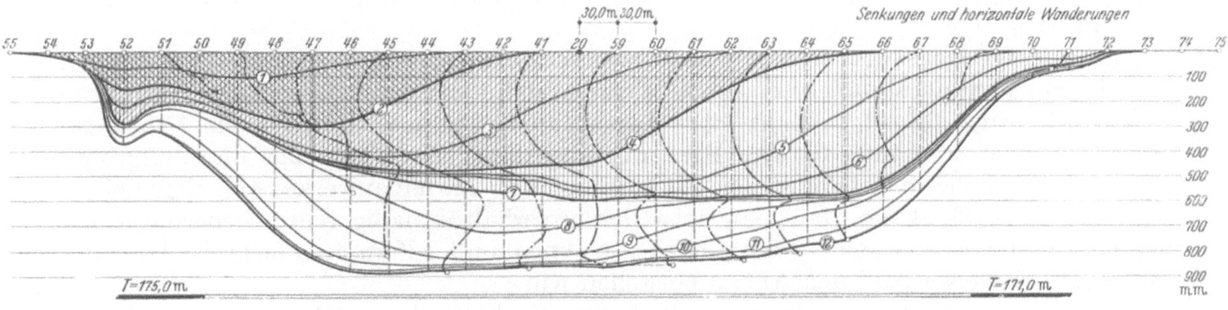

Abb. 22. Senkungsverlauf in der Längsrichtung beim Abbau des Gesamtfeldes, Abschn. 1 bis 12
(nach JANUS u. FLÄSCHENTRÄGER)

Aus den Abb. 19 bis 23 lassen sich noch mancherlei Erkenntnisse gewinnen. Hauptsächlich soll auf die Notwendigkeit hingewiesen werden, den Bewegungsvorgang räumlich zu verfolgen. Man ist zunächst leicht geneigt, die Bewegung nur in einer einzigen Schnittebene, und zwar in Richtung des Abbauvortriebes, zu betrachten. In den Längs-

schnitten der Abb. 20 und 22 erkennt man, daß sowohl die Krümmung als auch die
Längenänderung an dem gleichen Meßpunkt mehrfach ihre Vorzeichen wechseln, während
die Bewegungen in dem Querschnitt Abb. 21 mehr in gleichem Sinne verlaufen. Erst
beim Abbau des Nachbarfeldes wechseln in Abb. 23 wieder die Dehnungen und Verkürzungen teilweise ihre Vorzeichen.

Für die Auswertung der Meßergebnisse interessieren in erster Linie die *Höchstwerte*
sowohl der Krümmung als auch der Längenänderung. Abgesehen von der Unstetigkeit
im Meßpunkt *52* des Längsschnittes sind die Beträge der *größten Krümmung* im Längs-
und Querschnitt von ähnlicher Größenordnung. Bei den meisten Senkungskurven sind
die Krümmungshalbmesser in der sattelförmigen Randzone kleiner als im muldenförmigen
Mittelbereich. Hinzu kommt im Randbereich die Gefahr des Dehnungsbruches und damit
der Abscherung, die sich bei Vorhandensein eines plastisch nachgiebigen Deckgebirges
wiederum als stärkere Krümmung (mit kleinerem Halbmesser) äußern kann. Diese Gefahr
besteht im muldenförmigen Mittelbereich im allgemeinen nicht. Daraus folgt, daß man
zweckmäßig für die *sattelförmige Krümmung eine ungünstigere Annahme als für die muldenförmige Krümmung* trifft.

Es ist lohnend, sich die absoluten Höchstwerte zu merken, die in den Abb. 20 bis 23
verzeichnet sind. Die Beträge, die sich hier aus dem Abbau eines einzelnen Flözes von

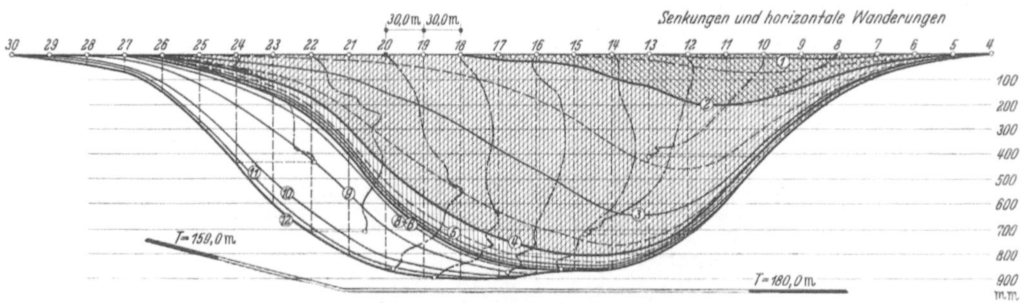

Abb. 23. Senkungsverlauf in der Querrichtung beim Abbau des Gesamtfeldes, Abschn. 1 bis 12
(nach JANUS u. FLÄSCHENTRÄGER)

etwa 1,80 m Mächtigkeit in der geringen Teufe von nur 175 m ergaben, sind von ähnlicher Größenordnung, wie sie häufig auch beim Abbau mehrerer tiefer gelegener Flöze
auftreten. Unter Ausschluß der Unstetigkeit beim Meßpunkt *52* haben die Krümmungshalbmesser meist eine Größe von über 10000 m im muldenförmigen Bereich und von über
4000 m im sattelförmigen Bereich. Die größten relativen Dehnungen und auch Verkürzungen erreichen einen Betrag von 5 mm/m. Das sind immerhin 5 cm bei einer Länge
von nur 10 m.

Besondere Beachtung verdient der Kurvenverlauf in der Nähe des Meßpunktes *52*.
Hier ist ein Dehnungsbruch aufgetreten. Damit taucht die nach Ansicht des Verfassers
schwierigste Frage der markscheiderischen Vorausberechnung auf, ob mit einem *Dehnungsbruch* gerechnet werden muß. Die Beantwortung dieser Kernfrage hat die allergrößte
Bedeutung für die Beurteilung der Gefährdung der Einzelbauwerke. Im allgemeinen
folgt aus einer Bejahung, daß man entweder unverhältnismäßig teure Sicherungsmaßnahmen treffen oder mit einem Totalschaden rechnen muß, sofern man nicht die Lage des
Bauplatzes verlegen oder den Abbau einstellen will.

Liegt eine Störung vor, so kann der zuständige Markscheider auf Grund seiner örtlichen
Erfahrungen ziemlich sicher den Bruch voraussagen. Bei ungestörtem Gebirge ist es aber
zweifellos häufig schwer, den Abbauplan so genau im voraus zu kennen und auszuwerten,
um mit Sicherheit angeben zu können, ob der Grenzwert der zu einer Spannungsüber-
schreitung führenden Formänderung erreicht wird. Es kommt nicht einmal selten vor, daß
die Senkungskurve beim Abbau der ersten drei oder vier Flöze gleichmäßig verläuft und
erst plötzlich bei der nächsten Unterfahrung von der regelmäßigen stetigen Form ab

weicht. Vermutlich besteht diese Gefahr besonders dann, wenn später ein Flöz in höherer Lage nachträglich verritzt wird.

In Anbetracht der Wichtigkeit dieses Fragenkomplexes soll der in Abb. 19 bis 23 dargestellte seltene Fall, in dem die Bewegungen an der Tagesoberfläche schrittweise im Zusammenhang mit dem jeweiligen Stand des Abbauvortriebes — noch dazu in allen drei Richtungen des Raumes — beobachtet und aufgezeichnet wurden, eingehend diskutiert werden. Die Beurteilung des Verfassers weicht teilweise von der innerhalb des Bergbaues vertretenen Anschauung ab und ist nur als subjektive Auffassung zu werten.

Es ist bemerkenswert, daß bereits die Senkungskurve ① in Abb. 20 in der Nähe des Meßpunktes *52* eine Abweichung von der gleichmäßigen Form zeigt und daß sich hier eine geringe *Sekundärmulde im Dehnungsbereich* abzeichnet, obgleich zu diesem Zeitpunkt erst eine kleine Teilfläche abgebaut worden ist. Die Dehnung zwischen Meßpunkt *53* und *51* beträgt 69 mm, das entspricht einer relativen Dehnung von $\frac{69}{60,0} = 1,15$ mm/m. Da dieser Betrag sehr gering ist, schließt der Verfasser auf eine *geschwächte Stelle* im Deckgebirge. Zum mindesten kann man in diesem Anfangsstadium noch nicht von einem Dehnungsbruch sprechen. Nach erfolgtem Abbau des Streifens ② hat sich die Sekundärmulde vertieft, die absolute Dehnung zwischen Punkt *53* und *51* ist auf 177 mm angewachsen, die relative Dehnung beträgt $\frac{177}{60,0} = 2,95$ mm/m. Erst nachdem die Abbaufront weiter vorgerückt ist, erreicht die Dehnungskurve im Endzustand einen Betrag von 5,3 mm/m. Damit ist die Größenordnung beinahe erreicht, welche nach den Beobachtungen von FLÄSCHENTRÄGER die kritische Grenze für die Auslösung eines Bruchzustandes darstellt.

Die Tatsache einer Sekundärmulde im sattelförmigen Dehnungsbereich am Rande der Gesamteinwirkungsfläche steht als solche fest. Der Krümmungshalbmesser beträgt etwa 1000 m, die Krümmung ist somit etwa 10mal größer als im Mittelbereich der Gesamtsenkungskurve. Man kann den Vorgang im Endzustand zweifellos auch als Folge einer Bruchspalte betrachten, die von einem Böschungssprung begleitet wird. Dann ist gleichsam ein Erdkeil abgesunken. Aus dem Senkungsverlauf zu Beginn des Abbaues glaubt der Verfasser jedoch, wie bereits erwähnt, auf eine vorhandene schwache Stelle im Gebirge schließen zu müssen. Die Sekundärmulde würde sich dann als eine Einschnürung in der Zugzone erklären lassen, ähnlich wie beim Zugversuch an einem Rundstahl nach Überschreitung der Elastizitätsgrenze. Eine Klärung dieser unterschiedlichen Auffassung wäre deshalb wünschenswert, weil man in einem Falle eine Unstetigkeit der Senkungskurve nur bei Erreichung der Dehnungsgrenze zu erwarten braucht, welche einen Bruchzustand auslöst, während im anderen Fall jede Vorausberechnung den Unsicherheitsfaktor der Zufälligkeit irgendwelcher geschwächter Stellen im Gebirge in sich trägt. Eine Antwort auf diese Fragen können erst weitere Beobachtungen liefern.

Ähnliche Sekundärmulden im sattelförmigen Randbereich einer Mulde sind dem Verfasser übrigens schon mehrfach begegnet. Für das Baufach ergeben sich daraus noch folgende Nutzanwendungen:

1. In der Nähe einer gerissenen Stelle im Gebirge kann die Senkungskurve ihr Vorzeichen wechseln, es bildet sich dann eine Sekundärmulde im sattelförmigen Dehnungsbereich am Rande der übertägigen Gesamtmulde.

2. Der Krümmungshalbmesser kann einen etwa 10mal so kleinen Wert annehmen, als bei regelmäßigem Verlauf der Senkungskurve zu erwarten ist.

3. Wenn sich einmal eine Bruchspalte gebildet hat oder — noch allgemeiner ausgedrückt — wenn sich die Formänderung des Baugrundes an einzelnen Stellen konzentriert, so ist bei jeder weiteren Unterfahrung an der *gleichen Stelle* mit einer erneuten Anhäufung der Verformung im Boden zu rechnen. Daraus ergeben sich Folgerungen für die zweckmäßige Art der Ausbesserungs- und Wiederinstandsetzungsarbeiten aufgetretener Bauwerksschäden.

Der Vollständigkeit wegen soll noch erwähnt werden, daß die Senkung der Tagesoberfläche in Ausnahmefällen nicht nur aus dem Nachpressen des Gebirgskörpers in den beim Abbau entstandenen Hohlraum zu erklären ist. Es kommt vor, daß der Rauminhalt der übertägigen Senkungsmulde erheblich größer als der des geförderten Materials ist. Wenn eine Vermessung des ursprünglichen Geländes vorliegt, ist der Rauminhalt der späteren Senkungsmulde recht genau auszurechnen, ebenso läßt sich die Menge des geförderten Materials abzüglich des eingebrachten Versatzes feststellen. Im allgemeinen wirkt sich ein Abbau nicht in vollem Umfange über Tage aus, weil sich das Gebirge beim Einbruch in den Hohlraum auflockert und dadurch an Volumen zunimmt. Wenn aber das Gegenteil eintritt und der Rauminhalt der Senkungsmulde über Tage größer ist als das Volumen der gewonnenen Kohle, so ist die zusätzliche Absenkung der Tagesoberfläche mit großer Wahrscheinlichkeit durch *Wasserentzug* im Boden als eine mittelbare Auswirkung des Bergbaues zu erklären. Enthält das Gebirge zusammendrückbare und gleichzeitig *wasserdurchlässige* Schichten, z. B. aus Torf, Braunkohle oder anderen organischen Bestandteilen, so bewirkt ein Fallen des Grundwasserspiegels, daß die darüberliegenden Sandschichten teilweise nicht mehr unter Auftrieb stehen. Dann erhöht sich der Druck der Auflast um eine Tonne je Meter Absenkung des Grundwasserspiegels. Sinkt der Wasserspiegel beispielsweise gemäß Abb. 24 um 40 m, so steigt die Auflast der zusammendrückbaren Braunkohlenschicht um 4 atü. Dieser Fall ist übrigens tatsächlich beobachtet worden. Wenn es möglich ist, aus der nachgiebigen Schicht eine ungestörte Probe zu entnehmen, so liefert der Kompressions-Druckversuch die genaue Angabe, um welchen Betrag sich die Schicht unter erhöhter Auflast zusammendrückt.

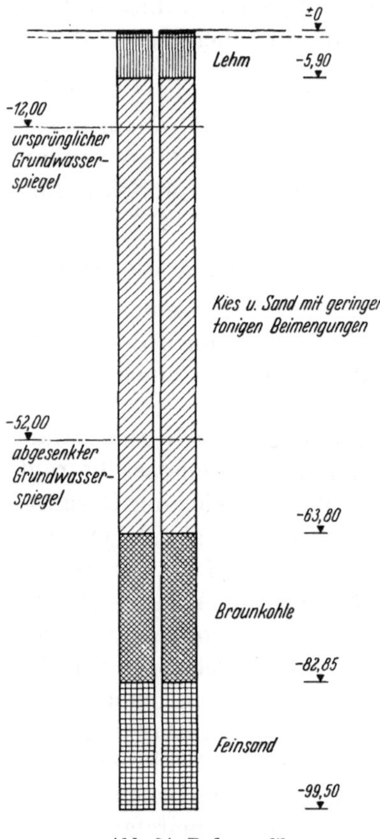

Abb. 24. Bodenprofil

Besteht die zusammendrückbare Schicht dagegen aus Ton, so unterbricht sie das Druckgefälle des Grundwassers. Bei einer Absenkung des Grundwasserspiegels oberhalb der Tonschicht würde diese entlastet werden und ihr Volumen vergrößern. Die Geländeoberkante würde dann in ihrer absoluten Höhenlage zunehmen. Dieser Fall dürfte selten vorkommen, weil das Grundwasser oberhalb der Tonschicht meistens keine Verbindung mit den Hohlräumen des Bergbaues hat. Es kann aber auch dieser Vorgang eintreten, wenn das Grundwasser zu Betriebszwecken von oben her abgepumpt wird.

Unterhalb einer wasserundurchlässigen Tonschicht kann ein zweites Grundwasserbecken unter Überdruck stehen und nach oben gegen die Tonschicht drücken. Sinkt nun der Grundwasserspiegel des unteren Grundwasserbeckens infolge Wasserentzuges durch den Abbau, so entfällt der Widerstand gegen ein Austreten des Porenwassers aus der Tonschicht, welche unter der Auflast der Überdeckung steht. Dann kann also auch die Tonschicht ihr Volumen verringern und ein Absinken der Geländeoberkante verursachen.

Diese Überlegungen sollen lediglich darauf hinweisen, daß es außer der primären Einwirkung des Abbaues noch andere Ursachen gibt, die den Verlauf der Senkungskurven bestimmen. Der obenerwähnte Fall einer Änderung der Grundwasserverhältnisse kann ursächlich mit dem Bergbau zusammenhängen, es gibt aber die gleichen Vorgänge auch im nicht unterbauten Gelände. Eine Klärung der tatsächlichen Ursachen ist im Bergbaugebiet sehr schwierig, infolgedessen besteht für die Bergwerke die Gefahr, daß dort alle Senkungen zu ihren Lasten gehen.

1.53 Zusammenfassung der Erschwernisse einer Vorausberechnung

1.531 Aufschluß über die Abbauplanung und deren spätere Einhaltung

Die *erste* Voraussetzung einer genauen Vorermittlung besteht darin, daß die Abbauplanung in ihrem Umfange und auch in ihrer Zeitfolge festgelegt *und* auch eingehalten wird. Dieses kann im allgemeinen nicht einmal als wahrscheinlich unterstellt werden. Zunächst müßte in jedem Fall das Gebirge bereits restlos erschlossen sein, damit man überhaupt einen Abbauplan aufstellen kann. Der Bauplatz liegt häufig nicht gerade an einer Stelle, unter der die untertägigen Vorrichtungsarbeiten in allen Sohlen bereits abgeschlossen sind. Der Abbauplan ist zwangsläufig ein elastisches Programm, dessen Gestaltung sich allen Zufälligkeiten laufend anpassen muß. Die Gründe für die Notwendigkeit, von der ursprünglichen Planung abzuweichen, sind mannigfaltig. Betriebsstörungen können durch Grubenbrände, Gebirgsschläge usf. ausgelöst werden. Auch muß man mit geologischen Unregelmäßigkeiten, wie kleintektonischen Störungen, rechnen. Die Frage der Abbauwürdigkeit eines Flözes unterliegt dem Wandel der technischen Verfahren und der wirtschaftlichen Gegebenheiten, der Gestehungskosten und der Marktlage. Auf vielen Schachtanlagen ist es schon vorgekommen, daß die zunächst eingeplanten *Sicherheitspfeiler* später ganz abgebaut oder teilweise „angeknabbert" wurden. Da im übrigen der Abbauplan wie jedes Organisationsprogramm der persönlichen Auffassung und Überlegung seines Autors entspricht, ist es nicht unwahrscheinlich, daß auch ein Wechsel in der Werksleitung Abwandlungen der ursprünglichen Planung auslöst.

1.532 Zeitliche Reihenfolge des Abbauvorganges

Die *zweite* Schwierigkeit, welche sich einer genauen Voruntersuchung der Abbaueinwirkung auf die Tagesoberfläche entgegenstellt, besteht darin, daß es zwar theoretisch möglich sein mag, die Zwischenzustände während des Abbaues zu erfassen, der womöglich gleichzeitig in mehreren Flözen verschiedener Teufe durchgeführt wird. Dieses macht aber zu viel Arbeit. Es bleibt sogar die Frage offen, ob es unter den vorerwähnten Unsicherheiten der späteren tatsächlichen Durchführung sinnvoll ist, derart umfangreiche Vorarbeiten zu verrichten. In welch starkem Maße sich die Voraussetzungen unter Tage ändern und aus wie vielen Einzelvorgängen sich die Verformung des Hangenden zusammensetzt, auch wenn im Endergebnis der abgebaute Raum eine gleichmäßige Form aufweist, läßt sich aus den Ausführungen von Abschn. 1.42, S. 13 ff., entnehmen, vgl. Abb. 17, S. 14.

Im allgemeinen muß sich die markscheiderische Vorausberechnung auf die Untersuchung des *Endzustandes* nach Abbau der gesamten in Frage kommenden Felder beschränken. Für die Bearbeitung der Einzelbauwerke — sei es bei der Untersuchung eingetretener Schäden oder sei es bei der Planung vorsorglicher Maßnahmen zu deren Abwendung — benötigt man aber die Angabe des *ungünstigsten Zwischenzustandes*, bei dem die größte Beanspruchung der Konstruktion auftritt. Es erhebt sich damit die Frage, wie man aus den Angaben für den Endzustand auf die Werte für den kritischen Zwischenzustand rückschließen soll.

1.533 Hebung und Senkung der Geländeoberkante durch Veränderung des Grundwasserspiegels

Wie auf S. 22 ff. in Abschn. 1.52 erwähnt wurde, verändert sich die Höhenlage der Erdoberfläche mit den Grundwasserständen. Je weniger tonhaltige Zwischenschichten im Profil angetroffen werden, um so größer ist die Wahrscheinlichkeit, daß ein Teil des Grundwassers in Gebirgsspalten seinen Abfluß zu den Hohlräumen findet, die der Bergbau unter Tage schafft. Nach Auffassung des Verfassers ändert sich mit dem Fallen eines Grundwasserspiegels am Verlauf der Senkungskurve — abgesehen von der absoluten Höhenlage — im allgemeinen nur wenig. Dieser Punkt brauchte also in diesem Zusammenhang nicht erwähnt zu werden. Lediglich in dem Falle, daß sich auch das Oberflächenwasser, das durch Regen und durch natürliche oder künstliche Wasserläufe gespeist wird, einen Weg zu den Gebirgsklüften sucht und dabei das Feinstkorn des Baugrundes mit fortträgt, können örtliche Tagesbrüche auftreten, die den Auswirkungen eines oberflächennahen Abbaues ähneln, vgl. Abb. 5 bis 7. Derartige Vorgänge lassen sich nicht vorausbestimmen. Da sie verhältnismäßig selten auftreten, ist es unwirtschaftlich, hierauf bei der Planung Rücksicht zu nehmen.

1.534 Unregelmäßigkeit der Festigkeitseigenschaften des Bodens

In Abschn. 1.52 liefern bereits die genauen Messungen von Janus-Fläschenträger einen eindeutigen Beweis für einen Dehnungsbruch im sattelförmigen Randbereich eines einzigen Flözabbaues. Wie ausgeführt wurde, hat sich dort bereits über einer Teilfläche eine Sekundärmulde gebildet, die eine *schwache Stelle* im Baugrund oder in den unteren Teilen der Deckschicht anzeigt. Diese Feststellung ist an Meßpunkten von 30 m Abstand getroffen worden. Die *größte Unsicherheit* besteht aber hinsichtlich des Verlaufes der Kurven für den Krümmungshalbmesser *und* für die prozentuale Längenänderung *zwischen den einzelnen Meßpunkten*. Wie aus den immer wieder beobachteten Schäden an Bauwerken hervorgeht, verläuft in sehr vielen Fällen die Kurve für die Verformungswerte nicht in der gleichmäßigen Form, die sich aus einer kontinuierlichen Verbindung der Meßpunkte ergibt, sondern an einzelnen — *schwachen* — Stellen recht ungleichmäßig. Das hängt mit der Unregelmäßigkeit der Festigkeitseigenschaften des Baugrundes zusammen. Die Natur folgt bekanntlich dem Gesetz vom Minimum der Formänderungsarbeit in der empfindlichsten Art. Jede noch so kleine Schwächung im Gefüge zieht selbsttätig die Verformung auf sich. Am deutlichsten zeigt sich diese Tatsache an den Dehnungen eines unelastischen Körpers. An der schwächsten Stelle bildet sich zuerst ein Zugriß, der sich mit zunehmender Dehnung zu einem Spalt öffnet. Eine ausführliche Darstellung dieses Vorganges erfolgt später in Abschn. 1.6, S. 27ff.

In welchem Umfange diese Unregelmäßigkeit des Kurvenverlaufes nicht nur für die Längenänderung, sondern auch für die Krümmung zutrifft, läßt sich nur ermitteln, wenn zahlreiche Meßpunkte in Abständen von wenigen Metern angeordnet und beobachtet werden. Die bisherigen Aufnahmen beziehen sich meist auf Meßpunkte von 50 oder 30 m Abstand. Erst später, wenn ein Schaden eingetreten ist, werden die beschädigten Bauwerke häufig sehr genau vermessen. Aus Bauwerksschäden läßt sich aber nur sehr ungenau auf die eigentliche Verformung der Erdoberfläche schließen. Die Beobachtungen müssen am unbebauten Gelände vorgenommen werden, damit die Mitwirkung irgendwelcher Bauteile an der Formänderung der Erdoberfläche ausgeschaltet ist.

Die bisherige Forschung, die sich auf die groben Umrisse des Verformungsbildes der Gesamtsenkungsmulde beschränkte, muß folgerichtig auf die Beobachtung der Einzelheiten im Bereich der Grundfläche eines Einzelbauwerkes ausgedehnt werden. Um aber zu verwertbaren Ergebnissen zu gelangen, müßte man nach einem gemeinsamen Plan vorgehen. Eine einzelne Aufnahme der Geländeverformung kann nur dann zu allgemeinen Erkenntnissen beitragen, wenn sowohl Angaben über die Abbauführung und über die Struktur des Deckgebirges als auch die Kennziffern des Baugrundes vorliegen und berücksichtigt werden. Es müßten also auch Bodenmechaniker mitwirken, um geeignete Stellen für Messungsbeobachtungen auszusuchen, an denen die bodenmechanischen Eigenschaften des Baugrundes bekannt sind. Den besten Aufschluß vermitteln wahrscheinlich weniger die Höhennivellements als die waagerechten Abstandsmessungen. In diesem Abschnitt wird aber diese Frage nicht weiter untersucht, es soll lediglich festgestellt werden, daß die Messungen an Punkten, die 20 bis 50 m weit auseinanderliegen, keine Rückschlüsse von ausreichender Genauigkeit zulassen.

1.54 Nutzanwendung für die bauliche Planung

Das Ergebnis der vorangegangenen Betrachtung sei nochmal in Kürze wiederholt. Eine genaue rechnerische Erfassung der Oberflächenverformung ist hauptsächlich wegen der Ungleichmäßigkeit der Materialkonstanten des Erdreichs unmöglich. In jeder Gebirgs- und Erdschicht wechseln Körper von größerer und kleinerer Festigkeit, die Verformungen konzentrieren sich an den schwächeren Stellen, die zuerst zu Bruch gehen und deren Lage unbekannt ist. Für das Gesamtbild der Senkungsmulde sind diese Unregelmäßigkeiten im allgemeinen belanglos. Die *örtlich* innerhalb einer Bauwerksgrundfläche auftretenden Größtwerte der gleichzeitig in beiden Achsrichtungen wirkenden Verformung dagegen lassen sich nicht mit Sicherheit angeben. Die Vorausberechnungen beziehen sich meist auf den Endzustand nach vollendetem Abbau. Die durchgeführten Messungen kennzeichnen nur den Befund an einzelnen, weit auseinanderliegenden Meßpunkten zu einem bestimmten Termin, an dem wahrscheinlich nicht gerade die größte Verformung auftritt. Es mag auch genauere Messungen über den Verlauf der Senkungskurve für eine Reihe von Zwischenzuständen geben, die jedoch nicht einer breiteren Öffentlichkeit zugänglich sind, aber an Messungen von Längenänderungen liegt bisher wenig Material vor.

Solange keine ausreichenden Erfahrungswerte bekanntgegeben werden können, müssen die Ausgangswerte für die Baukonstruktion *geschätzt* werden. *Dieser Sachverhalt zwang zur* Schaffung und Herausgabe ganz allgemein gehaltener *Richtlinien*, die im Abschn. 5 wiedergegeben sind. Die hierin enthaltenen Angaben der anzusetzenden Verformungswerte sollen einen *Anhalt über die Größenordnung* der in Westdeutschland durchschnittlich auftretenden Höchstbeträge für die Zwischenzustände bieten. Wollte man diese Angaben verfeinern, müßte man nach Auffassung des Verfassers zweierlei Unterscheidungen einführen:

Die *erste* betrifft die *bergbaulichen Verhältnisse* unter Tage. Diese unterscheiden sich zwar auch wesentlich durch den Einfallwinkel der Lagerung, durch die Teufe, Anzahl, Mächtigkeit und den Versatzfaktor der Flöze und ferner durch den zeitlichen Fortschritt des Abbaues. Den wichtigsten Hinweis für die Angabe der Verformungswerte liefert aber die Feststellung, ob das Baugrundstück im unmittelbaren Einwirkungsbereich einer Abbaugrenze liegt. Die Randzone einer Senkungsmulde ist wesentlich ungünstiger als die Mittelzone. Es muß zwar immer damit gerechnet werden, daß das betrachtete Bauwerk sich vorübergehend in der Randzone *eines einzigen Flözabbaues* befinden kann. Besteht aber die Wahrscheinlichkeit oder sogar die Gewißheit, daß das Grundstück in der endgültigen Randzone *mehrerer* Flözabbauten liegt, so muß mit erhöhten Werten für die Dehnung und Krümmung gerechnet werden. Wegen der mehrfach erwähnten Gefahr einer Sekundärmulde im Dehnungsbereich muß die Krümmung in der Randzone sogar mit beiden Vorzeichen eingeführt werden. Dagegen können die Beträge für die mögliche Verkürzung wesentlich geringer als im Normalfall angesetzt werden. Handelt es sich um eine definitive Abbaugrenze, die z. B. durch eine geologische Störung bedingt ist, so braucht der Fall einer Verkürzung rechtwinklig zur Abbaugrenze gar nicht berücksichtigt zu werden.

Die *zweite* Unterscheidung richtet sich nach der *Struktur des Deckgebirges* einschließlich des eigentlichen Baugrundes. Gebirgsschichten, deren Fließgrenze von dem derzeitigen Druck aus der Gebirgsbewegung überschritten wird, und Erdschichten aus *tonhaltigem* Material, bei denen das feine Korn des Tones und Schluffes gegenüber dem groben Korn des Sandes und Kieses überwiegt, gleichen die Bewegungen des Hangenden aus und bilden ein plastisch nachgiebiges Zwischenpolster. Soweit dem Verfasser bekannt ist, wird dieses Unterscheidungsmerkmal in den markscheiderischen Vorausberechnungen kaum berücksichtigt. Hierin liegt aber die Erklärung für die verschiedene Einstellung der einzelnen Zechen zur Bergschädenfrage. Enthält der Baugrund eine plastisch verformbare Schicht, so sind die in den Richtlinien genannten Verformungswerte und damit auch die daraus gezogenen Folgerungen für die bauliche Gestaltung viel zu ungünstig. Auf den betreffenden Anlagen muß man den Eindruck gewinnen, daß die Bedeutung der Bergschäden „im allgemeinen weit übertrieben" wird und daß die geldlichen Aufwendungen für die „Bergschädensicherung" unwirtschaftlich sind und von wirklichkeitsfremden Theoretikern veranlaßt werden. Wo dagegen die Natur eine Zechenanlage nicht mit einem Ausgleichspolster im Deckgebirge bedacht hat, kommen womöglich treppenförmige Absätze über Tage vor. Dann neigt man zum gegenteiligen Extrem, alle „Bergschädensicherungen" mit Ausnahme der wirtschaftlich untragbaren Vollsicherung für unzureichend zu erachten. In diesem Punkt, d. h. in der Wertung der *Bedeutung der Baugrundstruktur*, klafft leider noch ein erheblicher Spalt zwischen der Betrachtungsweise des Markscheiders und des Bauingenieurs. Es soll daher diese Frage im Abschn. 1.6, S. 27 ff., ausführlich erörtert werden.

Man könnte somit die Angaben der anzusetzenden Werte für die Längenänderung und Krümmung der Bauwerkssohle in den Richtlinien danach unterteilen, ob

1. das Bauwerk in der gefährdeten Randzone einer Senkungsmulde liegt,

2. das Deckgebirge plastisch verformbare Schichten enthält, welche einen inneren Ausgleich der Bodenverformung bewirken.

Die Richtlinien sind aber hauptsächlich für alle Fälle bestimmt, in denen keine eingehenden Voruntersuchungen durchgeführt werden. Wenn es sich um wichtige Bauvorhaben handelt, dann ist es zweifellos von großem Nutzen, wenn der Entwurfsbearbeiter so weit in die Materie eindringt, daß er aus den Angaben des Markscheidergutachtens die notwendigen Folgerungen ziehen kann.

Abschließend sollen daher die *Fragen* aufgezählt werden, die *das Markscheidergutachten*, soweit es möglich ist, beantworten soll:

1. Um welchen Betrag kann der *Grundwasserspiegel* in bezug auf die Geländeoberkante steigen?

Diese Frage läßt sich meist recht genau beantworten, weil sich der Betrag der absoluten Senkung aus der Summe der Mächtigkeiten der abbauwürdigen Flöze unter Berücksichtigung des Versatzfaktors ergibt. Benötigt wird diese Angabe besonders bei hohem Grundwasserstand zur Entscheidung der Höhenlage und Ausbildung der Keller.

2. Liegt das Bauwerk im unmittelbaren *Einwirkungsbereich* irgendwelcher naturgegebener *Abbaugrenzen*, tektonischer Sprünge oder bestehender Markscheiden?

Da die Folgerungen auf das gleiche hinauslaufen, kann man diese Frage noch dahingehend erweitern, ob das Bauwerk in der Verlängerung abbauwürdiger Flöze von steiler Lagerung liegt.

Wird dieses bejaht, besteht die Gefahr, daß sich eine oder mehrere Bruchkanten bilden und dadurch treppen- oder terrassenförmige Absätze entstehen. Da aber auch unter günstigeren Lagerungsverhältnissen derartige Unregelmäßigkeiten der Senkungskurve vorkommen, empfiehlt es sich, auch bei Verneinung der Frage 2 die nächste Frage zu stellen.

3. Besteht die Möglichkeit, daß *treppen- oder terrassenförmige Absätze* auftreten?

Das ist gleichsam die *Kernfrage*, nach der sich häufig die Entscheidung richtet, ob man die Lage des Bauplatzes ändern oder die Mehrkosten sehr umfangreicher Sicherungsmaßnahmen auf sich nehmen oder das Risiko des Totalschadens tragen soll.

4. Wie ist die Lage des Bauwerkes in bezug auf die fraglichen Abbaufelder? Danach richtet sich u. a. die Notwendigkeit, mit einem Wechsel des Vorzeichens der Krümmung und damit auch der Längenänderung rechnen zu müssen. Im allgemeinen empfiehlt es sich, mit Rücksicht auf die wechselnde Richtung der Formänderung während des Abbaubauvortriebes — jedes Flächenelement beschreibt hierbei eine *räumliche* Kurve — und wegen der Unsicherheit der bergbaulichen Planung und Durchführung die Annahmen nicht zu eng zu begrenzen und in der Längs- und Querrichtung mit wechselnden Vorzeichen zu rechnen. Es kann sich aber aus den tektonischen Verhältnissen auch der günstige Fall ergeben, daß beispielsweise nur Dehnungen und sattelförmige Krümmungen in einer bestimmten Richtung möglich sind.

5. Wie sind die Abbauverhältnisse?

Diese allgemeine Fragestellung bezieht sich auf die Lagerung der Flöze, ob sie flach, halbsteil oder steil ist, auf die Größe der Felder, ob z. B. in breiter Front abgebaut wird, und auf das Vorhandensein kleintektonischer Störungen, welche den gleichmäßigen Vortrieb behindern, usf.

6. Mit welchen Beträgen soll die Krümmung und hauptsächlich die waagerechte Längenänderung in Rechnung gestellt werden?

Wie bereits ausführlich erläutert wurde, muß man dabei zwischen den Werten im Endzustand und den zu erwartenden Höchstbeträgen im Zwischenzustand während des Abbaues unterscheiden und gegebenenfalls zu den ersten Werten entsprechende Sicherheitszuschläge machen.

Abschließend darf gesagt werden, daß es zur Zeit noch an ausreichendem Erfahrungsmaterial fehlt, um in jedem Einzelfall mühelos die Voraussetzungen zu schaffen, die der Konstruktion der Bauwerke zugrunde zu legen sind. Es bedarf einer engen Zusammenarbeit der an dieser Aufgabe beteiligten Fachrichtungen, da dem Markscheider die Aufgabestellung des Bauingenieurs und dem Bauingenieur die Schwierigkeit der markscheiderischen Ermittlung fremd ist.

1.6 Erklärung der unterschiedlichen Formen des Senkungsverlaufes in der Betrachtungsweise des Bauingenieurs

In der Bergschadenkunde begegnen sich die Fachleute mehrerer Fachrichtungen. So unterschiedlich die Ausbildung in den einzelnen Fachrichtungen ist, ebenso verschieden ist die Betrachtungsweise und auch die Erklärung der Vorgänge im Gebirge und an der Tagesoberfläche. Die Gegebenheiten und auch die vom Abbau verursachten Veränderungen unter Tage fallen in den Forschungsbereich der Geologie, der Geomechanik und der Bergbaukunde. Nur die Verfolgung der zutage tretenden Formänderungen des Erdreichs bedarf der Mitarbeit des Baufaches. Den Ausgangspunkt aller theoretischen Erkenntnisse bildet aber zweifellos die Beobachtung, d. h. die *Messung* der tatsächlichen Veränderungen unter und über Tage. Daher muß die Federführung in den Händen der Markscheidekunde liegen. Der Markscheider hat aber nicht nur die Aufgabe der nachträglichen Feststellung der eingetretenen Abbauauswirkungen, sondern er soll auch im voraus die später nach erfolgtem Abbau zu erwartenden Folgen bestimmen. Folglich gehört auch die Übertragung der Messungsergebnisse in die theoretische Erfassung der im Gebirge und auch im Baugrund vorgehenden Form- und Spannungsänderung in den Aufgabenbereich der Markscheidekunde.

Es mag nun ein undankbares, zum mindesten ein unbequemes Unterfangen sein, wenn ein in dieser Fachrichtung wenig bewanderter Bauingenieur zu den Ergebnissen der markscheiderischen Forschung überhaupt Stellung nimmt. Immerhin verbindet alle Fachrichtungen die gleiche Grundlage der Physik und Festigkeitslehre, außerdem steht der Verfasser auf dem Standpunkt, daß sich die angrenzenden Fachgebiete gegenseitig befruchten und daß selbst laienhafte Betrachtungen nützlich sein können, weil sie die Gegenseite zur kritischen Überprüfung des eingeschlagenen Weges anregen.

1.61 Unterscheidung der Bodenarten

Es dürfte zweckmäßig sein, die *Betrachtungsweise des Bauingenieurs* in ganz gedrängter Form zusammenzufassen. Abgesehen von den Aufgaben im Tunnel- und Stollenbau, die nur von Spezialisten bearbeitet werden, kommt der Bauingenieur nur mit den *obersten Schichten* des Erdreiches in Berührung, in deren Raumelementen meistens Druckspannungen von weniger als 5 kg/cm² auftreten. Der Fels beschäftigt ihn wegen seiner wesentlich höheren Festigkeit nur in Ausnahmefällen, dagegen muß er sich ausgiebig mit den Bodenarten befassen, die ihr Volumen oder ihre Form bei verhältnismäßig geringer zusätzlicher Beanspruchung ändern. Die Entwicklung dieser übrigens noch jungen Wissenschaft, die man als Bodenmechanik bezeichnet, ergab die Notwendigkeit einer scharfen Unterscheidung zwischen *bindigen* (tonhaltigen) und *nichtbindigen* (rolligen) Bodenarten, weil diese völlig andersartigen Gesetzen folgen.

Der *nichtbindige Boden*, z. B. Kies und Sand bis zum groben Schluff, hat ein Einzelkorngefüge und überträgt die Kräfte in den Berührungsstellen der einzelnen Körner. Er ist kohäsionslos, ändert sein Volumen auch unter hohem Druck nicht, sofern man von der sehr geringen elastischen Verformung absieht, welche das Einzelkorn erleidet, und kann nur durch Rütteln eine mehr oder weniger dichte Lagerung erfahren. Kennzeichnend für das Verhalten des kohäsionslosen Bodens sind zwei Begleitumstände:

Erstens fällt die *Scherfläche*, in der der eigentliche Bruch beim Nachpressen des Erdkörpers in den vom Abbau geschaffenen Hohlraum erfolgt, verhältnismäßig *steil* ein. Das gilt nicht nur für Böden an der Erdoberfläche, die geringe Druckspannungen erhalten, sondern auch für Teufen von 300 bis 1000 m, in denen ein dreiachsiger Druck von etwa 60 bis 200 kg/cm² herrscht. Wahrscheinlich unterscheidet sich beim Scherbruch auch ein aus gleichem Korn zusammengesetzter Sandstein nicht wesentlich von einer unter hohem Druck stehenden Sandschicht. Für diesen rolligen Boden trifft offenbar der im Markscheidefach übliche Begriff des Bruchwinkels zu. Nur ist damit zu rechnen, daß die Bruchspalte nicht wie bei einem Material von gleicher Festigkeit — gleichsam der Regel entsprechend — am Ort der größten Beanspruchung auftritt, sondern zu einer geschwächten Stelle des Gebirgskörpers hinüberwechseln kann.

Zweitens stellt sich nach einem Bruch bei einem spröden, kohäsionslosen Material *in verhältnismäßig kurzer Zeit* ein neuer Gleichgewichtszustand ein. Die eigentlichen Abbaueinwirkungen klingen daher in Kürze ab. Spätere Nachwirkungen können zwar mittelbar mit dem Abbau zusammenhängen, dann muß aber ein neuer Hohlraum, zum Beispiel durch Auskolkung einer Grundwasserströmung, entstanden sein. Mit anderen Worten, die Reaktion eines nichtbindigen Bodens erfolgt stets in einem kurzen Zeitraum.

Der *bindige Boden*, z. B. Ton, feiner Schluff und auch deren Mischungen mit nichtbindigen Böden, die als sandiger Ton, Lehm und Mergel bezeichnet werden, hat ein Wabengefüge und verdankt seine Festigkeit der molekularen Bindung der sehr kleinen Bodenkörner. Wichtig ist infolgedessen der Wassergehalt. Unter Druck verändert sich das Volumen durch Auspressen des Wassers. Der bindige Boden ist also im Gegensatz zum rolligen Boden plastisch verformbar. Diese Eigenschaft hat aber nicht nur der Ton, sondern bei entsprechender Druckbeanspruchung auch ein Gestein mit hohem Tonanteil und ebenfalls eine aus organischen Bestandteilen zusammengesetzte Gebirgsschicht wie Torf, Braunkohle usw. Von einem *Bruch* in seiner ursprünglichen Bedeutung kann man bei einem plastisch nachgiebigen Material kaum sprechen. Den beiden Kennzeichnungen des nichtbindigen Bodens stehen folgende Feststellungen beim bindigen Boden gegenüber.

Erstens bildet sich bei Beginn der Verformung keine einzelne Gleit- oder Scherfläche, sondern ein Bereich, in dem sich der Hauptanteil der Formänderung abspielt. Die übliche Definition des „Bruchwinkels" in der Markscheidekunde bezieht sich daher nicht nur auf den Ort eines erkennbaren Bruches, sondern ganz allgemein auf die Stelle über Tage, an der die größte Dehnung auftritt.

Will man den Begriff „Bruchwinkel" nach dieser Definition auf beide Bodenarten anwenden, dann ist er beim bindigen Boden erheblich flacher als beim nichtbindigen. Das gilt sicherlich für den unter geringem Druck stehenden Boden in den obersten Schichten unter der Erdoberkante. In einer Teufe von mehreren hundert Metern wird der Verlauf der Bruchzone — um beim Begriff „Bruchwinkel" zu bleiben — vermutlich stark davon beeinflußt, ob sich das tonhaltige oder strukturbedingt weiche Gestein unter dem jeweiligen Druck plastisch verformt. Immerhin kann man wohl die Aussage machen, daß ein tonhaltiges Gestein einen weicheren Übergang schafft als ein sprödes Material und damit die Verformung auf größere Räume verteilt.

Zweitens erstreckt sich der *zeitliche Ablauf* der Formänderung eines bindigen Bodens über *Jahrzehnte*, wenn auch die Zeitsetzungskurve nach einigen Jahren schon sehr flach verläuft.

1.62 Einfluß der Bodenstruktur auf die geometrische Form der Senkungskurve

Mit diesen Gegenüberstellungen vom Verhalten bindiger und nichtbindiger Böden erklären sich — vom Standpunkt des Bauingenieurs aus betrachtet — manche, einander anscheinend *widersprechende Erfahrungen* mit den Abbaueinwirkungen auf die Bauwerke. Je nach Vorhandensein und Lage einer Schicht, die unter dem Gebirgsdruck plastisch ausweichen kann, ändern sich die Verhältnisse über Tage.

Den Vorgang stelle man sich wie folgt vor:

Eine Gebirgsschicht aus sprödem Material, dessen Druckfestigkeit größer ist als die Druckkraft, welche bei der Gebirgsbewegung ausgelöst wird, schert in ihrer Bruchstelle

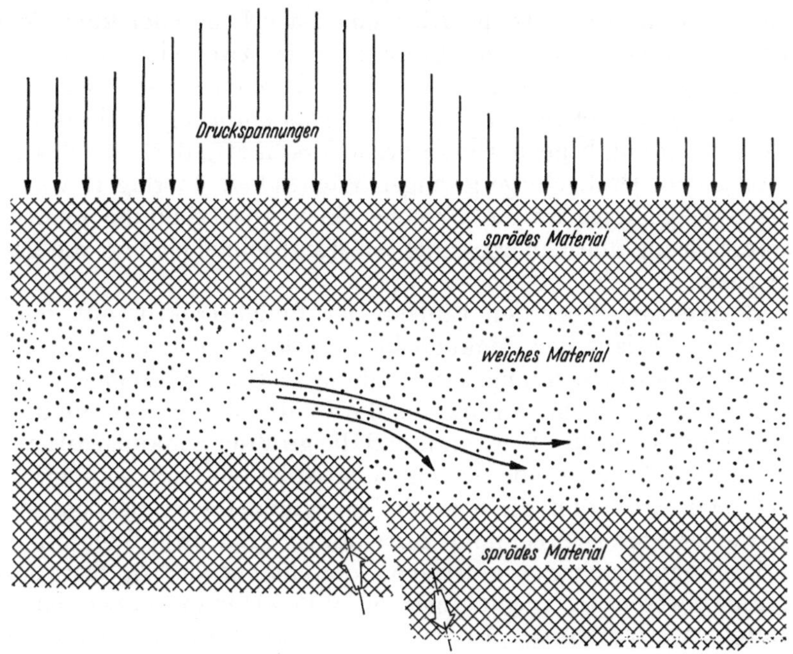

Abb. 25. Tiefenausgleich durch Fließvorgang

ab, vgl. Abb. 25, und bildet einen Absatz. Dann ist die Druckspannung über der hochstehenden Kante erheblich größer als über der abgesunkenen Kante. Befindet sich über der spröden Gebirgsschicht eine weichere, deren Druckspannung im plastischen Bereich der Spannungs-Dehnungslinie liegt, so fließt das Material seitlich aus, es findet ein *Ausgleich* sowohl der Spannungs- als auch der Senkungsunterschiede statt. Der Fließvorgang entlastet dann die überdrückte Seite. Innerhalb des Karbons ist eine derartige plastische Verformung durchaus möglich, wenn es sich um Teufen von etwa 500 m handelt, in denen die normale Druckspannung etwa 100 kg/cm² beträgt, welche an einer Bruchspalte eine Zunahme um das mehrfache erfahren kann. Insbesondere kommen für diesen Fließvorgang Braunkohlen- oder jüngere Steinkohlenflöze in Frage. Im übrigen nutzt der Bergmann den Spannungsunterschied am Stoß des Flözes beim Abbau aus, er kennt auch das Ausfließen des Hangenden wie auch des Liegenden beim Auffahren der Strecken. Es ist anzunehmen, daß die plastische Verformung weicher Gebirgsschichten in größerer Teufe einen entscheidenden Einfluß auf die Form der Senkungskurve über Tage hat. Sollte diese Annahme zutreffen, so müßten sich treppen- oder terrassenförmige Absätze im Baugrund besonders dann einstellen, wenn von der obersten Sohle aus nachträglich ein vorerst stehengebliebenes Feld abgebaut wird, nachdem bereits mehrere darunterliegende Flöze vorher verritzt wurden. Soweit dem Verfasser bekannt ist, sind in dem Schrifttum keine Hinweise enthalten, daß das Auftreten von Absätzen in ursächlichen Zusammenhang mit dem nachträglichen Abbau der obersten Flöze gebracht wurde. Man hat aber bisher die Unregelmäßigkeiten des Senkungsverlaufs über Tage überhaupt wenig beachtet, weil sich die Bergschadenkunde im baulichen Bereich erst in letzter Zeit weiterentwickelt hat. Folglich besagt es nichts, selbst wenn keine Beobachtungen dieser Art vorliegen.

Den Vorgang einer plastischen Verformung in einer Teufe von mehreren hundert Metern könnte man als einen *Tiefenausgleich* bezeichnen. Er müßte naturgemäß um so wirksamer sein, je tiefer die betreffende Schicht liegt, weil die Verformung im Gebirge mit dem Abstand vom Ort der Bewegung abklingen muß.

Findet kein Tiefenausgleich statt, so verbleibt noch die Möglichkeit, die Sohlpressung aus dem Gewicht der Bauwerke dazu auszunutzen, daß sich der Baugrund selbst verformt. Dann schneiden die Fundamente in den Baugrund ein. Ein Fließvorgang im Bereich der Bauwerksgründung stellt einen *Oberflächenausgleich* dar, der weniger wirksam ist als eine plastische Verformung in großer Teufe. Aber eine natürliche oder künstliche Ausgleichsschicht im Bereich der Gründung von Bauwerken ist zweifellos auch von erheblichem Vorteil. Nur wenn jegliche Ausgleichsschicht fehlt, können selbst bei großer Abbauteufe die für die Bauwerke gefährlichen treppen- oder terrassenförmigen Absätze über Tage auftreten. Einer Absatzbildung begegnet man besonders häufig dort, wo das Karbon zutage ausgeht oder von einem Deckgebirge geringer Mächtigkeit überlagert wird. Bei größerer Mächtigkeit des Deckgebirges ist die Ursache einer Absatzbildung manchmal darin zu suchen, daß eine Störung alle Gebirgsschichten durchschneidet und die gesamte Verformung auf sich zieht.

Aus dieser Betrachtung über den Einfluß der Bodenstruktur auf den regelmäßigen oder unregelmäßigen Verlauf der Senkungskurve erklärt sich die Feststellung, daß die markscheiderische Vorausberechnung der Senkungsbeträge einzelner weit auseinanderliegender Punkte nicht ausreicht, um daraus die Größtwerte der Krümmung ableiten zu können. Hinzu kommt ferner der Umstand, daß die größten Senkungsdifferenzen während der ungünstigsten Zwischenzustände der mit dem Abbauvortrieb wandernden Baugrundverformung auftreten und daß diese zweifellos ungünstigere Beträge ergeben als der Endzustand, der einer Vorausberechnung zugrunde gelegt wurde. Wenn in einzelnen Bauwerken starke Krümmungsschäden auftreten, so stellt man häufig fest, daß die tatsächliche Senkungskurve wesentlich ungünstiger verläuft, als man es nach der markscheiderischen Berechnung erwarten würde. Außer den vorangegangenen sachlichen Erklärungen folgt diese Diskrepanz auch formal aus der rechnerischen Auswertung der Senkungsunterschiede einzelner Punkte.

Die übliche Berechnung der auftretenden Krümmungshalbmesser lautet gemäß Abb. 26

$$R = \frac{l_1 \cdot l_2}{2\,\Delta h}$$

und im Sonderfall gleicher Abstände mit $l_1 = l_2 = l$

$$R = \frac{l^2}{2\,\Delta h}.$$

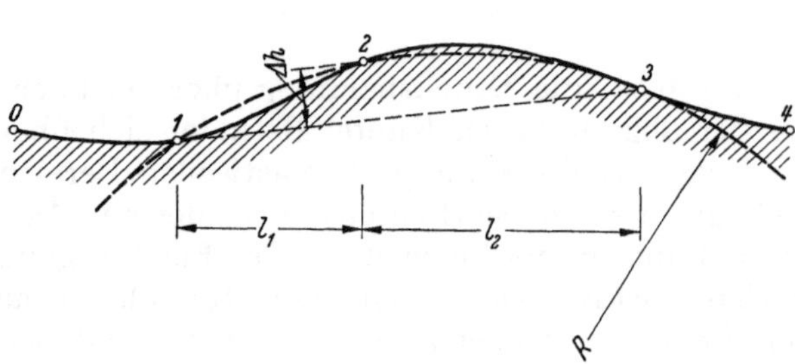

Abb. 26. Krümmungshalbmesser einer Senkungskurve, die durch drei Punkte bestimmt ist

Hierin sind die Längen l in m, die Senkungsdifferenz Δh in mm einzusetzen, um R in km zu erhalten.

Diese Formel ergibt nicht den richtigen Wert von R, sondern nur dessen *günstigsten* Grenzwert unter der Annahme, daß alle drei Punkte auf einem Kreisbogen liegen, der in der Abbildung gestrichelt ist. Beachtet man, daß die beiderseits anschließenden Meßpunkte *0* und *4* wahrscheinlich nicht auf dem gleichen Kreise liegen, so verkleinert sich der Krümmungshalbmesser im Verlauf der Kurve, sobald man den Endtangentenwinkel in *1* und *3* berücksichtigt. Danach ist der Wert, der sich aus der obigen Formel für einen Kreisbogen errechnet, sogar dann noch zu hoch angesetzt, wenn man den mathematisch günstigsten Verlauf einer Kurve voraussetzt, wie er in der Skizze aufgetragen ist.

Es ist aber unwahrscheinlich, daß sich die Bodenverformung völlig plastisch unterhalb der Gründungssohle ausgleicht und daß sich eine Kurve mit konstantem Radius einstellt. Eine Regel für den Verlauf der Senkungskurve gibt es nicht, folglich sucht man nach den *Grenzwerten von R*, zwischen denen der tatsächliche liegen muß. Der Halbmesser des gestrichelten Kreises in Abb. 26 ist zweifellos der eine Grenzwert für den theoretisch günstigsten Fall, wie bereits erwähnt ist. Der *ungünstigste Grenzfall* wäre der einer Absatzbildung, d. h. eines Scherbruches, welcher aber in diesem Zusammenhang nicht berücksichtigt werden soll. Dagegen muß damit gerechnet werden, daß sich an der betrachteten Stelle eine Anhäufung der Längenänderung vollzieht oder, mit anderen Worten, daß der Baugrund an der betrachteten Stelle geschwächt ist. Gleichzeitig mit einer sattelförmigen Krümmung muß daher im ungünstigen Grenzfall ein Dehnungsbruch — vorstellbar als Bildung eines Spaltes — angenommen werden, und gleichzeitig mit einer muldenförmigen Krümmung muß ein Pressungsbruch — vorstellbar als eine Aufwölbung in der Nähe der Bruchstelle im Gebirge — in Betracht gezogen werden. In Abb. 27 ist der ungünstigste Verlauf einer *sattelförmigen* Krümmung dargestellt. Danach würde sich in *A* ein Knick von der Größe des Winkels α einstellen, wenn die Senkungskurve seitlich der Bruchstelle

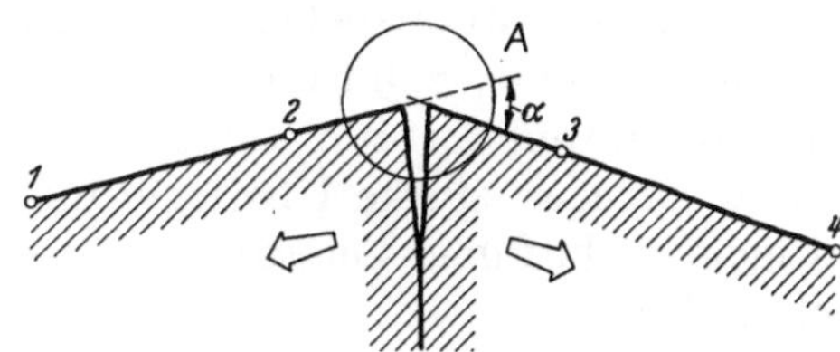

Abb. 27. Knick einer Senkungskurve im Bereich einer sattelförmigen Krümmung

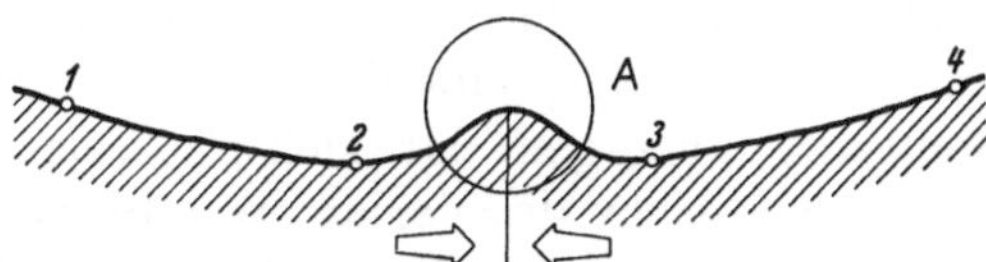

Abb. 28. Unregelmäßigkeit einer Senkungskurve im muldenförmigen Bereich durch Stauchung und Aufwölbung

geradlinig endigte. Die Kurve für die prozentuale Dehnung würde dann nur im Bereich des Knickpunktes einen sehr hohen Wert und anschließend beiderseits die Ordinate Null aufweisen. Abb. 28 soll den Grenzfall einer *muldenförmigen* Krümmung veranschaulichen, bei der sich der Boden in *A* ähnlich wie beim Grundbruch nach oben wölbt.

Den ungünstigsten Grenzfall von R kann man nach den Abb. 27 und 28 nicht genau angeben. Man ist auf die beobachteten Erfahrungswerte angewiesen und muß empirisch vorgehen. Das Ergebnis dieser Grenzbetrachtung ist zwar negativ. Immerhin folgt hieraus die Notwendigkeit, genauere Untersuchungen über den Verlauf der Senkungskurve *und* der Längenänderungen in Abständen von wenigen Metern anzustellen. Derartige Feststellungen über die Anhäufung der Verformungen an einzelnen Punkten, die hier kurz als *geschwächte Stellen* des Gebirges bezeichnet wurden, können aber auch nur dann verallgemeinert und ausgewertet werden, wenn die Gebirgsstruktur in dem fraglichen Gelände bekannt ist. Wahrscheinlich hängen die örtlichen Unstetigkeiten in der Hauptsache davon ab, ob ein plastischer Tiefen- oder Oberflächenausgleich stattfindet.

Aus den obigen Überlegungen geht hervor, wie schwierig die *Auswertung der markscheiderischen Angaben* für die Gestaltung der Bauwerke ist. Angaben über Längenänderungen und Höhenunterschiede von Meßpunkten, die 15 bis 50 m weit auseinanderliegen, haben nur Gültigkeit für die Verformungen, die ein Bauwerk innerhalb dieses Bereiches als Ganzes erfährt. Die örtlich möglichen Größtwerte der Krümmung und Längenänderung können wesentlich ungünstiger sein als die Mittelwerte. Danach ist es folgerichtig, in einem Gelände, das Unstetigkeiten der Senkungskurve erwarten läßt, die Voraussetzungen für den Ansatz der Krümmungshalbmesser den jeweiligen Verhältnissen anzupassen, d. h. für Maschinenfundamente von größerer Empfindlichkeit einen ungünstigeren (kleineren) R-Wert anzunehmen als für die weniger wichtigen Wände, die nur einen Raumabschluß darstellen und nach einer Beschädigung infolge einer örtlichen Überbeanspruchung billig wiederherzustellen sind. Bei großen industriellen Anlagen muß ferner beachtet werden, daß der Gesamtbetrag der Verformung eine *absolute obere Grenze* hat. Man darf also nicht die örtlichen Maximalbeträge an Krümmung und Längenänderung auf die Gesamtlänge beziehen. Diese Gefahr einer zu weit gehenden Vorsicht besteht weniger hinsichtlich der Längenänderung, da diese sich über eine Länge von der Größenordnung der Abbauteufe — das sind somit mehrere hundert Meter — zu erstrecken pflegt, als hinsichtlich der Krümmung.

1.63 Einfluß der Bodenstruktur auf den zeitlichen Ablauf der Bodenverformung

Mit dieser bodenmechanischen Unterscheidung der zwei Arten von Böden erklären sich auch die abweichenden Feststellungen über die zeitliche *Dauer der Nachwirkungen* des Abbaues. Auf manchen linksrheinischen Anlagen, in denen die Überdeckung fast ausschließlich aus Sand und Kies besteht, ist die Bewegung über Tage sehr schnell abgeschlossen, weil dort nur wenige bindige Schichten vorkommen. Im mittleren Ruhrgebiet gibt es dagegen starke Überlagerungen von Tonmergel und von Schichten aus wasserhaltigem schluffigem Feinsand, infolgedessen dauern die Nachwirkungen verhältnismäßig viele Jahre.

Ferner begegnet man im Bergbau zum Teil der Auffassung, daß ein *schneller Abbaufortschritt* weniger schadet als ein langsamer. Nach den obigen Ausführungen dürfte diese Behauptung nur dann zutreffen, wenn sich die Bodenverformung im Erdinneren sehr langsam vollzieht. Bei durchgehend sprödem Material ist wahrscheinlich die Geschwindigkeit des Abbauvortriebes nicht von Bedeutung, aber immerhin läßt sich mit Sicherheit aussagen, daß sich ein langsamer Vortrieb in diesem Falle günstig auswirkt.

Nach Ansicht des Verfassers läßt sich der zeitliche Ablauf der Bodenverformung nur aus den bodenmechanischen Eigenschaften des Gebirges und Deckgebirges ableiten, die in der Bergschadenkunde bisher nur geringe Beachtung gefunden haben.

2.0 Die Auswirkung der Formänderung des Baugrundes auf die Gestaltung des Einzelbauwerkes

Die Formgebung und konstruktive Gestaltung eines Bauwerkes im Einwirkungsbereich des untertägigen Bergbaues ist eine Aufgabe, deren grundsätzlicher Unterschied von der üblichen Bauweise meist nicht in seinem vollen Umfang erkannt worden ist. Man spricht in der Praxis von einer *,,Bergschädensicherung''* und versteht darunter irgendwelche zusätzlichen Maßnahmen an einer bereits abgeschlossenen Planung. Es dürfte aber einleuchten, daß eine nachträgliche Korrektur sowohl technisch als auch wirtschaftlich nicht so gut sein kann wie ein Entwurf, dessen Grundform den technischen Voraussetzungen und den zu erwartenden Beanspruchungen angepaßt ist. Es sei daran erinnert, daß besondere Vorbedingungen hinsichtlich der Gründung — z. B. in Venedig, Holland und Japan — wie auch hinsichtlich der Standsicherheit — z. B. in den durch Erdbeben gefährdeten Gebieten — zu Bauweisen und Bauformen geführt haben, welche sich grundsätzlich von der sonst üblichen Art unterscheiden. Der Ausdruck ,,Bergschädensicherung'' wird daher in den anschließenden Betrachtungen auf die Beschreibung der zusätzlichen Maßnahmen beschränkt, die lediglich die Mängel einer für das Bergbaugebiet ungeeigneten Bauweise ausgleichen.

In diesem Abschnitt soll das Verhalten eines *Einzelbaukörpers* erläutert werden, anschließend ist das gegenseitige Verhalten mehrerer Einzelbaukörper oder Bauwerksabschnitte zu untersuchen. Zur Entwicklung einer Bauweise, welche den Erschwernissen der bergbaulichen Einwirkung Rechnung trägt, bedarf es zunächst der Einführung in einige zusätzliche Begriffe.

2.1 Die Unterscheidungsmerkmale eines Baukörpers hinsichtlich seiner Reaktion auf die Bewegung des Baugrundes

Man muß einerseits die Konstruktion eines Baukörpers danach unterscheiden, ob sie steif oder bis zu einem gewissen Grade nachgiebig ist. Andererseits bedarf es einer zweiten Unterscheidung im Verhalten einer Konstruktion, je nachdem ob sie der Bewegung des Baugrundes Widerstand leistet oder ihr ausweicht. Beide Fragen sind nicht zwangsläufig miteinander verknüpft. Sowohl eine steife als auch eine nachgiebige Konstruktion hat beide Möglichkeiten in ihrem Verhalten gegenüber einer Formänderung des Baugrundes.

2.11 Die Voll- und Teilsicherung

Im allgemeinen pflegt man bei der Gründung der Bauwerke von einer waagerechten, ebenen Fläche auszugehen, die nach erfolgtem Erdaushub die Unterkante der Fundamente bildet. Diese Gründungsebene, die man auch als ,,*Planum*'' bezeichnet, erfährt durch die Einwirkung des Bergbaues eine Formänderung, deren Verlauf von den vorliegenden geologischen und bergbaulichen Verhältnissen abhängt.

Wenn sich innerhalb der Grundfläche eines einzelnen Bauwerkes der Baugrund und damit auch die gegenseitige Lage der Fundamente in lotrechter und waagerechter Richtung ändern, so werden hierbei *zusätzliche Kräfte* in das Bauwerk übertragen. Man betrachtet sonst den *Baugrund* als ein *passives* Bauelement, welches die Lasten des aufgehenden Bauwerkes aufnimmt. Über einem untertägigen Abbau bewegt sich aber die Erdoberfläche, und diese Bewegung des Baugrundes erzeugt eine *aktive* Last. Sie äußert sich

1. in einer Krümmung.
2. in einer Längenänderung des ursprünglichen Planums.

Diese *zwei* zusätzlichen *Lastfälle* müssen bei Bauten im Bergbaugebiet berücksichtigt werden.

Theoretisch gibt es noch einen dritten Lastfall, das ist die *völlig ebene Schieflage* des ursprünglichen Planums. Unter den hier zugrunde gelegten bergbaulichen Voraussetzungen überschreitet diese meistens nicht einmal den Betrag von 1% und muß daher bei der Konstruktion der Bauwerke selten berücksichtigt werden. Lediglich bei hohen, schmalen Bauten mit kleiner Grundfläche kann die Standsicherheit gefährdet werden. In statischer und konstruktiver Hinsicht bereitet dieser Lastfall keinerlei Schwierigkeiten. Nur die Frage der Notwendigkeit und der technischen Durchführung einer Wiedergeraderichtung bedarf einiger Erläuterungen, die in Abschn. 2.52, S. 56ff., gebracht werden. Sonstige Betrachtungen grundsätzlicher Art sind mit dem Lastfall der ebenen Schieflage nicht verknüpft, folglich kann er zunächst völlig außer acht gelassen werden, zumal da er nur einen Grenzfall der Krümmung darstellt.

Die Aufgabe, die Folgen der Baugrundverformung im Bauwerk zu verfolgen, wäre bautechnisch sehr einfach zu lösen, wenn man für die Formänderung der Erdoberfläche den ungünstigsten *Grenzfall einer völlig willkürlichen* Bewegung des Baugrundes zugrunde legen würde. Bei Bauwerken, welche wegen ihrer Zweckbestimmung eine natürliche große Eigensteifigkeit besitzen, kann man auch von diesem Grenzfall ausgehen, weil dann die Berücksichtigung der vorgenannten Lastfälle nur sehr geringe oder unter Umständen gar keine zusätzlichen Kosten bedingt. Die Konstruktion eines Baukörpers, dessen Formänderung infolge einer beliebigen Bewegung des Baugrundes innerhalb der elastischen Grenzen der Baustoffe bleibt, bezeichnet der Verfasser als eine „*Vollsicherung*". Setzt sich ein Bau aus mehreren Abschnitten zusammen, die diese Bedingung erfüllen, so gilt der Begriff „Vollsicherung" auch für das Gesamtbauwerk. Die *Unterteilung* eines Bauwerkes *in einzelne vollgesicherte Abschnitte* ist eine Maßnahme zur Verbilligung einer Vollsicherung. Über eine etwaige Schiefstellung des einzelnen Baukörpers ist damit noch nichts ausgesagt. Nach dieser Definition bedingt eine Vollsicherung nicht in allen Fällen eine steife Bauform. Auch eine Konstruktion von ausreichender Nachgiebigkeit erfüllt die notwendigen Voraussetzungen. In der Praxis kommen aber derartige nachgiebige Konstruktionen nur selten vor, infolgedessen bedingt meist die Forderung einer Vollsicherung eine biegungs- und verdrehungssteife Ausbildung des Gesamtbauwerkes oder seiner einzelnen Abschnitte.

Die meisten Bauwerke sind mit einer geringen Eigensteifigkeit ausgestattet, sie bedürfen einer vielfachen Abstützung im Baugrund, ändern ihre Form bei jeder Bewegung des Baugrundes und gehen zu Bruch, wenn diese Bewegung eine entsprechende Größenordnung erreicht. Nur in seltenen Ausnahmefällen kommt eine Vollsicherung durch Umwandlung der ursprünglich tragenden Konstruktion in einen in sich biege- und drillungssteifen Körper in Frage, meist scheidet diese Möglichkeit wegen zu hoher Kosten aus. Dann ist man gezwungen, einen Kompromiß einzugehen und den Weg des geringsten Übels zu suchen. Die konstruktiven Maßnahmen einer derartigen Lösung lassen sich unter dem Begriff „*Teilsicherung*" zusammenfassen. Hierzu gehört einerseits die *Berücksichtigung der* notwendigen *Sicherheit* beim Eintreten irgendeines Bruchzustandes und andererseits die *Abwägung der Kosten* für die vorsorglichen Sicherungsmaßnahmen gegenüber den zu erwartenden Ersparnissen bei der Wiederinstandsetzung und Behebung etwaiger späterer Schäden. Für den Bauingenieur ist das offensichtlich eine *reichlich unbestimmte Aufgabe*, da die Größe der Baugrundbewegungen und der daraus folgenden Schäden schwer abzuschätzen sind.

Die für die Voll- und Teilsicherung gültigen Gesetzmäßigkeiten unterscheiden sich stark voneinander, teilweise lauten sie genau umgekehrt. Gemeinsam gilt für beide Konstruktionsformen, daß ihre grundsätzliche Gestaltung von dem üblichen Schema der Bauten und ihrer Gründung außerhalb des vom Bergbau unterfahrenen Geländes abweicht.

2.12 Das Widerstands- und Ausweichprinzip

Für das Verhalten einer Konstruktion gegenüber einem Kraftangriff gibt es grundsätzlich nur zwei Möglichkeiten. Entweder sie leistet der Kraft Widerstand, oder sie gibt ihr nach. Bei allen Entwürfen steht am Anfang der Überlegungen die Frage, für welches dieser zwei Prinzipien man sich entscheiden soll. Zur Vereinfachung der Darstellung sollen hierfür zwei — bisher ungewohnte — Begriffe „*Widerstandsprinzip*" und „*Ausweichprinzip*" verwendet werden. Im allgemeinen taucht diese Frage, ob die aus irgendeiner Belastung übertragenen Kräfte *überhaupt* aufgenommen werden sollen, in der Baukonstruktionslehre gar nicht auf. Abgesehen von den *Rollen- und Gleitlagern*, die hauptsächlich im Brückenbau Anwendung finden und zum Ausgleich von Längenänderungen dienen, kennt man im Hochbau nur noch eine Art von ausweichenden Konstruktionselementen. Das ist die *Einfügung* eines *Gelenkes*, welches dazu dient, Biegungsmomente an der betreffenden Stelle auszuschalten. Das bedeutet nur eine Lenkung des Kraftflusses und kein Ausweichen vor irgendwelchen Belastungen. Den Gebrauchslasten gegenüber gibt es im allgemeinen nur das „Widerstandsprinzip". Das mag selbstverständlich anmuten, denn wenn sie eine Last nicht aufnimmt, so verfehlt eine Konstruktion im allgemeinen ihren Zweck. Nur in *Katastrophenfällen*, z. B. bei Kesselexplosionen und Kriegseinwirkungen durch Sprengungen, wendet man auch sonst das Ausweichprinzip an. Dann läßt man es zu, daß Ausfachungen von Wänden oder Dächern herausgeschleudert werden, und bewahrt damit die eigentliche Tragkonstruktion vor einem Einsturz.

Die *Natur* kennt aber wohl beide Möglichkeiten und wendet sie äußerst rationell an, um mit geringem Aufwand möglichst viel zu erreichen. Man kann wohl den *Baum* als die Urform eines Bauwerkes betrachten. Auf den Wurzeln als Gründung ruht das aufgehende Traggerippe, das aus dem Stamm und den Ästen als Hauptträgern und aus den Zweigen als Nebenträgern besteht. Höhe und Breite des Tragwerkes wird durch den Zweck bestimmt, die zur Erhaltung und zum Wachstum notwendigen Mengen an Sonnenbestrahlung, Belüftung und Beregnung zu ermöglichen. Für das eigentliche Traggerippe benötigt der Baum eine biegungssteife Konstruktion, die dem Widerstandsprinzip entspricht. Dagegen würde bei den Zweigen und Blättern eine steife Ausbildung nur eine Kraftverschwendung und Materialvergeudung bedeuten. Die Natur wählt also nicht für alle Bauwerksteile die gleiche — steife oder ausweichende — Form, sondern benutzt für jedes einzelne Bauglied die zweckmäßige Art. Die Belastung besteht aus der Eigen-, Schnee-, Wind- und Regenlast. Die Natur macht nun das Traggerippe nicht so stark, daß es für die größtmögliche Last des Katastrophenfalles von Schnee, Wind und Regen ausreicht, sondern sie bemißt die Querschnitte für die Gebrauchslast.

Die gleiche Betrachtung kann man im Baufach anstellen. Es ist wirtschaftlicher, in Ausnahmefällen den Totalverlust hinzunehmen, als jedes einzelne Bauwerk für seltene Ausnahmefälle überzudimensionieren. *Und das ist der Grundgedanke einer Teilsicherung.* Die untere Grenze der notwendigen Vorkehrungen wird durch die Forderung bestimmt, daß keine plötzliche Gefährdung der Standsicherheit eintreten darf. Die Teilsicherung verquickt die beiden Möglichkeiten des Ausweich- und Widerstandsprinzips in folgender Weise. Diejenigen Komponenten der Baugrundverformung, welche für das Bauwerk gefährlich sind, müssen entweder durch Aufnahme der von ihnen ausgelösten Kräfte oder durch eine ihnen ausweichende Konstruktion unwirksam gemacht werden. Hingegen werden die Komponenten der Bodenverformung, welche voraussichtlich unerhebliche Schäden im Bauwerk anrichten, nur insofern berücksichtigt, daß die Konstruktion nachgiebig gestaltet und der Verformung ein möglichst geringer Widerstand entgegengesetzt wird.

Derartige grundsätzliche Betrachtungen sind für die Entwicklung einer zweckentsprechenden Konstruktionsform nicht zu umgehen, die Folgerungen für die technischen Einzelheiten ergeben sich dann zwangsläufig.

3*

2.2 Die Kräfte in den Berührungsflächen des Baugrundes und eines steifen Baukörpers

Die Konstruktion von Bauwerken, welche biegungs- und verwindungssteif sind, wird nach der vorangegangenen Definition als *Vollsicherung* bezeichnet, obgleich auch bei einer Vollsicherung beide Möglichkeiten bestehen, der Bodenverformung durch Aufnahme der in den Berührungsstellen von Bauwerk und Baugrund ausgelösten Kräfte Widerstand zu leisten oder der Bewegung freien Lauf zu lassen. Welchem Prinzip im Einzelfall der Vorzug zu geben ist, hängt von der zweckbedingten Grundform des betreffenden Baukörpers ab. Es liegt nahe, der Reihenfolge nach mit der Überlegung zu beginnen, ob das Aus-

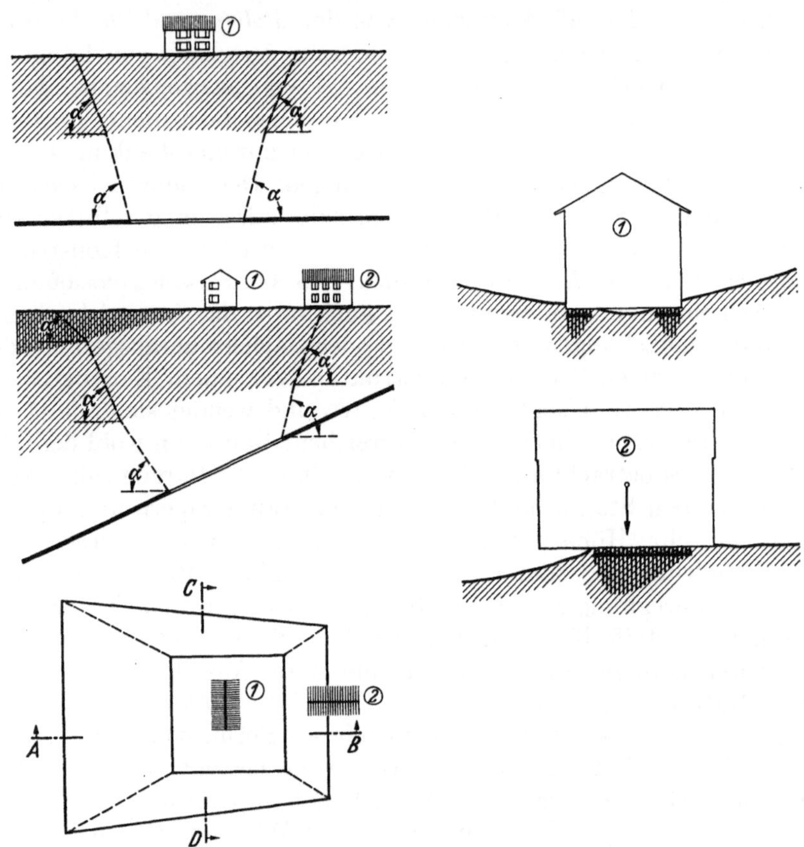

Abb. 29. Innere und äußere Freilage der Bauwerke (nach MAUTNER)

weichprinzip anwendbar ist, weil dieses grundsätzlich vorzuziehen ist. Wenn man der Bewegung ausweichen kann, so treten auch *keine Kräfte* auf, deren Aufnahme stets Kosten verursacht. Die ältere Methode verwendet aber das Widerstandsprinzip, sie soll daher zuerst besprochen werden.

Die häufig vertretene Ansicht, daß man die Auswirkung der Verformung der Erdoberfläche auf ein Bauwerk nicht mit ausreichender Genauigkeit statisch erfassen könne, ist irrig. Die ersten Untersuchungen über die Kräfte, die aus einer willkürlichen Bodenverformung in ein Bauwerk übertragen werden, sind schon etwa im Jahr 1920 von MAUTNER angestellt worden. Sein Ziel war die Schaffung *steifer* Baukörper unter der ganz allgemeinen Annahme einer beliebig starken Krümmung. Bei der theoretischen Entwicklung allgemeingültiger Gesetze bediente sich MAUTNER der in Abb. 29 mit geringen zeichnerischen Abweichungen wiedergegebenen Skizzen, in denen je ein Bauwerk mit innerer Freilage über einer muldenförmigen Wölbung und mit äußerer Freilage über einer sattelförmigen

Wölbung dargestellt ist. Diese Darstellung, welche die Anfangsgründe der Bergschäden-theorie veranschaulichen soll, führt bei einem Anfänger unweigerlich zu der Vorstellung, daß derartig starke Krümmungen den tatsächlichen typischen Verlauf der Oberflächen-verformung wiedergeben. Dadurch begegnet man auch in der Praxis immer wieder einer Überbewertung der vertikalen Komponente der Bodenbewegung, während die viel wich-tigere waagerechte Komponente, d.h. die waagerechte Längenänderung und Verschiebung, kaum beachtet wird. Die übliche Größenordnung der auftretenden Krümmung ist im ersten Abschnitt ausführlich beschrieben. Nur der oberflächennahe Abbau, der voraus-setzungsgemäß hier ausgeschlossen wird, erzeugt muldenförmige Tagesbrüche von geringem Flächenausmaß mit kleinen Krümmungshalbmessern. Bei den großflächigen Senkungs-mulden an der Tagesoberfläche, welche der tiefere Abbau auslöst, kommen zwar keine derartigen kleinen Senkungsmulden, dafür aber treppen- oder terrassenförmige Absätze mit mehr oder minder weichen Übergängen vor. Hierfür gelten die allgemeinen Regeln von MAUTNER noch in vollem Umfange, sie müssen daher der Vollständigkeit wegen wieder-holt werden, wenngleich sie vielen Lesern bekannt sein dürften. Im übrigen sind die Kräfte, welche eine Bewegung des Baugrundes in den Berührungsflächen des Baukörpers aus-lösen, nach den einfachen Grundlagen der Statik leicht zu ermitteln. Wie üblich werden die bereits erwähnten zwei Lastfälle der waagerechten Längenänderung und der lotrechten Krümmung getrennt untersucht. Nachher müssen die Ergebnisse überlagert werden.

2.21 Die waagerechte Längenänderung des Baugrundes

Die *Dehnung* oder *Verkürzung* des Baugrundes bewirkt ein Verschiebung der Flächen-elemente des Bodens gegenüber dem Bauwerk.

Es soll der *einfachste Fall* untersucht werden, daß das Bauwerk eine *ebene, rechteckige Grundplatte* besitzt, die gleichmäßig belastet ist. Ferner sei vorausgesetzt, daß sich der Baugrund an jeder Stelle der Grund-platte gleich verhält, daß also der Win-kel der inneren Reibung im Baugrund und auch der äußeren Reibung in der Sohlfuge innerhalb der rechteckigen Grundfläche konstant ist und daß der Baugrund überall die gleiche Dehnung oder Verkürzung erfährt. Außerdem soll der Unterschied der auftretenden Rei-bungskraft bei Beginn der Verschiebung und während der Verschiebung vernach-lässigt werden. Der Reibungsbeiwert sei also konstant. In den waagerechten Be-rührungsflächen, d. h. in der Gründungs-sohle, muß an einer Stelle die gegenseitige Verschiebung gleich null sein. Wenn die Längenänderung des Baugrundes nur in einer Richtung erfolgt, so gibt es eine Ge-rade, die durch den Schwerpunkt geht, in der keine Verschiebung stattfindet.

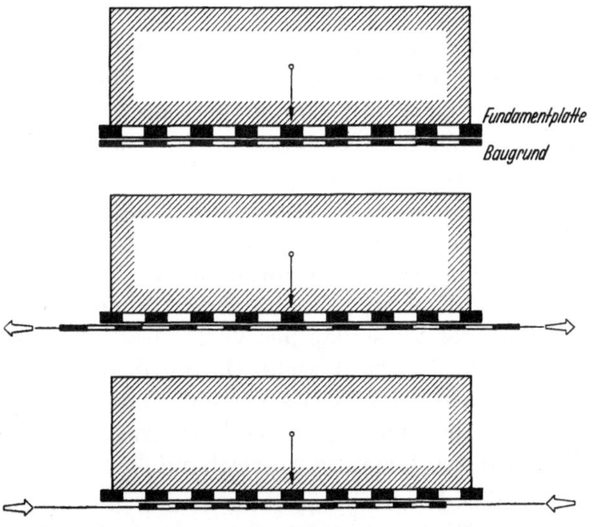

Abb. 30. Verschiebung zwischen Baugrund und rechteckiger Fundamentplatte durch Längenänderung des Baugrundes in axialer Richtung

Fällt die Richtung der einachsigen Längenänderung mit einer Mittelachse des Recht-eckes zusammen, vgl. Abb. 30, so ändert sich die Richtung dieser Mittelachse nicht, die Grundfläche verbleibt in ihrer ursprünglichen Himmelsrichtung. In allen Punkten auf der anderen Mittelachse ist die Verschiebung gleich null, die Verschiebungswerte nehmen geradlinig mit dem Abstand von dieser Nullinie bis zu den beiden äußeren Rän-dern zu. Ist die Längenänderung des Baugrundes *schräg* zu den Achsen des Rechteckes ge-richtet, so muß eine — wenn auch geringfügige — *Drehung* entstehen, weil die Resultierenden der entgegengesetzt wirkenden Reibungskräfte nicht in einer Geraden liegen, sondern parallel mit einem bestimmten Hebelarm angreifen, vgl. Abb. 31. Man beachte, daß die Lage der beiden Resultierenden durch die Trapezschwerpunkte beider Hälften bestimmt wird.

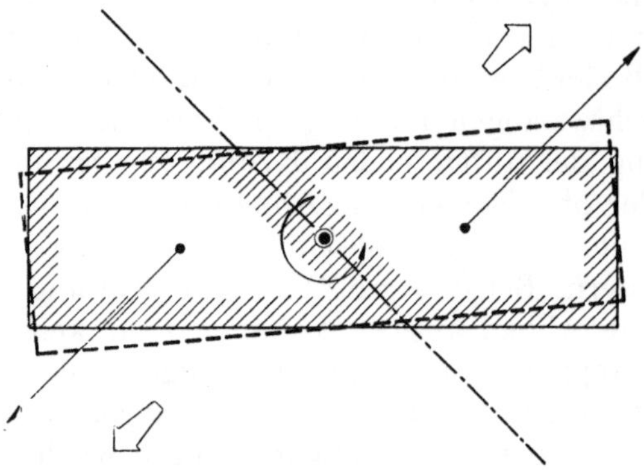

Es ist selten damit zu rechnen, daß ein einachsiger Formänderungszustand in der Erdoberfläche eintritt, meistens wechseln mit dem Fortschritt des Abbaues Dehnungen und Verkürzungen in beiden Richtungen. Die tatsächliche *Größe der Verschiebung* jedes Flächenelementes interessiert im allgemeinen nicht, weil die ausgelöste Reibungskraft nach der getroffenen Voraussetzung in jedem Fall unabhängig von dem Ausmaß der Verschiebung ist.

Abb. 31. Verschiebung zwischen Baugrund und rechteckiger Fundamentplatte durch Längenänderung des Baugrundes in schräger Richtung

Die *Reibungskraft* im Flächenelement ist das Produkt von Pressung und Reibungsbeiwert. Dabei ist es belanglos, ob sich die Verschiebungsfuge unmittelbar unter der Gründungssohle oder im Boden selbst bildet. Wenn der Winkel der inneren Reibung des Bodens kleiner als der Reibungswinkel in der Berührungsfläche mit dem Bauwerk ist, so schert der Boden in sich ab.

Man kann den *Reibungsbeiwert* in der Berührungsfuge dadurch *verringern*, daß man eine besondere Gleitfuge im Fundament selbst ausbildet und zu diesem Zweck den Grundkörper in zwei Teile zerlegt. Im allgemeinen begnügt man sich bei Betonfundamenten damit, daß man zwischen dem unteren Fundament, welches der Bewegung des Baugrundes folgen soll, und dem Fuß der aufgehenden Konstruktion eine Lage Pappe einfügt, die zwar wenig kostet, aber einen hohen Reibungsbeiwert hat. Bei hohen, punktförmig anfallenden Einzellasten verringern sich die Gesamtkosten, wenn man statt der Papplage eine besondere Gleitvorrichtung einbaut und die Fuge zum Beispiel mit zwei Metallblechen auskleidet, welche mit Graphit geschmiert werden. Dadurch verringern sich der Reibungsbeiwert und der Kostenanteil für die Aufnahme der Reibungskraft im Baukörper. Bei geringen Bodenpressungen lohnt sich diese Maßnahme nicht.

Eine andere Möglichkeit zur Verringerung des Reibungsbeiwertes zeigt folgende Überlegung. Die *Größe* des natürlichen *Reibungsbeiwertes* im Boden hängt von dessen Zusammensetzung ab. Am größten ist der Beiwert in nichtbindigem (rolligem) Boden, d. h. im Sand und Kies, mit zunehmendem Tongehalt nimmt er ab. Aus dieser Betrachtung stammt ein früherer Vorschlag des Verfassers, eine Zwischenschicht aus tonhaltigem Material einzubringen. Die praktische Durchführung zeigte aber, daß es schwer ist, Tonboden gleichmäßig aufzubringen. Es besteht dann die Gefahr der ungleichmäßigen Setzung. Dieser Weg ist aber bei steifen Baukörpern gangbar, wenn sie für den Grenzfall einer beliebigen Baugrundverformung ausreichend bemessen sind.

Außer der Reibung kann in den Berührungsflächen von beliebiger Neigung eine *Adhäsion* wirksam sein, worauf insbesondere CARP hingewiesen hat. Bei sehr geringen Auflasten kann diese größer sein als die Reibung, besonders bei bindigen Böden. Der Haftungsbeiwert hängt von der Größe der Berührungsflächen zwischen Bauwerk und Baugrund ab. Nach KREY ist die Haftfestigkeit des Bodens

bei sandigem Lehm, Geschiebemergel, sandigem Klei oder sandigem Ton . . 0,1 bis 0,3 t/m²
bei fettem Lehm, fettem Klei und mittlerem Ton . . . . 0,3 bis 0,6 t/m²
bei fettem Ton . . . . 0,6 bis 1,2 t/m²

Die Haftreibung von Sand und Kies ist vielfach gleich null. Zu beachten ist die Adhäsion hauptsächlich bei leichten Baukörpern, wie Rohrleitungen, Pflasterungen, Einfriedigungsmauern u. ä.

In allen *lotrechten* und geneigten *Berührungsflächen* des Baugrundes mit dem Bauwerk kann eine waagerechte Bewegung des Bodens nur Druckkräfte in der Verschiebungsrichtung auslösen. Bei einer *Dehnung* der Baugrundsohle leistet der Baukörper an seinen Außenflächen keinen Widerstand und erfährt dort auch keine Belastung. Nur wenn der Baukörper der Dehnung einen Widerstand entgegensetzt, vgl. Abb. 32, überträgt sich die Bodenbewegung auf das Bauwerk. *Verkürzt* sich die Baugrundsohle, so gelangen die in Abb. 33 eingezeichneten Kräfte in das Bauwerk. Hier soll aber zunächst nur die Größe des Erddruckes aus der waagerechten Verschiebung des Bodens erörtert werden.

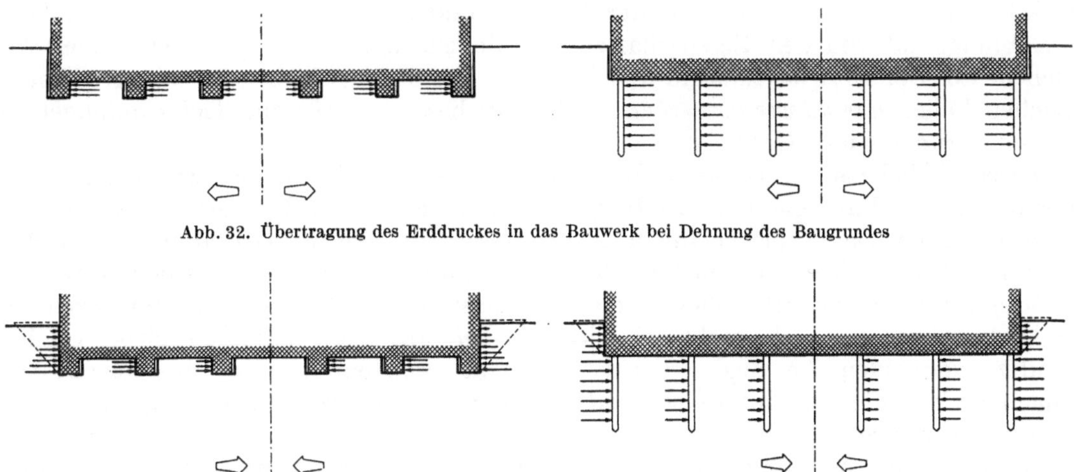

Abb. 32. Übertragung des Erddruckes in das Bauwerk bei Dehnung des Baugrundes

Abb. 33. Übertragung des Erddruckes in das Bauwerk bei Verkürzung des Baugrundes

Der durch die waagerechte Verschiebung des Bodens übertragene *Erddruck* ist eine *aktiv angreifende Last*, die aber die Größe des Erdwiderstandes oder des sogenannten „passiven" Erddruckes hat. Den passiven Erddruck setzt man üblicherweise mit seinem Kleinstwert an, damit der Widerstand des Bodens im Auflager eines Bauwerkes mit Sicherheit nicht zu hoch bewertet wird. Die üblichen Tafelwerte des passiven Erddrucks berücksichtigen daher die etwaige Kohäsion des Bodens nicht, ferner gehen die Ansätze von der vorsichtigen Annahme aus, daß der Boden in einer ebenen oder kreisförmig gekrümmten Gleitfläche ungehindert nach oben ausweichen kann. Ist das angrenzende Gelände aber durch das Gewicht vorhandener Bauwerke vorbelastet, so wächst der passive Erddruck erheblich. Bei bergbaulichen Einwirkungen lautet somit die Frage: Wie groß kann der das Bauwerk angreifende Erddruck unter den tatsächlichen Umständen werden? Zu den üblichen Beiwerten des passiven Erddruckes muß man demnach einen beträchtlichen Sicherheitszuschlag machen.

Ebenso wie man in den waagerechten Berührungsflächen die von der Bodenverschiebung in das Bauwerk übertragene Reibungskraft durch künstliche Gleitfugen verringern kann, gibt es auch in den lotrechten Berührungsflächen eine Möglichkeit, die *Größe des Erddruckes abzumindern* und auf einen bestimmten Grenzwert zu beschränken. Lorenz hat hierfür einen Weg gefunden, der großen Erfolg verspricht, zumal er wenig kostet. Sein Gedanke ist folgender: Man läßt beim Bau einen lotrechten Schlitz offen, dessen Breite größer als das zu erwartende Verschiebungsmaß ist, und verfüllt diesen nachträglich mit einer thixotropen Masse, welche nur einen bestimmten Druck verträgt, d. h. von dem ursprünglichen aktiven Erddruck nicht nach oben herausgepreßt wird. Der von einer Bodenverschiebung ausgelöste Erddruck ist etwa 10- bis 20mal größer als der Erddruck im Ruhezustand. Bei dieser Steigerung des Druckes ändert sich die Struktur der Füllmasse, sie geht in einen plastischen Zustand über und weicht nach oben aus. Wieweit dieses Verfahren bereits Eingang in die Praxis gefunden hat, entzieht sich der Kenntnis des Verfassers, da die Patentanmeldung noch nicht sehr alt ist.

Am Anfang dieses Abschnittes wurde vorausgesetzt, daß die *Grundfläche* des Baukörpers in *einer einzigen Ebene liegt*. Wenn die Höhenlage der Gründungssohle verspringt, setzt sich die aus der Längenänderung in das Bauwerk übergeleitete Kraft aus zwei Komponenten zusammen. Zu den Reibungskräften in den Flächenelemten der waagerechten Berührungsflächen, vgl. Abb. 30, kommt noch der Erddruck in den lotrechten oder geneigten Berührungsflächen hinzu, vgl. Abb. 32 und 33. Die *Reibungskraft* in den *waagerechten* Fugen ist *begrenzt* und kann nicht größer sein als das Produkt aus der Auflast und dem Reibungsbeiwert. Den Reibungsbeiwert kann man, wie gesagt, außerdem noch durch künstliche Maßnahmen abmindern und beherrscht ihn vollständig. Der Erddruck hängt dagegen nicht nur von der Auflast, sondern hauptsächlich von der Tiefe der Verzahnung und von den Eigenschaften des Bodens und der Möglichkeit seines Ausweichens ab. Der *Erdwiderstand* in den *lotrechten* Berührungsflächen ist sehr groß und in manchen Fällen nur *schwer abzuschätzen*, das gilt besonders für alle Tiefgründungen mit Pfählen, Brunnen und Hohlkästen.

Dieses Verhältnis der Größenordnung der Kräfte, welche in den waagerechten Berührungsflächen durch gleitende Reibung und in den lotrechten Berührungsflächen durch Erddruck in den Baukörper gelangen, ist für die Gestaltung der Gründung sehr wichtig. Die durch den Erddruck in den lotrechten Berührungsflächen übertragenen Horizontalkräfte sind fast immer viel größer als die Reibungskräfte in den waagerechten Gleitfugen. Infolgedessen muß man bestrebt sein, jede *Verzahnung* der Fundamentkörper im Baugrund zu vermeiden. Im allgemeinen ist selbst auf weicheren, jedoch ausreichend tragfähigen Bodenschichten eine *Flachgründung* trotz der größeren Eigensetzung einer Tiefgründung vorzuziehen.

Befindet sich innerhalb der Grundfläche eines Bauwerkes nur eine *einzige Verzahnung* — z. B. in Form eines Heizungstiefkellers oder einer Grube für den Aufzug —, so bildet diese den Festhaltepunkt, in dem keine Verschiebung zwischen Bauwerk und Baugrund stattfindet. Die Reibungskräfte in der waagerechten Sohle nehmen von den Rändern bis zum Festhaltepunkt zu und erreichen hier ihren Größtwert.

Eine Verzahnung an *mehreren* Stellen der Grundfläche schafft aber sehr ungünstige Verhältnisse, weil zusätzlich zur Reibung in der Gründungsebene die Kräfte des Erdwiderstandes gegen die Verzahnungen weitergeleitet und somit von der Konstruktion aufgenommen werden müssen, vgl. Abb. 32 und 33. Um die hiermit verbundenen Kosten zu verringern, hat der Verfasser eine Reihe von Maßnahmen entwickelt, die inzwischen von der Praxis übernommen wurden und fast schon als selbstverständliches Allgemeingut betrachtet werden.

Aus der Ablehnung jeglicher Verzahnung des Bauwerkes im Baugrund folgt zwingend die *Forderung nach einer durchgehenden Platte*, die von den tiefer liegenden Gründungskörpern, d. h. sowohl von flachen Einzel- oder Streifenfundamenten wie auch von allen tiefer gegründeten Pfählen, Brunnen oder Hohlkästen, durch eine Gleitfuge getrennt ist. Kleinere Tiefkeller, Aufzugschächte, Rohrkanäle und ähnliche tiefer gelegene Bauwerksteile kann man von der eigentlichen Grundplatte durch offene Fugen abtrennen. Die Einzelheiten dieser Maßnahme folgen später.

2.22 Die lotrechte Krümmung der Baugrundsohle

Krümmt sich das ursprüngliche Planum unter einem biegungs- und verwindungssteifen Baukörper, so ändert sich die Lage der Resultierenden aller Auflagerkräfte und damit auch die Form des Diagramms der Bodenpressung. MAUTNER ist nun von dem Grenzfall der inneren oder äußeren Freilage ausgegangen, die — wie bereits ausgeführt — in Zusammenhang mit einem Dehnungsbruch in der Randzone einer Senkungsmulde durchaus möglich ist. In dem Baukörper, der ursprünglich in seiner vollen Grundfläche auflagert, verursacht eine Freilage beträchtliche Mehrkosten. Aus jeder Änderung in der Lage der Stützkräfte folgt auch eine Verlagerung des Kräfte- und Spannungsverlaufes im steifen Baukörper.

Im Falle der *Einflächenlagerung*, bei der der Baukörper ursprünglich in einer einzigen Fläche aufruht, müssen dann in vier lotrechten Schnittebenen, d. h. in der Längs-, Quer- und in beiden Diagonalrichtungen, *beide Lastfälle* der inneren *und* äußeren Freilage berücksichtigt werden, vgl. Abb. 34.

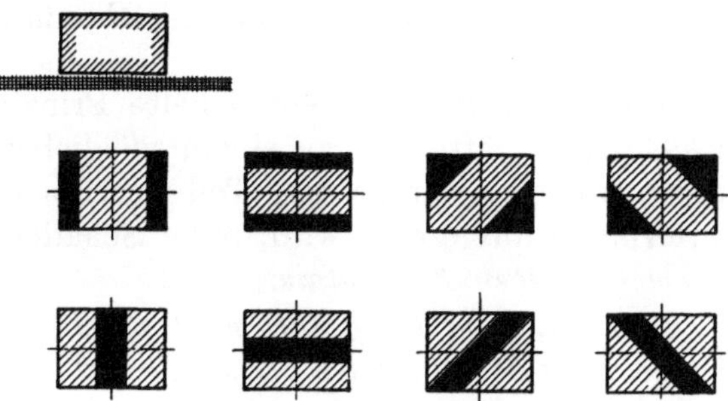

Abb. 34. Freilage (schraffiert) der Fundamentsohle von Einflächenlagerungen bei Krümmung

Im Falle einer *Zweiflächenlagerung* ändert sich infolge einer Krümmung in der Längsrichtung nur die Spannweite, ohne daß sich die Vorzeichen der Momentenlinie im Bauwerk umkehren. Die Torsion aus der Lagerung über Eck ist aber ebenso wie bei der Einflächenlagerung zu beachten, wie aus der Abb. 35 zu ersehen ist.

Bei einer *Dreiflächenlagerung* ändern sich die Spannweiten infolge einer Krümmung im allgemei-

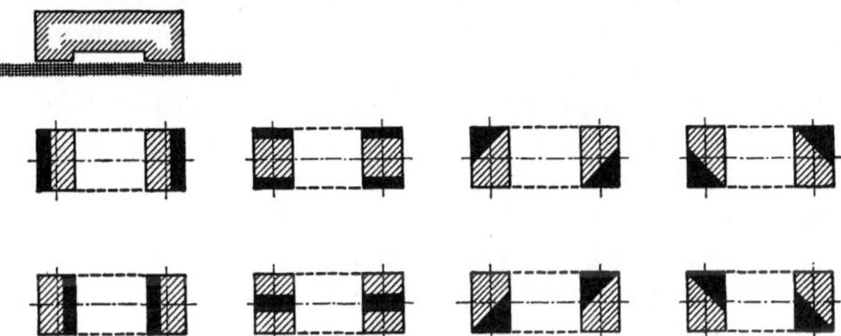

Abb. 35. Freilage (schraffiert) der Fundamentsohle von Zweiflächenlagerungen bei Krümmung

nen nur sehr wenig, auch kann keine Umkehrung des Richtungssinnes in den Momentenlinien eintreten.

Die Kosten einer biegungssteifen Ausbildung zur Überbrückung oder Überkragung steigen naturgemäß mit der Länge der Freilage. MAUTNER hat nun als erster festgestellt, daß die Änderung der Spannweiten und Kraglängen bei innerer oder äußerer Freilage um so kleiner wird, je höher der Baugrund im anfänglichen Ruhezustand beansprucht wird. Theoretisch wäre es am günstigsten, wenn der Baugrund bis zur Grenze seiner Tragfähigkeit belastet würde. Dann kann sich die Auflagerfläche nicht mehr verringern, und es ändert sich bei einer Krümmung der Baugrundsohle nichts an dem ursprünglichen Spannungszustand im Baukörper. Die Spannweiten und Kraglängen bleiben bestehen, weil bei jeder Kräfteverlagerung der Boden infolge Grundbruches nachgibt. Es könnten sich nur wieder die früheren Lagerungsbedingungen einstellen, das Bauwerk befände sich in einem schwimmenden Zustand, der aber labil ist. Mit Rücksicht auf die erforderliche Standsicherheit verbietet es sich von selbst, mit der Bodenpressung bis an die Grenze der Festigkeit, d. h. bis zur Grundbruchbelastung, zu gehen. Man kann die Auflagerfläche nur bis zu einem Wert verringern, bei dem das Maß der zulässigen oder erträglichen Setzung nicht überschritten wird. Die Nutzanwendung der MAUTNERschen Theorie besteht in der Erkenntnis, daß die *Kosten der biegungssteifen Ausbildung* eines Baukörpers um so mehr steigen, je weiter man sich bei der Abmessung der Fundamentflächen von der Grenze der Grundbruchbelastung des Baugrundes entfernt, d. h. je kleiner man die Bodenpressung im ursprünglichen Zustand wählt. Diese Überlegung bedeutete seinerzeit eine Umkehrung der früheren Ansicht, daß man die Bergschäden durch die Ausbildung einer großen Auflagerfläche mit kleiner Bodenpressung verringern könne. Die Entstehung dieser unbedingt falschen Auffassung läßt sich damit erklären, daß man die unbestreitbare Tatsache der Nützlichkeit einer durchgehenden Fundamentplatte falsch gedeutet hat. Man hatte das Bauwerk vor der *Krümmung* schützen wollen und schrieb die tatsächlich eintretende Verminderung der Bergschäden der verringerten Bodenpressung zugute. In Wirklichkeit schützte aber die Anordnung einer durchgehenden Fundamentplatte das Bauwerk vor den viel schlimmeren Folgen der *Längenänderung* des Baugrundes. Diese bewirkt eine Abstandsänderung der Fundamente, wenn keine durchgehende Platte vorhanden ist.

Dieses von MAUTNER entwickelte Prinzip, die aus der Krümmung des Baugrundes ausgelösten Kräfte nur zu einem möglichst geringen Teil in das Bauwerk gelangen zu lassen, während der größere Teil der Formänderung im Boden selbst durch plastische Verformung aufgezehrt wird, ohne Schaden anzurichten, ist ein *Bestandteil einer ganz allgemeingültigen Erkenntnis.*

Bevor man eine Kraft aufnimmt, welche aus einer Bewegung entsteht, soll man überlegen, ob man nicht das Auftreten der Kraft verhindern oder die Größe der Kraftübertragung durch andere Maßnahmen verringern kann.

Es mag dem Leser als eine Zumutung erscheinen, wenn der Verfasser derartige Selbstverständlichkeiten betont. Es ist aber leider eine Tatsache, daß der Konstrukteur meist viel zu bereitwillig ist, die errechneten Kräfte mit einem kostspieligen Materialaufwand aufzunehmen, anstatt vorher die Frage zu prüfen, wie sich die Kräfte vermeiden lassen. Betrachtet man den Boden als Teil des Bauwerkes — denn er bildet ja einen notwendigen Bestandteil des Tragwerkes —, so fallen alle drei Maßnahmen zur Verringerung der Reibungskräfte, des Erddruckes und zur Beschränkung der Spannweiten der inneren oder äußeren Freilage unter das Ausweichprinzip.

Der bereits erwähnte Vorschlag, in der Gründungssohle ein künstliches weiches Polster durch Auftragung einer tonhaltigen Schicht zu schaffen, hat im übrigen nicht nur den Vorteil, daß der Reibungsbeiwert und damit die vom Bauwerk aufzunehmende Zerrung oder Pressung abnimmt, sondern es wird damit auch die Möglichkeit geschaffen, im Sinne des MAUTNER'schen Verfahrens das Verhältnis der Bodenpressung im ursprünglichen Zustand zu der Bruchgrenze der Bodenbeanspruchung mit Sicherheit festlegen zu können. Das künstlich eingebrachte Tonpolster beeinflußt gleichzeitig die Auswirkungen der Horizontalverschiebung und der Krümmung in günstigem Sinne. Ein bereits von der Natur geschaffenes, plastisch nachgiebiges *Polster*, das im Ruhrgebiet in Form einer stark wasserhaltigen, feinsandigen Schluffschicht häufig angetroffen wird, hat für das Bauwerk im Bergschadensfall den gleichen oder bei größerer Mächtigkeit einen noch größeren Nutzen als eine künstlich aufgebrachte weiche Bodenschicht.

2.3 Die Abhängigkeit der Lastübertragung aus dem Baugrund von dem Widerstand des Baukörpers

Besteht sowohl Klarheit über die Voraussetzungen der Bewegung und Verformung des Baugrundes als auch über die Form und Konstruktion des Bauwerkes, so können die Kräfte in den Berührungsflächen nach den bekannten Regeln der Statik mit dem üblichen Grad an Genauigkeit ermittelt werden. Die Aufgabe, deren Lösung hier angestrebt wird, geht aber einen Schritt weiter und erstreckt sich auf das Ziel, mit größtmöglicher Wirtschaftlichkeit den zusätzlichen Erfordernissen der Bewegung im Baugrund gerecht zu werden. Dann wäre es ein Fehler, sich auf die statische und konstruktive Lösung der üblichen Bauarten zu beschränken und die hierbei anfallenden Kräfte als gegeben hinzunehmen. Man muß sich der Tatsache bewußt sein, daß die *Größe der Kräfte in einem Bauglied von dessen Widerstand abhängt.* In Abschn. 2.1, S. 33 ff., wurde bereits darauf hingewiesen, daß man nicht unbedingt nach dem Widerstandsprinzip konstruieren muß und daß überhaupt die Möglichkeit der Anwendung des Ausweichprinzips als solche existiert. Das erstrebenswerte *Ausmaß der Nachgiebigkeit* wird durch die Zweckbestimmung des betreffenden Baugliedes begrenzt. Eine Deckenplatte soll z. B. möglichst eben sein und darf sich nur um ein bestimmtes Maß durchbiegen, folglich kann man sie nicht durch das Tragwerk einer Hängematte ersetzen, die zweifellos eine ideale Anwendung des Ausweichprinzips darstellen würde. Bei Dächern bevorzugen aber in letzter Zeit einzelne Architekten eine ähnliche Konstruktionsform. Damit soll hier keine Stellung für oder gegen „Hängedächer" genommen, sondern nur gesagt werden, daß die grundsätzlichen Überlegungen auch vor der Abkehr von althergebrachten und bewährten Bauelementen nicht haltmachen dürfen.

Bei vielen Baugliedern hängt die Grenze der erlaubten oder noch erträglichen Formänderung davon ab, ob sie als Schaden *empfunden* wird. Der Begriff „*Schaden*" ist während des Anfangsstadiums nur relativ — d. h. auf das übliche Maß der Formänderung bezogen — zu deuten und hängt von der subjektiven Betrachtung des einzelnen ab. Man braucht nur daran zu denken, daß sich jedes Bauwerk auf einem bindigen Baugrund stets ungleichmäßig setzt, ohne daß dieser Vorgang als Schaden gewertet wird. Daran erkennt man die Schwierigkeit der Abgrenzung, wann ein „Bergschaden" aus ungleichmäßiger Senkung beginnt. NIEMCZYK[1] erwähnt unter anderem, daß man im Hochbau Dehnungen und Verkürzungen von mehr als 1 mm/m Ausmaß als Schaden anzusprechen pflegt, weil dann die Risse nicht mehr in erträglichem Rahmen bleiben.

In der aufgehenden Konstruktion zeigen sich ja die Schäden, die dann später in einen Bruchzustand übergehen können, meist in Form von *Rissen*. Die Rißbildung wird besonders im Stahlbetonbau untersucht. Die Gegner dieser Bauweise nennen den Stahlbeton eine von Natur aus gerissene — d. h. schadhafte — Bauweise. Abgesehen von den vorgespannten Ausführungen trifft diese Feststellung zu, da Zugrisse in der Zugzone der Querschnitte und auch Schwind- und Temperaturrisse schwerlich ganz vermieden werden können. Sind die Risse aber sehr fein verteilt, so zählt man sie nicht zu den Schäden. Das gleiche gilt vom Mauerwerk, und sogar beim Stahlbau läßt man Dehnungen im Fließbereich des Stahles zu.

Die Anwendung des Ausweichprinzips durch nachgiebige Gestaltung eines Bauwerkes ist jedoch nicht auf diejenigen Fälle beschränkt, in denen die vom Abbau herrührende Formänderung mit Sicherheit unterhalb der Grenze eines „Schadens" bleibt. Entscheidend ist häufig die *Betrachtung des geringeren Übels*. Wenn eine Vollsicherung aus wirtschaftlichen Gründen ausscheidet, so ist zu überlegen, ob der Schaden einer zwar mit Rissen behafteten, aber gleichmäßig verlaufenden Formänderung größer oder kleiner ist als der eines an einer oder mehreren Stellen konzentriert auftretenden Bruches.

2.31 Lenkung des Kräfteverlaufes im Bauwerk

Die Konstruktion eines steifen Baukörpers bietet dem entwerfenden Ingenieur zwar auch viele Möglichkeiten der Lenkung des Kraftflusses. Die hierbei anzustellenden Überlegungen unterscheiden sich aber nicht vom üblichen, wenn auch die beiden Lastfälle der Baugrundverformung berücksichtigt werden müssen. Eine allgemeingültige Regel für die konstruktive Gestaltung eines Bauwerkes im Bergbaugebiet gibt es nicht, da seine Form und Konstruktion und damit auch seine Steifigkeit mit der Zweckbestimmung wechseln und in jedem Einzelfall starke Unterschiede aufweisen. Bei einer allgemeinen Betrachtung kann man aber von zwei Voraussetzungen ausgehen, die für die meisten Fälle zutreffen. Erstens soll angenommen werden, daß ein Bauwerk *keine* ausreichende *Eigensteifigkeit* besitzt, um der *Krümmung* der Bauwerkssohle Widerstand leisten zu können. Zweitens soll vorausgesetzt werden, daß die Konstruktion des Bauwerkes durch besondere Maßnahmen gegenüber der Längenänderung der Baugrundsohle gesichert ist. Mit anderen Worten bedeuten diese Voraussetzungen, daß das Bauwerk keine Schäden aus der Längenänderung erfahren kann, jedoch der Krümmung oder Wölbung der Bauwerkssohle mangels ausreichender Biegesteifigkeit folgen *muß*. Das ist die am häufigsten vorkommende Sachlage jeder Teilsicherung.

Geht man von der Gegebenheit aus, daß ein Bauwerk einer Formänderung keinen ausreichenden Widerstand leisten *kann*, dann ist daraus die Folgerung zu ziehen, daß man eine Bauweise entwickeln muß, die einer Formänderung sowenig als möglich Widerstand entgegensetzen *soll*. Es bedarf wohl keines Beweises, daß ein Bruchschaden um so größer

---

[1] NIEMCZYK: Der Bau 1953, S. 69.

wird, je steifer der Baukörper ist. Bei gegebener Verformung wachsen die im Bauwerk ausgelösten Kräfte mit der Größe des geleisteten Widerstandes. Die wichtigste *Grundregel* für jede Teilsicherung lautet daher:

Ist eine Konstruktion nicht ausreichend steif, um die auftretende Kraft aufnehmen zu können, so wächst der Schaden mit dem Grad der Steifigkeit.

Die Erkenntnis ist im übrigen nicht neu, ungewohnt ist lediglich ihre Anwendung im Baufach, sie ergab sich erst aus der sonst nicht üblichen Art der Belastung. Diese besteht aus einer beschränkten Formänderung der Baugrundebene und nicht aus Lasten, die aufgenommen werden müssen. Im Automobilbau soll zum Beispiel HENRY FORD bereits folgende Betriebsanweisung gegeben haben: Bricht ein Konstruktionsteil im Versuchsstand, so ersetzt man den gebrochenen Gegenstand in gleicher Abmessung durch möglichst hochwertiges Material. Bricht er dann abermals, so wählt man eine *kleinere Abmessung* und weicht damit der auftretenden Kraft aus.

Man hat früher nicht gewußt, daß eine *willkürliche* Vergrößerung der Steifigkeit, die doch nicht zu einer Vollsicherung ausreicht, nicht nur nicht nützlich ist, sondern daß sie sogar die zum Bruch führenden Kräfte und damit den Schaden vergrößert. Als Beispiel sei ein Bericht von OBERSTE-BRINK über Bergschäden von Kokereien aus dem Archiv für bergbauliche Forschung wiedergegeben. Dieser enthält eine genaue Messung an der Fundamentplatte einer beschädigten und *abgebrochenen* Koksofenbatterie. Es handelt sich um eine *2,0 m dicke Platte*, welche gerade mit Rücksicht auf die zu erwartenden Abbaueinwirkungen diese große Abmessung erhalten hatte. Zur Zeit der Messung, d. h. nach erfolgtem Abbruch, wurde für die größte Krümmung ein Halbmesser von 450 m festgestellt. Welcher Krümmungsbetrag zwischenzeitlich aufgetreten ist, kann nachträglich nicht ermittelt werden. Die Fundamentplatte war an mehreren Stellen in der Querrichtung gerissen und wies in der Längsrichtung Knickstellen auf.

Wörtlich lautet der Bericht wie folgt: „Diese Risse haben sich in das aufgehende Mauerwerk hinein fortgesetzt und schließlich etwa fünfzehn Jahre nach der Erbauung zur Erneuerung der Batterie geführt, nachdem schon kurze Zeit nach der Errichtung *an der Knickstelle* verschiedene stark beschädigte Öfen bis zur Ofensohle abgebrochen und erneuert werden mußten.“

Dieser Schadensbefund ist ungewöhnlich. Der Verfasser hat an etwa dreißig in Betrieb befindlichen Batterien, die mit den üblichen, dünnen Fundamentplatten gegründet sind, Messungen vornehmen lassen und dabei in drei Fällen noch größere Krümmungen bis zu einem Halbmesser von unter 200 m festgestellt, welche keine Schäden im Betrieb zur Folge hatten. Es ist ein erheblicher *Unterschied*, ob die Fundamentplatte gleichmäßig *nachgibt* und der Krümmung in einer stetigen Kurve folgt *oder* ob sie an einzelnen Stellen bricht und einen *Knick* erhält. Die Steifigkeit einer 2 m dicken Platte beträgt das 64fache derjenigen einer 50 cm dicken Platte. Danach ist der Schaden in der vorbeschriebenen Fundamentplatte nicht *trotz*, sondern *wegen* ihrer stärkeren Ausbildung eingetreten. Willkürliche Verstärkungen verursachen somit zwecklose Mehrkosten und steigern die Empfindlichkeit des Bauwerkes.

Man versprach sich früher einen großen Nutzen daraus, daß man Fundamentplatten und Streifenfundamente für eine Freilage von wenigen Metern ausbildete. Bei einer schwachen Krümmung entsteht unmöglich eine Freilage, weil der Querschnitt der Fundamentplatten oder Streifen viel zu schlank ist, um überhaupt die zur Aufnahme einer Biegung notwendige Spannung zu erhalten. Tritt dagegen eine starke Krümmung, d. h. im Grenzfall ein Absatz auf, so reicht der Querschnitt nicht im entferntesten aus, um das aufgehende Bauwerk über der abgesunkenen Scholle frei zu tragen. Dann schützt auch eine große Nachgiebigkeit der Konstruktion das betreffende Bauwerk nicht vor schweren Schäden, es hilft nur eine Vollsicherung.

Das Bestreben, die Biegesteifigkeit absichtlich gering zu halten, ist besonders sinnvoll, wenn man eine Formänderung von nur geringem Ausmaß erwartet, wie es für den Regelfall des „Bergschadens“ zutrifft. Bei Krümmungen mit Halbmessern von mehreren Kilometern lassen sich an manchen Baukonstruktionen keine Schäden erkennen. Welche Maßnahmen im Einzelfall möglich sind, um das Ziel einer möglichst geringen, aber gleichmäßigen Steifigkeit des Baukörpers zu erreichen, wird in Abschn. 4, S. 95 u. 96, an einem Beispiel erläutert.

Aus dem vorangehenden Beispiel folgt noch eine zweite Regel der Teilsicherung:

Baukörper, welche ihrer geringen Eigensteifigkeit wegen der Krümmung der Bauwerkssohle folgen müssen, sollen eine möglichst gleichmäßige Steifigkeit besitzen.

Die Begründung dieser Forderung versteht sich wohl von selbst. Jeder Wechsel der Steifigkeit lenkt die Formänderung innerhalb des Bauwerkes in die schwächeren Querschnitte, in denen sich die Verformungsbeträge anhäufen, welche sich bei gleichmäßigem Verhalten über die ganze Länge verteilen. Mit einer gleichmäßigen Verteilung der Formänderung will man erreichen, daß sich *sehr viele* feine Haarrisse bilden, die noch nicht als „Schäden" gewertet werden, und daß keine stärkeren Risse an *einzelnen* Stellen auftreten. Die Summe der Rißbreiten ist in beiden Fällen die gleiche, wie in Abschn. 2.54 näher erläutert wird (s. S. 63ff.).

An vielen Bauwerken läßt sich aber die in der zweiten Regel aufgestellte Forderung nicht erfüllen, weil entweder die Bauform oder die Steifigkeit einzelner Bauglieder durch den Verwendungszweck des Bauwerkes festgelegt sind. Im Hochbau ändert sich häufig die Geschoßzahl innerhalb eines Gebäudes oder eines selbständigen Gebäudeabschnittes. Im Industriebau können einzelne Einbauten von großer Steifigkeit — z. B. Silozellen oder Flüssigkeitsbehälter — zwischen verhältnismäßig nachgiebigen Konstruktionselementen liegen, in denen sich dann der gesamte Formänderungsvorgang vollzieht.

Bedingt die vorgeschriebene äußere oder innere Gestaltung des Bauwerkes einen sprunghaften Wechsel seiner Biegesteifigkeit, so ist zu prüfen, ob die Möglichkeit besteht, an der Stelle dieses Wechsels den Verband im Baukörper zu lösen.

Zu diesem Zweck ordnet man entweder eine *Trennfuge* an oder fügt ein *Gelenk* ein. Durch beide Maßnahmen kann man die Formänderung im Bauwerk auf geeignete Stellen lenken. Ist weder die Einfügung eines Gelenkes noch einer Trennfuge möglich, so kann man sich notfalls auch damit helfen, daß man den zu erwartenden Bruch durch Anordnung gewollt schwacher Stellen dort einleitet, wo es am wenigsten stört.

Mit diesen kurzen Hinweisen ist das äußerst mannigfaltige und verwickelte Problem der Lenkung des Kräfteverlaufes nicht erschöpft. Es tauchen hierbei Fragen der Eigensteifigkeit von Verbundkonstruktionen aus Stahl, Stahlbeton und Mauerwerk auf, die zur Zeit teilweise nur in roher Annäherung beantwortet werden können. Hiermit hat sich das Baufach bisher wenig beschäftigt. Man ist bis zu einem hohen Grade auf Erfahrungen, d.h. Beobachtungen bereits eingetretener Schäden, angewiesen. Im Schrifttum finden sich bisher kaum irgendwelche verwertbaren Angaben.

2.32 Die wechselweise Beeinflussung von Bauwerk und Baugrund

Die in Abschn. 2.31 angestellten Betrachtungen betrafen in der Hauptsache das Verhalten des Bauwerkes unter der Annahme einer *gegebenen* Baugrundverformung. Viel verwickelter ist die Untersuchung, wenn man berücksichtigen will, daß sowohl die Größe der Kraftübertragung als auch der Kräfteverlauf im Bauwerk *und* Baugrund von deren gegenseitigem Verhalten abhängt. Es handelt sich bei dieser statischen Aufgabe nicht um zwei Gleichungen mit je einer Unbekannten, sondern um eine einzige Gleichung mit zwei Unbekannten, die für zwei Lastfälle aufzulösen ist.

2.321 Der erste Lastfall der Krümmung ist für den Bauingenieur nicht völlig neu. Er muß ähnliche Überlegungen anstellen, wenn er die unterschiedliche Setzung eines bindigen Baugrundes infolge ungleicher Belastung oder ungleichförmiger Bodenbeschaffenheit untersucht. Auch bei gleichmäßiger Bodenpressung und Baugrundbeschaffenheit bildet sich eine Setzungsmulde, die man bei jeder Gründung in bindigem Baugrund beachten sollte. Im Brückenbau ist es auch üblich, den Setzungsvorgang in der aufgehenden Konstruktion weiterzuverfolgen. Im Hochbau vernachlässigt man aber meistens den Einfluß der Setzung insofern, als man zwar die Spannungsverteilung im Baugrund und auch den Momentenverlauf in den Fundamenten, aber nicht die geometrische Veränderung der Setzungskurve und deren Folgen im aufgehenden Bauwerk berücksichtigt. Man verfolgt im Hochbau nur den Kräfteverlauf und nicht die hiermit verbundene Formänderung im Baukörper. Mit der Erkenntnis, daß sich die Auflagerreaktionen im Baugrund nur bei sehr weichem, bindigem Boden noch verhältnismäßig gleichmäßig auf die Grundflächen der Gründungen verteilen, bei härterem Boden sich aber unter den Stellen des Lastangriffs anhäufen, hat man bereits einen Ansatz zu einem erfolgversprechenden Vorgehen für das Bauen im Bergbaugebiet.

Liegt der — leider seltene — Fall vor, daß der Baugrund weich genug ist, um plastisch ausweichen zu können, so kann man das Widerstandsprinzip anwenden. Dann sollen die Folgen der Krümmung im Boden aufgefangen und ausgeglichen werden. Das ist eine Nutzanwendung der MAUTNER'schen Gedankengänge. Das Kriterium ihrer Anwendbarkeit ist das Verhältnis der ursprünglich (im Ruhezustand vor der Einwirkung des Abbaues) angesetzten Sohlpressung zu der Spannung, bei der sich das Bodenmaterial plastisch verformt. Beim Stahl bezeichnen wir die Spannung, bei der das Material aus dem elastischen in den plastischen Bereich übergeht, mit der Elastizitätsgrenze. Beim Baugrund ist die Spannungsgrenze, auf die es hier ankommt, schwieriger zu definieren.

Rolliges Material, Kies und Sand — ohne tonige Bestandteile oder mit einem Tonanteil, der geringer als der Hohlraum der rolligen Bestandteile ist —, erfährt nie eine plastische Verformung. Ein Ausweichen erfolgt nur bei Erreichung eines Grundbruches. Die hierzu erforderliche Sohlpressung wird im Hochbau selten erreicht. Damit scheidet ein rolliger Baugrund aus dieser Überlegung praktisch aus.

Beim *bindigen* Boden verläuft die Spannungs-Dehnungskurve im Anfang mit kleinen Spannungen verhältnismäßig flach gekrümmt, erst bei einer bestimmten Spannung erfährt die Dehnungskurve häufig einen Knick und wird dann steiler. Dabei ist der *Zeitfaktor* zu berücksichtigen, und zwar sowohl beim Auftreten der Belastungszunahme, die ja aus der Verlagerung der Auflagerkräfte des Bauwerkes infolge der Krümmung der Sohle folgt, als auch bei der Volumenverringerung des Bodens, die durch das Auspressen des Porenwassers zu erklären ist. Über den zeitlichen Verlauf der Zusammenpressung bindigen Bodens unter konstanter Last lassen sich wohl Voraussagen mit ausreichender Genauigkeit machen, aber die zeitliche Abgrenzung des Krümmungsverlaufes infolge eines späteren Abbaues ist schwer im voraus zu bestimmen. Aus diesem Grunde ist es nicht einfach, einen Betrag anzugeben, bei welcher Beanspruchung der Boden ausweicht. In der Praxis ist diese Aufgabe wohl kaum je angefaßt worden, weil daran drei verschiedene Fachgebiete beteiligt sind. Der Markscheider müßte genaue Angaben über den zu erwartenden Krümmungshalbmesser *und* über den zeitlichen Verlauf der Senkungskurven machen. Der Bodenmechaniker müßte in Zusammenarbeit mit dem Statiker untersuchen, wie sich die Verformung auf den Boden und auf das Bauwerk verteilt. Damit, daß man die Schwierigkeit einer wissenschaftlich exakten Untersuchung zugeben muß, ist aber nicht gesagt, die hier vorgetragene Überlegung sei überhaupt zwecklos. Selbst wenn man sich vielleicht bei der Abschätzung der Festigkeitsgrenze des Bodens um 20% irrt, so kann man doch eine richtige Entscheidung treffen, ob man nach dem Widerstandsprinzip das Bauwerk steif ausbilden oder nach dem Ausweichprinzip eine möglichst nachgiebige Konstruktion wählen soll. Im Zweifelsfall ist der letztere Weg bei den üblichen Bauwerken von nur begrenzter Eigensteifigkeit der vorsichtigere und damit der bessere.

Meistens trifft man einen Baugrund an, der auch bei zweifacher Überschreitung der im Ruhezustand ursprünglich vorhandenen Sohlpressung nicht oder nur wenig ausweicht. Bei dieser Betrachtung sollen die Baukörper mit und ohne ausreichende Eigensteifigkeit getrennt untersucht werden.

Ist ein Baukörper *biegungs- und verwindungssteif* konstruiert, so fällt der Steifigkeitsgrad des Bauwerkes als Unbekannte aus; dann ist die Lage der Auflagerresultierenden nur von der angenommenen Krümmung und den vorliegenden Bodeneigenschaften abhängig und eindeutig bestimmt. Lediglich die Druckverteilung in der Bauwerkssohle ändert sich je nach der Ausbildung der Grundkörper. Auch wenn der Baukörper zum Beispiel durch seine lotrechten Wandscheiben zusammen mit den waagerechten Deckenscheiben ein völlig steifes Gebilde im Sinne einer Vollsicherung darstellt, kann die Bodenplatte steif oder nachgiebig bemessen werden. Je nachgiebiger die Bodenplatte ist, um so größer wird die Bodenbeanspruchung unmittelbar unter den Stellen, in denen die Last von oben anfällt, und um so kleiner ist der Lastanteil, der von der Sohlplatte aufgenommen werden muß. Das gilt zwar genau so für Bauwerke, die nicht vom Abbau berührt werden, aber im Bergbaugelände treten unter steifen Baukörpern infolge der Krümmung örtlich viel größere Sohlpressungen als in der ursprünglichen Ruhelage auf, und dann ist es unwirtschaftlich, wenn man die Last durch steife Platten gleichmäßig verteilt, anstatt einen möglichst großen Lastanteil unmittelbar unter den tragenden Stützen und Wänden in den Baugrund zu überführen.

Ist der Baukörper *nicht biegungssteif*, so gilt die Grundregel — vgl. Abschn. 2.31, S. 44ff. —, nach der aus der Krümmung um so weniger Kräfte in die aufgehende Konstruktion gelangen, je nachgiebiger diese der Krümmung der Bauwerkssohle zu folgen vermag. Man vereinfacht sich durch die Wahl einer nachgiebigen Konstruktion auch die Frage der wechselweisen Beeinflussung von Bauwerk und Baugrund, weil man dann die Steifigkeit des Bauwerkes völlig vernachlässigen kann.

2.322 Der zweite Lastfall der Längenänderung kommt wohl außerhalb des Bergbaugeländes kaum vor. Für die Untersuchung der gegenseitigen Beeinflussung des Kräfteverlaufes im Bauwerk und Baugrund scheiden alle Konstruktionen aus, welche der Längenänderung im Baugrund keinen Widerstand entgegensetzen. Das sind hauptsächlich alle aufgeständerten Gerippebauten, deren Stiele oberhalb der Fundamente als Pendelstützen ausgebildet sind und die nur die statisch erforderlichen Scheiben, Rahmen, Portale oder fachwerkmäßigen Aussteifungen besitzen. Ebenso bedürfen die unterkellerten Bauwerke, deren Wand- und Stützenfundamente nicht durch ausreichende Maßnahmen in ihrem waagerechten Abstand gegenseitig festgehalten werden, keiner weiteren Überlegung. Dann folgen die Fundamente der Verschiebung aus der Dehnung oder Verkürzung der Fundamentsohle. Die winklig zur Bewegungsrichtung stehenden Wände sowie die Stützen des untersten Geschosses erfahren eine entsprechende Schiefstellung. Wände, die in der Bewegungsrichtung stehen, halten im Falle einer Verkürzung der Baugrundfläche dem Druck stand oder sie beulen aus, im Falle einer Dehnung müssen sie bei Überschreitung ihrer Zugfestigkeit reißen. Bei Kellern ohne Abstandshaltung in der Fundamentebene taucht nun die Frage auf, ob das Ausmaß der Dehnung oder Verkürzung so erheblich sein kann, um die Standsicherheit zu gefährden oder um die Bewohnbarkeit oder den Verwendungszweck in Frage zu stellen. Die in diesem Abschnitt aufgeworfene Frage der gegenseitigen Beeinflussung von Bauwerk und Baugrund wird also bei fehlender Abstandshaltung nicht berührt. Die Betrachtung kann sich daher auf Bauwerke beschränken, die unterkellert sind und deren Kellersohle durch eine auf Zerrung und Pressung ausreichend bemessene Platte die aufgehenden Stützen und Wände in ihrem Abstand sichert. Die in der Unterkante der Kellersohle durch Reibung übertragenen Horizontalkräfte aus der Längenänderung des Baugrundes werden dann von der Platte aufgenommen. Es bleibt nur die Frage zu beantworten, wie der Kräfteverlauf in den Außenwänden des Kellers im Falle einer Verkürzung der Bauwerkssohle günstig gelenkt werden kann. Eine Dehnung der Baugrundsohle bewirkt nur eine Entlastung der Wände und bedarf daher keiner Beachtung.

Werden die Außenkellerwände durch eine Kellerdecke unterhalb der Geländeoberkante ausgesteift, so verhalten sie sich unter dem Erddruck der Baugrundverkürzung ähnlich wie eine Fundamentplatte. Ist der angrenzende Boden plastisch verformbar, d. h. aus *bindigem* Material, so ist zwar die Größe des Erddruckes, der aus der Verkürzung des

Baugrundes entsteht, geringer als bei rolligem Boden, die Form des Erddruckdiagramms ändert sich aber nicht entsprechend dem Widerstand der Bauwerkskonstruktion. Besteht der seitlich anstehende Boden aus *rolligem* Material, so wandert die Kraft dorthin, wo sie den größten Widerstand findet. Die Wand ist in den üblichen Abmessungen dem Erddruck nicht gewachsen, weil dieser etwa 20 mal so groß ist wie im ursprünglichen Ruhezustand des Baugrundes. Infolgedessen wird die Wand bei Beginn der Bodenbewegung zunächst etwas eingedrückt und biegt sich nach innen durch. Dann bildet sich im Boden ein Entlastungsgewölbe zwischen der unnachgiebigen Kellersohle und Kellerdecke. Wenn Querwände vorhanden sind, stützt sich das Entlastungsgewölbe auch gegen diese ab. Der Druck auf die nachgebenden Wände verringert sich im gleichen Maße, wie er an den Stellen zunimmt, die nicht ausweichen können, vgl. Abb. 36. Bei weiter fortschreitender Verkürzung der Baugrundsohle weicht der Boden nach oben aus, es bildet sich eine Gleitfuge. Für den Kräfteverlauf in der aufgehenden Konstruktion des Bauwerkes ist es demnach gleichgültig, ob die Außenwände des Kellers dünner oder dicker bemessen werden. Eine dünnere Wand erhält aber bei gleicher Durchbiegung geringere Risse als eine dickere Wand und ist daher zweckmäßiger.

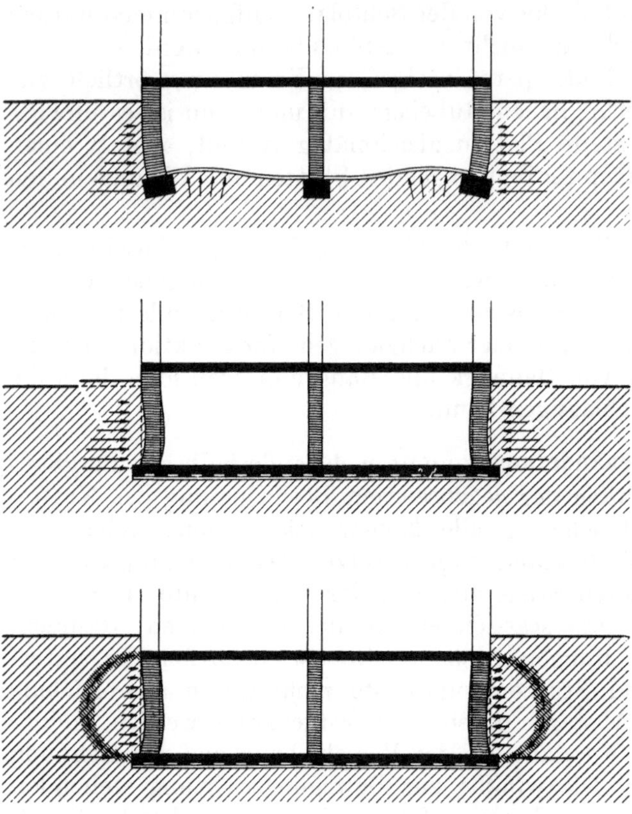

Abb. 36. Verformung der Kellerwände durch Erddruck

Befindet sich unterhalb der Erdoberkante keine aussteifende Deckenscheibe und sind auch keine Querwände vorhanden, so kann sich das vorerwähnte Entlastungsgewölbe nicht bilden. Die Wand wird dann stärker eingedrückt. Vor der Fundamentplatte, die ja voraussetzungsgemäß dem Erddruck standhält, wächst dann die Druckkraft im Boden so lange, bis sich die Gleitfuge bildet und der Erdkeil nach oben herausgedrückt wird. Das praktische Ergebnis dieser Überlegung kommt auf die Grundregel von Abschn. 2.31 hinaus (s. S. 44): Wenn man die Außenwände, die im Erdreich liegen, nicht so steif ausbilden will, daß sie dem Erddruck im Pressungsfall standhalten können, soll man sie möglichst wenig biegungssteif machen.

2.4 Die Grundformen der Vollsicherung

Die Vollsicherung umfaßt die Berücksichtigung zweier Lastfälle, der Krümmung und der Längenänderung, und für jeden Lastfall kann getrennt eine Lösung sowohl nach dem Widerstands- als auch nach dem Ausweichprinzip gewählt werden. Es bestehen somit nur vier verschiedene Möglichkeiten, wie man einen einzelnen Baukörper voll sichern kann.

Nach der vorangegangenen Definition ist die Vollsicherung eine kompromißlose Konstruktion. Soll diese nach dem Ausweichprinzip arbeiten, so muß auch das Ausweichen ohne jede Einschränkung gewährleistet sein. Lediglich die Reibungskräfte einer rollenden Reibung oder einer Gelenkverdrehung der üblichen Ausführung in Stahl oder Stahlbeton werden vernachlässigt, wenn sie so gering sind, daß es sinnlos wäre, sie weiter zu verfolgen.

Für die Berücksichtigung beider Lastfälle nach dem *Ausweichprinzip*, bei der die Senkungsunterschiede keine Kräfte im Baukörper auslösen, gibt es nur eine einzige Konstruktionslösung. Das ist die statisch bestimmte *Dreipunktlagerung*. Beschränkt sich die Anwendung des Ausweichprinzips auf den zweiten Lastfall, die *Längenänderung* in der Bauwerkssohle, so muß der aufgehende Bauwerksteil von der Gründung durch Einfügung verdrehbarer oder verschiebbarer Zwischenglieder getrennt werden.

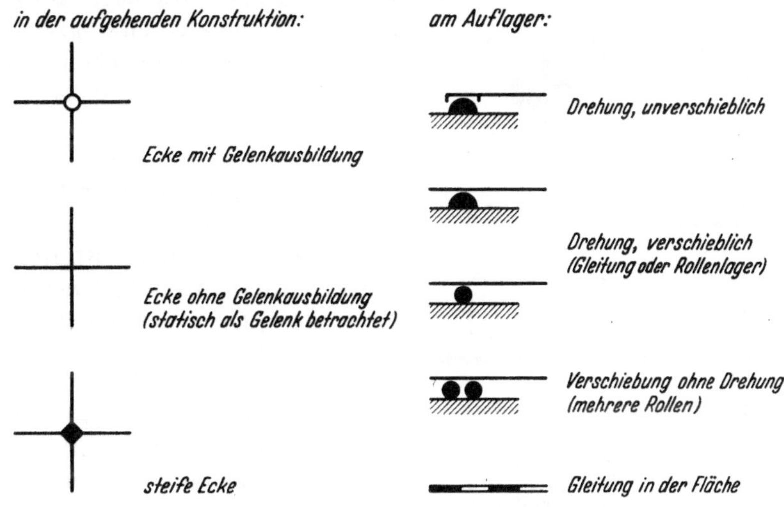

Abb. 37. Zeichen für Gelenke und Auflager in Skizzen des statischen Systems

Pendelstützen und Rollenlager können in der Richtung ihrer Beweglichkeit keine waagerechten Kräfte auf das Bauwerk übertragen. Der einzelne Grundkörper unter der Pendelstütze braucht daher in seiner Lage nicht festgehalten zu werden.

Da an dieser Stelle nur die grundsätzlichen Möglichkeiten, nicht die Konstruktionen im einzelnen besprochen werden sollen, genügen in den nachfolgenden Aufrißskizzen die in Abb. 37 eingetragenen vereinfachten Zeichen für die Gelenkausbildungen und Lagerungsbedingungen.

2.41 Berücksichtigung der Krümmung und Längenänderung nach dem Widerstandsprinzip

Diese steife Ausführung ist theoretisch an keinerlei Form gebunden. Damit bei beiden Arten der Krümmung, die eine *Sattel-* oder *Muldenlage* des Bauwerkes verursachen, die Freilagen nicht zu groß werden, ist es zweckmäßig, nach den MAUTNER'schen Vorschlägen im Ruhezustand eine möglichst hohe Bodenpressung, d. h. eine kleine Grundfläche in der Auflagerfuge, zu wählen. Die meisten Vollsicherungen dieser Art haben eine Ein- oder Zweiflächenlagerung.

Die *Einflächenlagerung* eignet sich besonders für Bauwerke, deren Grundfläche etwa gleiche Längen- und Breitenabmessungen hat, das sind hauptsächlich Grundflächen, die ein regelmäßiges Vieleck oder einen Kreis bilden. Um hohe Bodenpressungen zu erzielen, kragt man meist die aufgehende Konstruktion aus, so daß die Auflagerung nur im inneren Bereich der Bauwerksgrundfläche erfolgt, vgl. Abb. 38. Ist das Gewicht des Bauwerkes so klein, daß eine hohe Sohlpressung in einer durchgehenden Fundamentplatte nicht zu erreichen ist, weil sonst die Aufstandsfläche zu klein und die Auskragung zu groß und unwirtschaftlich wird, so kann man Teile der Grundplatte fortlassen. Dann erhält man Auflagerflächen, wie sie in Abb. 39 dargestellt sind.

Soll ein Bauwerk voll gesichert werden, dessen Grundfläche die Form eines länglichen Rechteckes hat, so bevorzugt man eine *Zweiflächenlagerung*. Die verschiedenen Lagerungsfälle durch eine Sattel- und Muldenlage sind bereits in Abb. 35 beschrieben. Es wurde auch bereits erwähnt, daß eine Überecklage der Grundfläche zur Richtung der sattel- oder muldenförmigen Krümmung eine Verdrillung (Torsion) des Baukörpers auslöst. Der Vorteil gegenüber einer Einflächenlagerung besteht nur darin, daß sich die Biegungsmomente bei Sattel- und Muldenlage nicht umkehren können. Im Stahlbau ist diese Frage weniger wichtig, im Stahlbetonbau hingegen entsteht eine große Verteuerung dadurch, daß im gleichen Querschnitt die Zug- und Druckzone wechselt und auch die Schrägeisen in zweierlei Richtungen angeordnet werden müssen.

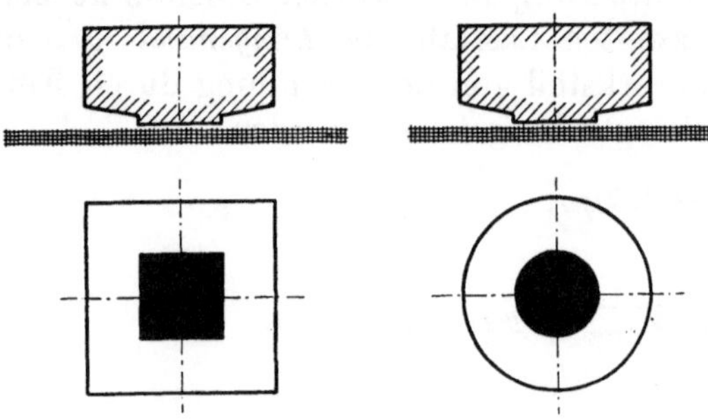

Abb. 38. Einflächenlagerung eines steifen Baukörpers mit durchgehender Fundamentplatte

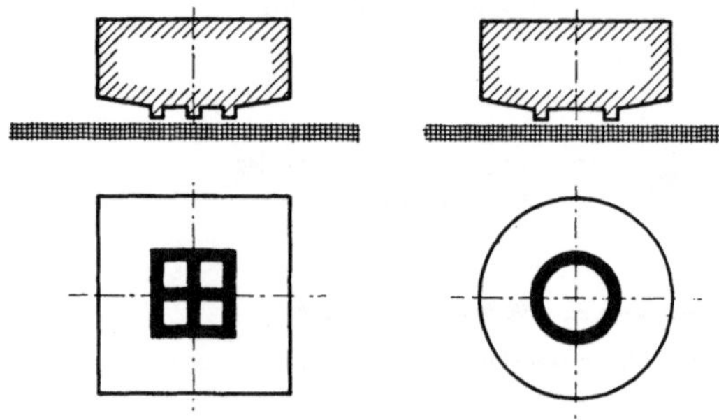

Abb. 39. Einflächenlagerung eines steifen Baukörpers mit verringerter Aufstandsfläche

Die Grundform einer Vollsicherung mit Zweiflächenlagerung zeigt Abb. 40. Es ist zu beachten, daß der Mittelteil zwischen den beiden Auflagern möglichst nahe über den Auflagerfugen anschließen soll, damit die Momente aus der Horizontalkraft der Auflagerreibung möglichst klein bleiben. Hat das Bauwerk eine Form, wie sie Abb. 41 zeigt, so empfiehlt sich die Einfügung einer horizontalen Scheibe unter den beiden Flächenlagern. Diese bedarf keiner Biegesteifigkeit, sie muß nur auf Zerrung, Pressung und Knickung bemessen werden. Unterhalb der Scheibe liegen die eigentlichen Fundamentkörper, die durch eine Gleitfuge von ihr abgetrennt werden. Die Einfügung einer besonderen Scheibe, welche eine Abstandshaltung nach dem Widerstandsprinzip erzielt, hat in der Hauptsache den Zweck, daß die Kräfte aus der Längenänderung unmittelbar am Ort der Kraftübertragung aus der Bodenbewegung aufgenommen und nicht in Form von Momenten und Querkräften in die aufgehende Konstruktion übergeleitet werden. Die Abtrennung der eigentlichen Fundamentkörper von dieser Zwischenscheibe beschränkt die Kräfte aus der Horizontalverschiebung auf den Anteil der Reibung. Es entfällt der seitliche Erddruck auf die lotrechten Begrenzungen der beiden Fundamente.

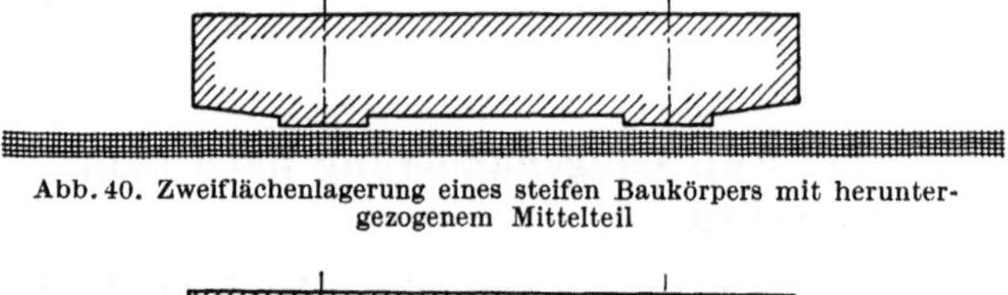

Abb. 40. Zweiflächenlagerung eines steifen Baukörpers mit heruntergezogenem Mittelteil

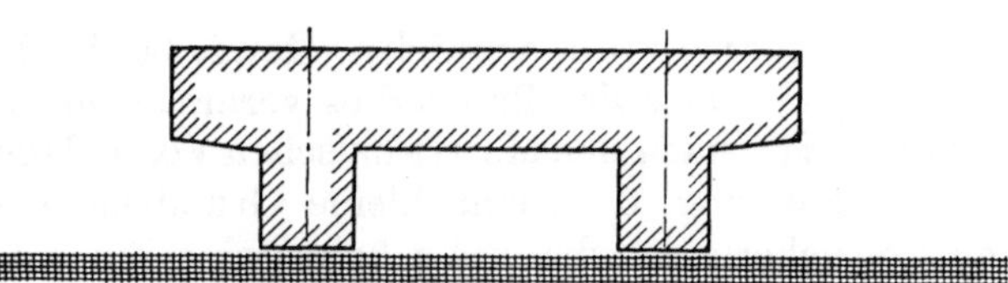

Abb. 41. Zweiflächenlagerung eines steifen Baukörpers mit hochliegendem Mittelteil

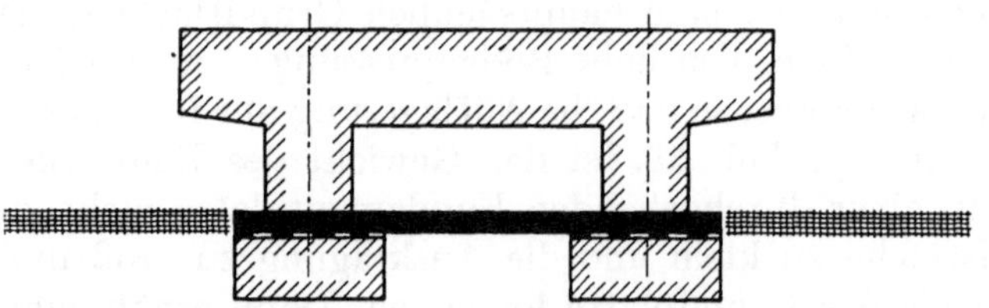

Abb. 42. Zweiflächenlagerung eines steifen Baukörpers mit Abstandshaltung durch eine waagerechte Scheibe

Diese Lösung, vgl. Abb. 42, wurde vom Verfasser entwickelt und wird sowohl bei einer Zweiflächen- als auch bei einer Vierpunktlagerung häufig angewandt, wenn der aufgehende Baukörper torsionssteif ist und somit bei ungleichmäßiger Senkung eine Lagerung auf nur drei Punkten erfahren darf. Eine derartige Vierpunktlagerung auf vier Einzelfundamenten zeigt Abb. 43. Die Scheibe, welche die Abstandshaltung der Auflagerfüße des aufgehenden Baukörpers sichert, ist durch Gleitfugen von den Fundamenten getrennt. Man könnte fragen, weshalb eine Vierpunktlagerung und nicht auch schon im Ruhezustand eine Dreipunktlagerung vorgesehen wird, wenn im Bergschadensfall doch nur drei Punkte tragen sollen, oder wenn mindestens das aufgehende Tragwerk für diesen Unterstützungsfall ausreichend bemessen werden muß. Das hat verschiedene Gründe. Erstens kann man nach dem Prinzip von MAUTNER die Auflagerflächen im Baugrund so klein bemessen, daß beim Ausfall eines Stützpunktes die anderen überlastet werden und nachgeben, bis auch das ausgefallene Fundament wieder mitträgt. Zweitens läßt man im Bergschadensfall höhere Beanspruchungen in der Konstruktion zu. Es wäre teurer, wenn bei rechteckiger Grundfläche die Dreipunktlagerung auch schon im Ruhezustand zugrunde gelegt würde. Am häufigsten gibt aber folgender Grund den Ausschlag: Wenn die Möglichkeit einer ungleichmäßigen Senkung, d. h. einer Krümmung, vom Markscheider für gering erachtet wird, so läßt man eine Formänderung für kurze Zeit zu und gleicht eine ungleiche Senkung durch Anheben und Unterlegen von Futterstücken aus. Die Berücksichtigung einer Hubmöglichkeit kostet wenig, wenn die Lasten punktförmig und

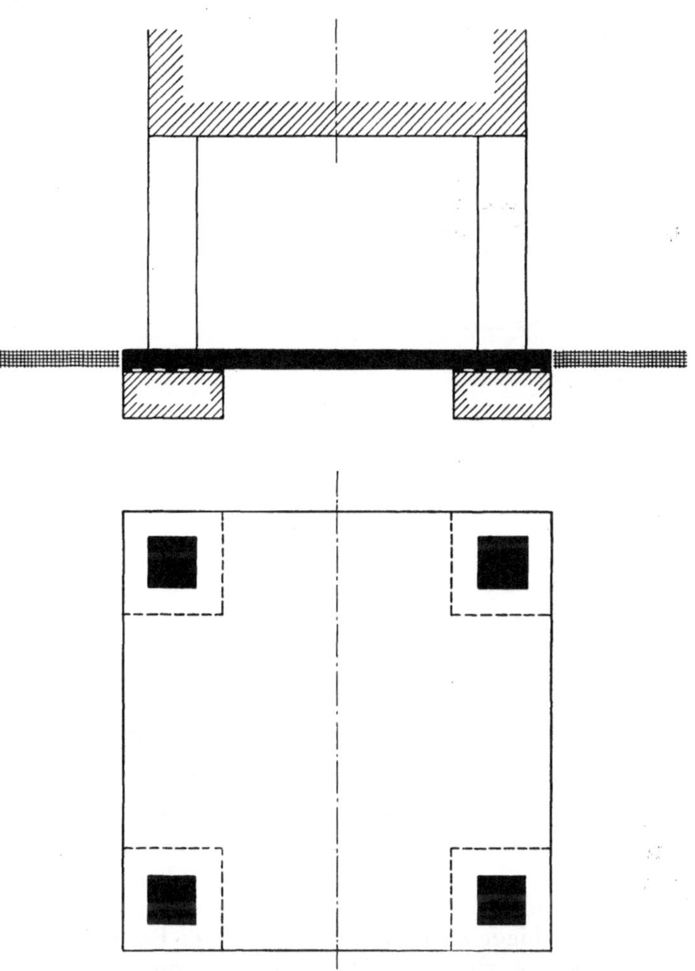

Abb. 43. Vierpunktlagerung eines steifen Baukörpers mit Abstandshaltung durch eine waagerechte Scheibe

noch dazu an einer so geringen Zahl von Auflagern anfallen. Allgemeingültige Regeln für die Wirtschaftlichkeit einer Konstruktion gibt es aber selten, weil sich nicht nur die bergbaulichen Voraussetzungen, sondern auch die Bauobjekte zu mannigfaltig unterscheiden.

2.42 Berücksichtigung der Krümmung und Längenänderung nach dem Ausweichprinzip

Man kann diese zweite Variante als die ideale Grundform einer Vollsicherung bezeichnen. Der Vorschlag ist erstmalig von KAYSER im Jahre 1929 gemacht worden. In Abb. 44 und 45 ist sowohl die Konstruktion mit Rollenlagern als auch mit Pendelwänden dargestellt. In statischer Hinsicht erfüllen beide Arten der Unterstützung den gleichen Zweck. Ausführungen entsprechend der Darstellung von Abb. 45 sind dem Verfasser nicht bekannt. Wenngleich sich dieser Gedanke nur bei wenigen Bauwerksarten verwirklichen läßt, so stellt er doch eine besonders wirtschaftliche konstruktive Lösung dar. Es ist bedauerlich, daß der Vorschlag von KAYSER offenbar völlig in Vergessenheit geraten ist. Eine Ausführung gemäß Abb. 44 wird in Abschnitt 4, S. 140 u. 141, beschrieben.

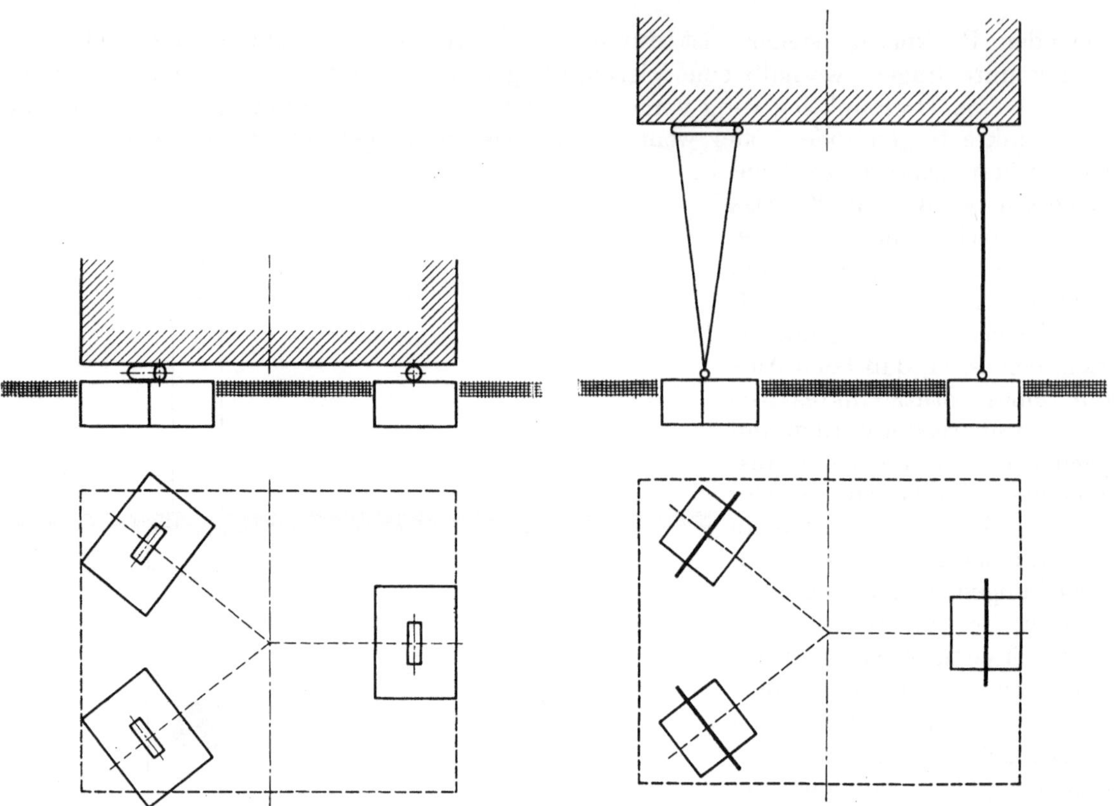

Abb. 44. Dreipunktlagerung mit Rollenlagern   Abb. 45. Dreipunktlagerung mit Pendelwänden (nach KAYSER)

2.43 Berücksichtigung der Krümmung nach dem Widerstandsprinzip, der Längenänderung nach dem Ausweichprinzip

Für eine *Einflächenlagerung* kommt diese Variante kaum in Frage. Wenn ein Bauwerk bereits biegungs- und verdrehungssteif für eine beliebige Krümmung ausgebildet wird, so verursacht die Aufnahme der anfallenden Reibungskräfte in den waagerechten Auflagerflächen meist keine zusätzlichen Kosten. Das erklärt sich aus folgender Überlegung: Bei sattelförmiger Krümmung entsteht im Baukörper eine äußere Freilage, die Bauwerksenden kragen seitlich aus. Dadurch entstehen in der Unterkante des Baukörpers, d. h. in der Bodenfuge, Druckkräfte. Gleichzeitig mit einer sattelförmigen Krümmung tritt aber eine Längenänderung nur in Form einer Dehnung auf. Diese Dehnung überträgt in die Bauwerkssohle Zugkräfte und verringert somit nur die Druckkräfte, welche von dem Kragmoment ausgelöst sind. Im Falle einer muldenförmigen Krümmung entstehen in der Unterkante des Baukörpers Zugkräfte, denen im allgemeinen Druckkräfte aus der Verkürzung des Baugrundes gegenüberstehen. Nur in dem selteneren Fall, daß es sich um eine Sekundärmulde im sattelförmigen Dehnungsbereich handelt, können sich die Zugkräfte aus den Biegemomenten infolge der Freilage und aus der Dehnung des Baugrundes addieren. Eine etwaige Zunahme der Druckkräfte in den Betonfundamenten ist nebenbei im allgemeinen völlig ungefährlich und wird meist von diesem Baustoff ohne irgendwelche Verstärkungen aufgenommen.

Bei *Zweiflächenlagerungen* läßt sich hingegen diese Konstruktion häufiger anwenden, bei der der eigentliche Baukörper biegungs- und verwindungssteif ausgebildet ist, während die Längenänderung nach dem Ausweichprinzip nicht durch Abstandshaltung in der Fundamentebene aufgenommen werden soll. In Abschn. 2.41, S. 49ff., war bereits erwähnt, daß es unwirtschaftlich ist, die waagerechten Kräfte aus der Dehnung oder Verkürzung des Baugrundes im Bauwerk aufzunehmen, wenn die beiden Auflager des Bauwerkes nicht dicht über der Auflagerfuge miteinander verbunden sind, vgl. Abb. 41. Dann kann es wirtschaftlicher sein, über dem einen Auflager gemäß Abb. 46 eine Rollenlagerung oder eine Pendelkonstruktion auszubilden, als gemäß Abb. 42 zusätzlich eine Scheibe zur Abstandshaltung anzuordnen.

Für andere Lagerungsverhält-
nisse als für die Zweiflächenlagerung, bei der die Lasten der aufgehenden Konstruktion streifen-
förmig oder auch in vier Punkten
heruntergeführt werden, eignet
sich diese Konstruktionsart nicht.
Wenn die Last in mehr als vier

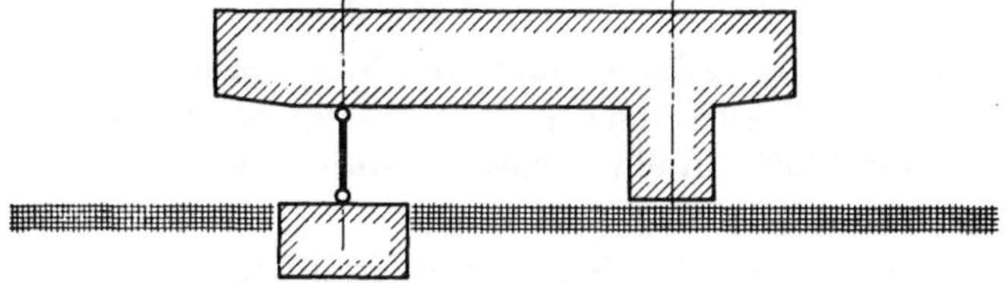

Abb. 46. Zweiflächenlagerung ohne Abstandshaltung

Punkten nach unten abgetragen wird, fallen bei einer Krümmung die weiteren Unterstützungen praktisch aus. Ein biegungs- und verwindungssteifer Baukörper stützt sich
zwangsläufig bei einer Krümmung auf nur drei oder vier Auflager. Schafft man noch
mehr Unterstützungen, so wechseln die tragenden und nichttragenden Stützen je nach
der Form der Krümmung. Damit ändert sich der Kräfteverlauf im steifen Baukörper,
und man muß diesen für alle möglichen Unterstützungsfälle bemessen. Dann ist es
wesentlich wirtschaftlicher, von vornherein nur die notwendige Anzahl Stützen zu wählen.

2.44 Berücksichtigung der Krümmung nach dem Ausweichprinzip und der Längenänderung nach dem Widerstandsprinzip

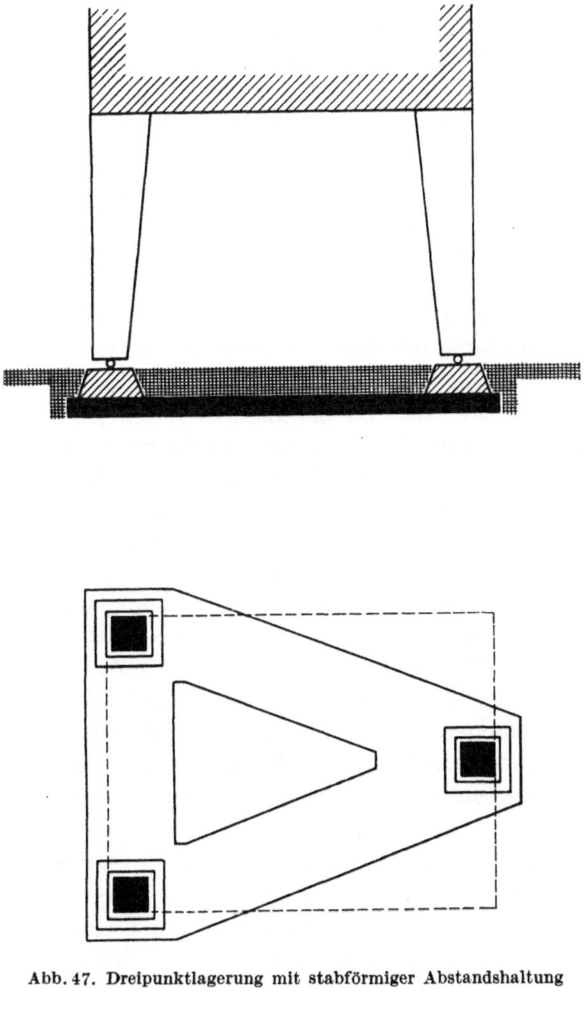

Abb. 47. Dreipunktlagerung mit stabförmiger Abstandshaltung 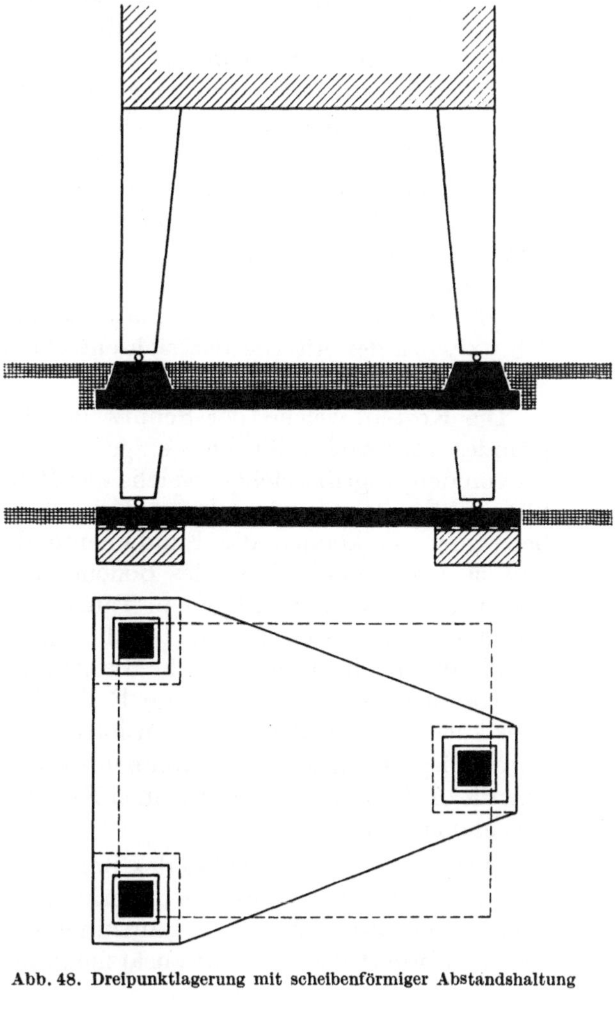   Abb. 48. Dreipunktlagerung mit scheibenförmiger Abstandshaltung

Die Forderung, daß ein steifer Baukörper aus der Krümmung des Baugrundes keine zusätzlichen Beanspruchungen erhalten soll, bedeutet eine Auflagerung auf drei Punkten. Will man eine Abstandsänderung der drei Punkte in waagerechter Richtung verhindern, so kommt man zu einer Bauform, die sich wenig von der Abb. 45 unterscheidet. Die drei Pendelscheiben können dann durch eine steife Bockkonstruktion ersetzt werden. Die Fußpunkte des dreibeinigen Bockes müssen entweder durch drei Stäbe oder durch eine durchlaufende Platte in einer waagerechten Ebene miteinander verbunden werden, vgl. Abb. 47 und Abb. 48.

Welche der vier Konstruktionsmöglichkeiten einer Vollsicherung im Einzelfall den Vorzug verdient, richtet sich vornehmlich nach der zweckgebundenen Form des Bauwerkes. Für gedrungene Baukörper bevorzugt man das Widerstandsprinzip, empfindliche und feingliedrige Konstruktionen lassen sich meist wirtschaftlicher nach dem Ausweichprinzip konstruieren.

2.5 Die Möglichkeiten einer Teilsicherung

2.51 Voraussetzungen der Anwendbarkeit

Die Teilsicherung als besondere Konstruktionsform ist das Ergebnis einer Wirtschaftlichkeitsüberlegung, bei der die Mehrkosten einer vom üblichen abweichenden Bauweise mit dem Risiko verglichen werden, welches man eingeht, wenn man keinerlei Vorkehrungen gegen die Folgen des Bergbaues trifft. Die erste Frage lautet nicht *wie*, sondern *ob* überhaupt vorsorgliche Maßnahmen zu treffen sind, wenn diese mit Mehrkosten verknüpft sind. Um hierauf antworten zu können, muß man die Größenordnung der Kosten abschätzen. Deshalb mußten zunächst die technischen Voraussetzungen erörtert werden. Die zweite Frage betrifft den *Umfang* der Vorkehrungen zur Teilsicherung. Will man eine wirtschaftliche Lösung finden, so darf man nicht nach einem festen Schema vorgehen. Man muß sich klarmachen, daß jede Einzelkonstruktion einen bestimmten Zweck hat und weder zu schwach noch zu stark bemessen werden darf. In statischer Hinsicht besteht die vorliegende Aufgabe nur aus zwei Lastfällen, die in zweierlei Formänderungen des Baugrundes von *begrenztem* Ausmaß bestehen. Diese Besonderheit in der Art der Belastung führt erst zu der Alternative, sich entscheiden zu müssen, ob man der Bodenverformung widerstehen oder ausweichen will.

Die Kosten, welche der Schutz des Bauwerkes vor der *Längenänderung* des Baugrundes verursacht, hängen weniger von dem Ausmaß der Dehnung oder Verkürzung ab als von den Angriffsflächen, welche das Bauwerk bietet. Befindet sich der eigentliche Baukörper oberhalb der Erdoberkante und damit außerhalb des Lastangriffs der Bodenbewegung, so können die Fundamente durch Zwischenglieder abgetrennt werden, so daß sie einer Verschiebung des Bodens folgen können. Hierdurch brauchen keine beachtlichen Mehrkosten zu entstehen. Taucht dagegen der eigentliche Baukörper in den Baugrund ein, so leisten dessen Berührungsflächen der Verschiebung des Bodens Widerstand. Wie hoch die Kosten für die Aufnahme der anfallenden Kräfte werden, hängt in der Hauptsache davon ab, ob nur Reibungskräfte in den waagerechten Berührungsflächen oder auch Erddruckkräfte in den lotrechten Wandflächen übertragen und vom Bauwerk durch Biegesteifigkeit aufgenommen werden müssen. In Betonkonstruktionen verursacht nur die Aufnahme der zusätzlichen *Zug*kräfte Mehrkosten, nicht die höhere Druckbeanspruchung des Betons.

Wird der untere Abschluß des Bauwerkes durch eine durchlaufende Fundamentplatte gebildet, so sind die aus einer Verkürzung der Grundfläche übertragenen *Druckkräfte* meist ohne zusätzliche Kosten aufzunehmen. Die *Zerrung* aus einer Dehnung der Grundfläche erfordert dagegen eine zusätzliche Zugbewehrung in der Fundamentplatte. Bezieht man die Kosten hierfür auf die Rohbausumme des Gesamtbauwerkes, so betragen diese im allgemeinen nur wenige Prozent und liegen immer in dem wirtschaftlich tragbaren Bereich einer Teilsicherung. Die Aufnahme der Erddruckkräfte auf lotrechte Berührungsflächen von Bauwerk und Baugrund ist dagegen wesentlich kostspieliger. Der Erddruck nimmt bekanntlich mit dem Quadrat der Tiefe unter der Geländeoberkante zu. Dementsprechend wachsen auch die Kosten.

Die Wirtschaftlichkeit einer Teilsicherung läßt sich nur jeweils von Fall zu Fall beurteilen. Will man aber eine Regel für den Durchschnittsfall aufstellen, so kann man in bezug auf die Längenänderung des Baugrundes folgendes aussagen: Bei allen Bauwerken, welche nicht durch Pendelstützen, Rollenlager oder ähnliche Maßnahmen von der Dehnung oder Verkürzung der Baugrundfläche unabhängig gestaltet werden können, ist eine Abstandshaltung der Fundamente in Erwägung zu ziehen. Die Voraussetzung dafür, daß die Mehrkosten für diese Abstandshaltung in vernünftigen Grenzen bleiben, ist nur dann gegeben, wenn im wesentlichen nur Reibungskräfte in den waagerechten Berührungsflächen anfallen und keine bzw. nur geringe Erddruckkräfte in lotrechten Berührungsflächen aufgenommen werden müssen.

Die Folgen der Längenänderung des Baugrundes haben den weitaus größten Anteil an den gesamten Bergschäden. Infolgedessen ist die Berücksichtigung dieses Lastfalles ein notwendiger Bestandteil der Teilsicherung. Werden die Kosten hierfür zu groß, weil sich die vorerwähnte Voraussetzung nicht schaffen läßt, so empfiehlt es sich, auch von Aufwendungen zur Berücksichtigung der Krümmung Abstand zu nehmen, lediglich kann eine Zerlegung des Baukörpers in kleinere Abschnitte erwogen werden.

Während sich also eine Teilsicherung hinsichtlich des zweiten Lastfalles — der Längenänderung — nicht von einer Vollsicherung unterscheidet, trennen sich die Wege bei der Berücksichtigung der *Krümmung*. Eine Vollsicherung geht von einer *beliebig geformten Senkungskurve* mit unstetigem Verlauf aus. Jeder Bauwerksteil, der als Einzelbaukörper behandelt wird, muß dann biegungssteif sein. Die Teilsicherung ist hingegen an die Voraussetzung gebunden, daß die Senkung nach einer *stetigen Kurve* verläuft, deren kleinster Krümmungshalbmesser *der Nachgiebigkeit des* betreffenden *Bauwerkes* entspricht.

Es wird somit erstens eine Begrenzung der auftretenden Krümmung und zweitens eine entsprechende Nachgiebigkeit der Baukonstruktion — in bezug auf eine Biegung um eine waagerechte Achse — vorausgesetzt.

Wenn die Senkungskurve unstetig verläuft, d. h. wenn sich treppen- oder terrassenförmige Absätze bilden, so bricht das Bauwerk über dem Absatz auseinander. Die Schäden in den durch diesen Bruch entstandenen Abschnitten werden wahrscheinlich durch eine Abstandshaltung in der Gründungssohle nicht beeinflußt. Erfahrungen dieser Art besitzt der Verfasser nicht, weil man es im allgemeinen vermeidet, in einer derart gefährdeten Zone überhaupt zu bauen. Zweifellos verringert sich aber das Ausmaß des Bruches, wenn das Bauwerk in kleine Einzelbaukörper unterteilt wird.

Ist die zweite Forderung der ausreichenden Nachgiebigkeit des Baukörpers, d. h. die Anpassung seiner Biegsamkeit an den fraglichen Krümmungshalbmesser, nicht zu erfüllen, dann treten zwar Schäden infolge der Krümmung auf, diese lassen sich aber in vielen Fällen durch eine geeignete Konstruktion der Bauwerke wesentlich mildern. Eine Teilsicherung, durch welche die Auswirkung der waagerechten Längenänderung des Baugrundes aufgefangen wird, erfüllt dann immer noch zur Hauptsache ihren Zweck, weil die Schäden aus der Krümmung im Verhältnis zu den Auswirkungen der Abstandsänderung der Fundamente meistens gering sind.

Sind beide Voraussetzungen erfüllt, daß erstens die Senkungskurve stetig — ohne Absätze — verläuft und zweitens der Baukörper so biegsam ist, wie es die Krümmung erfordert, so *ersetzt* die Teilsicherung eine Vollsicherung.

2.52 Gemeinsames Kennzeichen jeder Art der Teilsicherung

Eine Teilsicherung unterscheidet sich von einer Vollsicherung nur in der Berücksichtigung der Krümmung. Hinsichtlich des ersten Belastungsfalles — der waagerechten *Längenänderung* des Baugrundes — stehen der Teilsicherung die gleichen Möglichkeiten nach dem Widerstands- und Ausweichprinzip zu Gebote wie der Vollsicherung auch. Dagegen berücksichtigt man bei einer Teilsicherung den zweiten Belastungsfall — die lotrechte *Krümmung* der Baugrundsohle — *ausschließlich* nach dem Ausweichprinzip, auch wenn damit keine vollständige Schadensfreiheit des Bauwerkes erreicht werden kann.

Grundsätzlich ist damit das Wesen der Teilsicherung eindeutig abgegrenzt. Eine Teilsicherung läßt sich aber noch durch eine zusätzliche Maßnahme wesentlich vervollkommnen. Man läßt das Bauwerk zwar der Krümmung so lange folgen, als es die Nachgiebigkeit der Konstruktion gestattet, aber man schafft gleichzeitig die Möglichkeit einer späteren Wiedergeraderichtung und sieht die notwendigen Einrichtungen zum Heben vor. Wenn keine Gefahr einer plötzlichen Absatzbildung besteht, so erreicht man mit einer wieder ausrichtbaren Teilsicherung fast das gleiche wie mit einer Vollsicherung. Das betreffende Bauwerk muß dann aber unter ständiger Beobachtung der Zeche stehen, deren Markscheider ja den Zeitpunkt kennt, wann die Abbaueinwirkung über Tage zu erwarten ist. Es lassen sich selbstverständlich auch mechanische Meldegeräte einbauen, welche selbsttätig die Höhenunterschiede jedes Meßpunktes aufzeichnen. Die Mehrausgabe für eine derartige Apparatur dürfte sich aber nur in seltenen Fällen lohnen.

Der Gedanke, Vorkehrungen zur späteren Hebung sowohl voll- als auch teilgesicherter Bauwerke zu treffen, ist schon uralt. Insbesondere lassen sich alle Bauwerke, deren Lasten an *einzelnen Punkten* abgetragen werden, d. h. alle auf einzelnen Stielen aufgeständerten Gerippebauten aus Stahl oder Stahlbeton, ohne erhebliche Mehrkosten zum Heben einrichten. Wenn aber Bauwerke außerhalb des Bergbaugeländes billiger mit tragenden Mauerwerkswänden erstellt und nur mit Rücksicht auf den Bergbau in Gerippebauten verwandelt werden, dann entstehen beachtliche Mehrkosten dadurch, daß die Lasten an einzelnen Punkten abgefangen und dann bei der Übertragung in den Baugrund wieder auf Flächen verteilt werden müssen. Wenn also von interessierter Seite der Vorteil und geringe Kostenaufwand einer Hubvorrichtung angepriesen wird, dann muß man zunächst prüfen, ob nicht eine Umwandlung eines einfachen Mauerwerksbaues in einen Gerippebau stillschweigend vorausgesetzt wird.

Am Ende der dreißiger Jahre ist vom Verfasser ein Verfahren zur *flächenförmigen Hebung* der Fundamentplatten entwickelt worden, das in besonderen Fällen angewandt werden kann und sich auch bereits bewährt hat. Der Grundgedanke des Verfahrens ist sehr einfach. Man hat schon früher Bauwerke dadurch angehoben, daß man in den Untergrund Zementmilch einpreßte, die nach der Erhärtung blätterteigartige Schichten im Boden bildet und das betreffende Gelände um das entsprechende Maß anhebt. Ähnlich ist man bei dem schiefen Turm von Pisa vorgegangen, als man der fortschreitenden Setzung begegnen wollte. Der Nachteil einer willkürlichen hydraulischen Zementeinpressung besteht darin, daß die eingepreßte Zementschlämme nach dem Prinzip des geringsten Widerstandes einen seitlichen Ausweg sucht, wo der Boden nicht durch Bauwerke belastet und infolgedessen leichter anzuheben ist, und daß viel Material nutzlos injiziert wird. Will man nun einerseits die Menge der Schlämme auf das notwendige Maß beschränken und andererseits genau diejenigen Flächenteile anheben, welche abgesunken sind, so liegt der Gedanke nahe, den Hubraum künstlich durch eine untere und seitliche Umschließung abzugrenzen und dann nach dem Prinzip der hydraulischen Presse zu arbeiten. Die Schaffung eines allseits umschlossenen Hubraumes ist konstruktiv einfach und auch verhältnismäßig billig, vgl. Abb. 49, in der die Hubvorrichtung der Zweiflächenlagerung einer Koksofenbatterie von etwa 20000 t Gewicht dargestellt ist. Während man zum Anheben ohne geschlossenen Hubraum große Drücke braucht, weil der größte Teil der angewandten Kraft nutzlos seitlich entweicht, benötigt man bei fester Umschließung nur einen Druck, der um ein geringes größer als die Bodenpressung ist. Letztere beträgt meistens zwischen 1 und 3 kg/cm², das ist nur etwa ein Drittel des Druckes einer städtischen Wasserleitung. Zunächst wurde das Verfahren so ausgebildet, daß man das Bauwerk mit Wasser unter Verwendung von Gartenschläuchen anhob, anschließend Feinsand einspülte und gleichzeitig die Höhe des Hubes durch Ablassen des eingepreßten Wassers regulierte. Es ist aber schwierig, auf Millimeter genau den eingespülten Sand an die gewünschte Stelle der Grundfläche zu schaffen. In der Nähe des Einpreßstutzens entsteht leicht eine Auskolkung, sobald die Geschwindigkeit der Wasserzuführung zu groß wird.

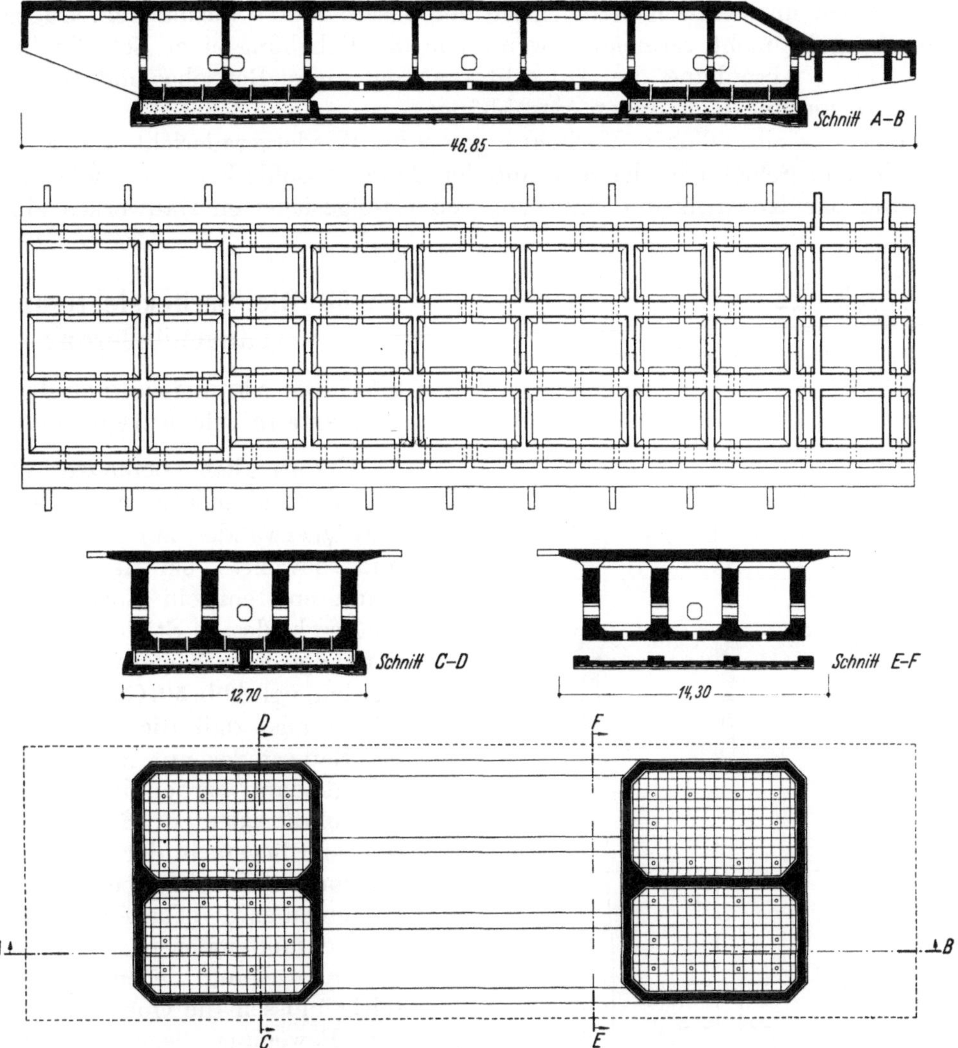

Abb. 49. Steifer Kokereiunterbau mit Zweiflächenlagerung und Hubvorrichtung

Infolgedessen ist es zweckmäßiger, unmittelbar eine thixotrope Zementschlämme, deren Zusammensetzung von Bernatzik entwickelt wurde, einzupressen, ohne vorher mit Wasserdruck anzuheben.

Da es sich um die Aufgabe handelt, nur einzelne Teile der Grundfläche um das Maß der ungleichmäßigen Senkung wieder anheben zu können, ging der Verfasser dazu über, den Hubraum kassettenförmig zu unterteilen, damit man den Hubvorgang besser beherrscht. Um an jeder gewünschten Stelle der Grundfläche einpressen zu können, benötigt man oberhalb der Grundplatte einen freien Raum. Bei kleineren Baukörpern kann man auch die Einpreßrohre seitlich herausführen und von außen her bedienen.

Technisch läßt sich die Aufgabe leicht lösen, Vorkehrungen zur späteren Hebung zu schaffen. Viel schwieriger ist die *wirtschaftliche* Entscheidung, ob sich eine derartige vorsorgliche Maßnahme lohnt. Das trifft nur in Ausnahmefällen zu. Es wäre recht interessant, zu ermitteln, in wieviel Prozent aller Fälle die eingebauten Hebevorrichtungen tatsächlich später in Tätigkeit gesetzt wurden. Diese Fälle sind außerordentlich selten und werden meist als Schreckschüsse sehr ausgiebig veröffentlicht. Leider müssen meistens gerade diejenigen Bauwerke wieder angehoben und ausgerichtet werden, bei denen man keine Vorkehrungen getroffen hat. Nach Ansicht des Verfassers ist bei den üblichen Hochbauten eine Hebekonstruktion nur dann zu befürworten, wenn die damit verbundenen Mehrkosten nur einen unwesentlichen Bruchteil der Gesamtkosten ausmachen. Dagegen läßt sich diese Ausgabe nicht vermeiden, wenn von der Behebung einer Schiefstellung oder ungleichmäßigen Absenkung die Aufrechterhaltung eines Betriebes industrieller, verkehrs- oder versorgungstechnischer Art abhängt.

Die Frage der zusätzlichen Vorkehrungen zum Wiedergeraderichten der Bauwerke für den Fall einer Schieflage oder Wölbung der Bauwerkssohle kann von der allgemeinen Beschreibung der Konstruktion eines voll- oder teilgesicherten Bauwerkes abgetrennt werden.

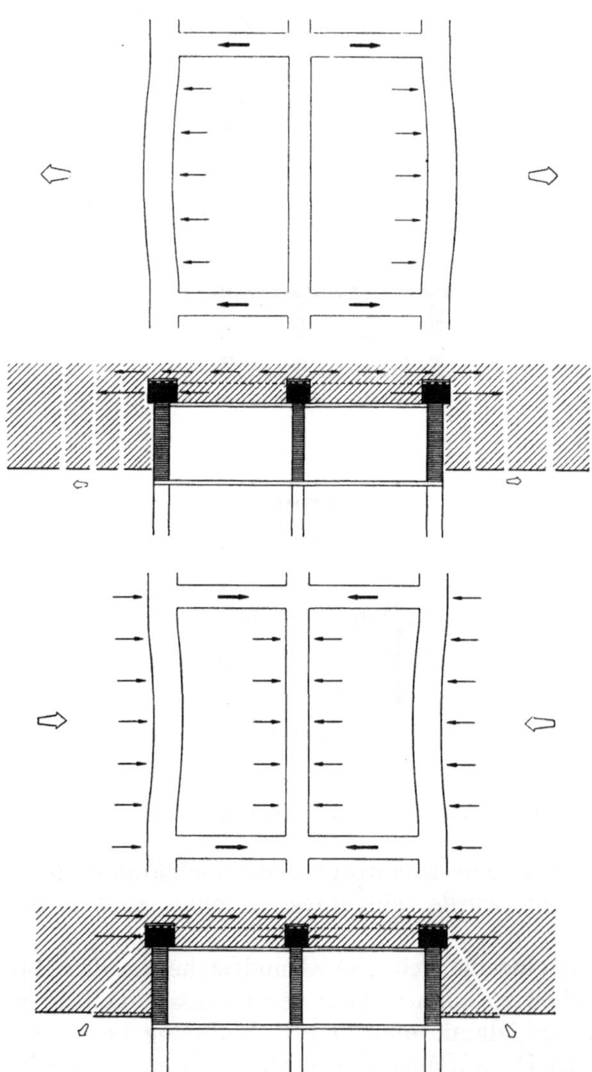

Abb. 50. Verhalten eines Rostes, der aus Streifenfundamenten gebildet wird, bei einer Längenänderung des Baugrundes

2.53 Die Berücksichtigung der Längenänderung

2.531 Die Abstandshaltung der Fundamente in beiden Achsrichtungen

Ursprünglich benutzte man die Streifenfundamente unter den Längs- und Querwänden zur Abstandshaltung und bewehrte sie dementsprechend. Dann entsteht ein horizontales Rahmenwerk, dessen Stiele und Riegel von der Lage der Kellerwände bestimmt werden, vgl. Abb. 50. Geht man zunächst davon aus, daß die Längenänderung des Baugrundes nur in einer Richtung erfolgt, dann werden die Streifenfundamente, die quer zur Bodenbewegungsrichtung liegen, in der Hauptsache auf horizontale Biegung beansprucht. Die Biegemomente pflanzen sich in den Streifenfundamenten, die parallel zur Bodenbewegung liegen, fort. Gleichzeitig müssen die Querkräfte der quer zur Bewegung liegenden Riegel als Längskräfte übernommen werden. Technisch ist gegen eine Abstandshaltung durch Streifenfundamente nichts einzuwenden. Die Streifenfundamente müssen dann aber so bemessen werden, daß sie die aus der Längenänderung des Bodens übertragenen Kräfte auch tatsächlich aufnehmen können. Wie in Abschn. 2.2 (S. 36 ff.) ausgeführt, erfolgt die Lastübertragung einerseits durch Reibung an den Unterflächen und andererseits durch Erddruck auf die Seitenflächen der Streifenfundamente. Ein Rahmen ist aber bekanntlich eine verhältnismäßig kostspielige Konstruktionsform, weil die Nutzhöhe der Riegel und Stiele beschränkt ist und daher die Aufnahme der horizontalen Biegemomente eine starke seitliche Bewehrung erfordert.

Ein horizontales Rahmenwerk dieser Art hat — abgesehen von den erheblichen Kosten der erforderlichen Bewehrung — noch den Nachteil einer zu großen Verformbarkeit. Bei schräger Kraftrichtung findet eine Verdrehung statt, vgl. Abb. 31, S. 38, bei der sich der Grundriß horizontal krümmt. Zum Schutz des Bauwerkes muß daher in der Gründungsebene eine waagerechte Steifigkeit angestrebt werden. Diese erreicht man bei allen Rahmengebilden am einfachsten dadurch, daß man ihre Eckpunkte durch Diagonale miteinander verbindet. Deshalb ging der Verfasser zunächst dazu über, die Fundamentbalkenroste durch schräge Zwischenglieder auszusteifen. Abb. 51 zeigt eine derartige Ausführung einer Fundamentsicherung an einem Krankenhaus. Hier mußte der Heizungstiefkeller vom aufgehenden Bauwerk abgetrennt werden, die Decke dieses Tiefkellers wurde in die Abstandssicherung des Balkenrostes mit einbezogen.

Bei der Überlegung, wie man eine scheibenartige Abstandssicherung der Fundamente mit geringeren Kosten erreichen kann, liegt der Gedanke nahe, statt eines rahmenartigen, aus einzelnen Streifen bestehenden Fundamentrostes eine *durchgehende Platte* anzuordnen. Dann entfallen die Erddruckkräfte in den Seitenflächen der Streifenfundamente, die nunmehr entweder oberhalb der durchgehenden Platte, vgl. Abb. 52a, oder, durch eine *Gleitfuge* abgetrennt, unterhalb der Platte liegen, vgl. Abb. 52b. Ist eine Tiefgründung erforderlich,

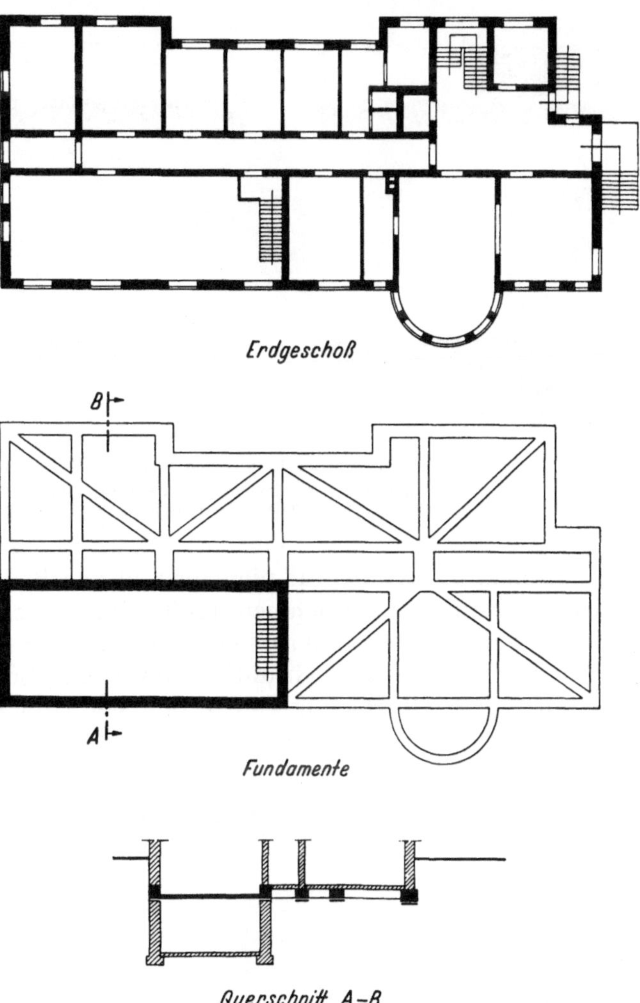

Abb. 51. Versteifung eines Fundamentrostes durch Diagonalrippen

bei der die Stiellasten punktförmig durch ein Pfahlbündel oder einen Brunnen in die tragfähigen tieferen Schichten des Baugrundes übertragen werden, so muß der Pfahl- oder Brunnenkopf durch eine Gleitfuge von der durchgehenden Platte abgetrennt werden, vgl. Abb. 53. Bedenken hinsichtlich der Standsicherheit der Pfähle, welche im Bergschadensfall außer ihrer lotrechten Last die waagerechte Reibungskraft in der Gleitfuge aufnehmen müssen, bestehen nach allen bisherigen Erfahrungen nicht. Das erklärt sich daraus, daß diese Reibungskraft immer nur gleichzeitig mit der Auflast auftritt. Auch bei einer Krümmung der Pfahlachsen findet ein Ausknicken der Pfähle wegen des umgebenden Erdreichs nicht statt. Würde man die Reibungskraft in der Gleitfuge durch die Steifigkeit eines Pfahlbockes aufnehmen wollen, so verteuerte sich die Gründung durch die zusätzlichen Schrägpfähle erheblich, ohne irgendeinen Vorteil zu erzielen. Es widerspricht auch dem Sinn einer Teilsicherung, wenn man ohne zwingende Gründe ein Bauglied nach dem Widerstandsprinzip steif ausbildet, das die auftretende Formänderung ohne Einbuße seiner Tragfähigkeit mitmachen kann. Im Gegenteil folgt aus dieser Überlegung, daß man möglichst schlanke Pfähle verwenden soll. Aus der Größe der zu erwartenden Längenänderung des Baugrundes läßt sich der wünschenswerte Schlankheitsgrad der Pfähle ableiten.

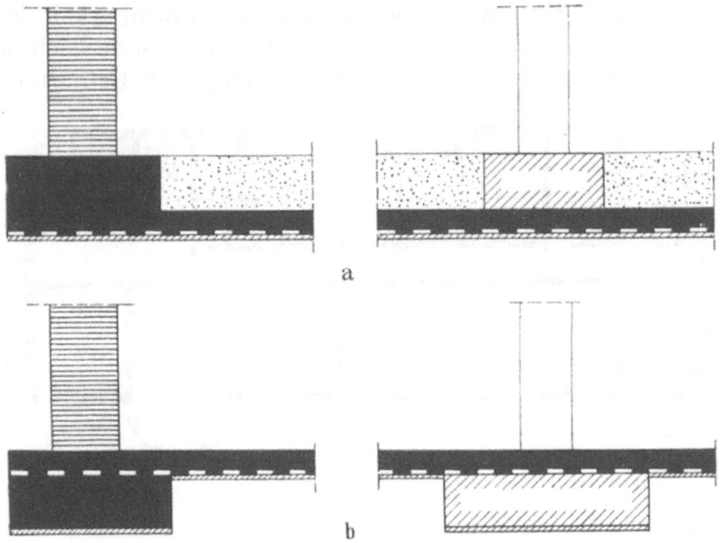

Die Anordnung einer *Gleitfuge* zwischen dem Baugrund einschließlich aller hierin verzahnten Gründungskörper einerseits und der aufgehenden Konstruktion andererseits begrenzt die Kraftübertragung der Längenänderung eindeutig auf die Reibung, die sich genau rechnerisch erfassen läßt. Die Wirtschaftlichkeit dieser Maßnahme steht in jedem Fall außer Frage, schon weil sie die Grundregel berücksich-

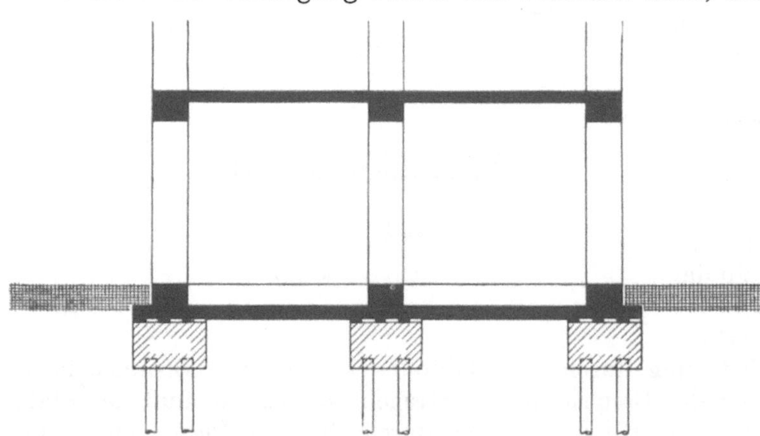

Abb. 52. Schlaffe Platte mit Einzel- und Streifenfundamenten
a Anordnung der Fundamente oberhalb der Platte,
b Anordnung der Fundamente unterhalb der Platte

tigt, daß man die Kräfte gar nicht erst in das Bauwerk leiten soll, damit man sie nicht in der Konstruktion aufnehmen muß. Eine durchgehende Fundamentplatte hat aber wiederum den Nachteil, daß sie bei entsprechender Stärke und Steifigkeit die anfallenden Auflasten auf die gesamte Grundfläche verteilt und dadurch vertikale Biegungsmomente bekommt. Diese Überlegung führte den Verfasser dazu, die durchgehende Fundamentplatte, die zur Abstandshaltung dient, so *dünn* zu bemessen, daß sie in vertikaler Richtung nachgiebig ist. Dann erhält sie keine Biegungsmomente bzw. nur solche von geringer Größenordnung und wirkt lediglich als horizontale Scheibe. Zum Unterschied von den biegungssteifen Fundamentplatten, welche die Last auf die gesamte Grundfläche verteilen, wird diese dünne Scheibe

Abb. 53. Trennung von Pfahlgründung und Bauwerk durch Gleitfuge

vom Verfasser als *schlaffe Platte* bezeichnet. Diese Konstruktion hat sich während der vergangenen zwanzig Jahre in den Bergbaugebieten allgemein eingeführt und als Mittel zur Abstandshaltung der Fundamente bewährt.

Es gibt aber auch eine große Anzahl von Bauwerken, welche entweder so schwer sind oder auf so weichem Baugrund stehen, daß die gesamte Grundfläche zur Lastübertragung benötigt wird. In diesem Falle muß die Grundplatte in vertikaler Richtung steif genug sein, um die Biegungsmomente aus der Lastverteilung aufnehmen zu können. Eine derartige steife Fundamentplatte eignet sich auch sehr gut zur zweiachsigen Abstandshaltung, sie bedarf aber einer entsprechenden Bewehrung zur Aufnahme der aus der Reibung an der Unterfläche übertragenen Längskräfte. Mit Rücksicht auf die zusätzliche Beanspruchung der Platte aus einer Krümmung der Baugrundsohle empfiehlt es sich, ihre Nutzhöhe nicht zu groß zu wählen.

2.532 Die Abstandshaltung der Fundamente in nur einer Achsrichtung

Die Verbindung der Gebäudefundamente durch eine durchlaufende Fundamentplatte ist an zwei Voraussetzungen gebunden. Erstens muß der hierfür erforderliche Raum zur

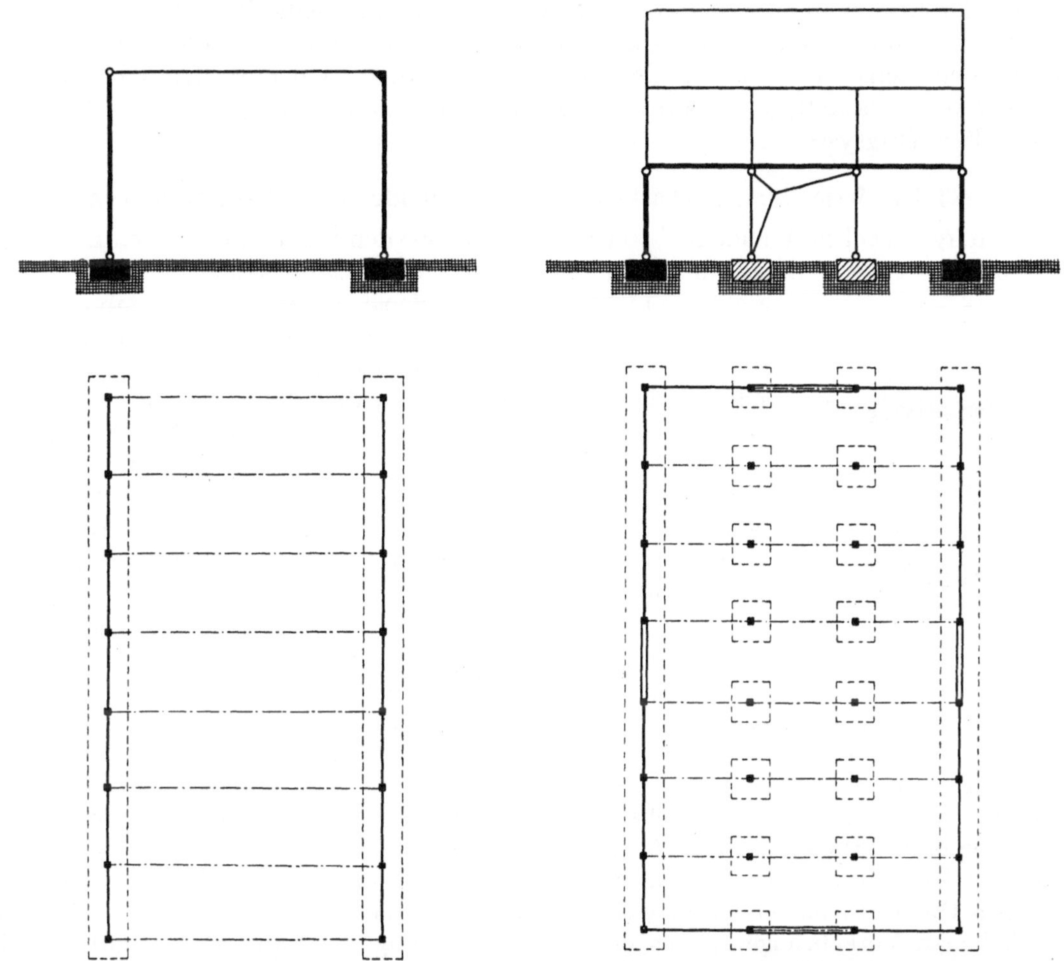

Abb. 54. Einschiffige offene Halle mit Abstandshaltung der Stielfüße unter den Längswänden

Abb. 55. Gerippebau mit inneren Pendelstützen und Abstandshaltung der Stielfüße unter den Längswänden

Verfügung stehen. In Hallen und Betriebsgebäuden jeglicher Art trifft dieses häufig nicht zu, weil im Innern dieser Bauten Gruben, Kanäle oder Maschinenfundamente unterhalb der Fundamentsohle des eigentlichen Bauwerkes gegründet werden sollen. Zweitens müssen die Kosten für eine derartige Fundamentplatte in angemessenen Grenzen bleiben. Handelt es sich beispielsweise um eine weitgespannte Hallenkonstruktion, so würde eine durchgehende Fundamentplatte zu hohe Kosten verursachen. Unter diesen Umständen muß auf eine durchgehende Abstandshaltung, die in beiden Achsrichtungen wirksam ist, verzichtet werden. Insbesondere gibt es viele Werkstatt- und Hallenbauten, die nicht unterkellert sind, aber allseits oder zum mindesten an beiden Längsseiten von Wänden umschlossen werden. Zumeist handelt es sich um ausgefachte Gerippebauten aus Stahl oder Stahlbeton. Wenn die Fachwerkwände nicht aufgehängt sind, sondern ihre Last mit einem Streifenfundament unmittelbar in den Baugrund abtragen, bedürfen sie einer Abstandshaltung in der Wandrichtung. In diesem Falle wählt man im allgemeinen Streifenfundamente aus Stahlbeton, welche eine Abstandsänderung der Stielfüße in der Wandebene, also in nur einer Richtung, verhindern, vgl. Abb. 54. Da quer zur Wandrichtung aus einem der vorgenannten Gründe keine Abstandshaltung möglich oder wirtschaftlich ist, so müssen die Wandscheiben im untersten Geschoß als Pendelwände ausgeführt werden, damit sie ausweichen können. Bei den meist geringen Winkelverdrehungen zwischen den Wandstielen und den Trägern der untersten Bühne bzw. bei Hallen zwischen den Stielen und den Dachbindern bedarf es im allgemeinen keiner besonderen Gelenkausbildung. Zur Erreichung der Standsicherheit muß dann einerseits die unterste Bühne — oder bei Hallen die Dachdecke — als horizontale Scheibe ausgebildet werden, und zweitens muß in mindestens drei, meist in allen vier Außenwänden je ein Portalfeld oder ein Verband zur Windaussteifung angeordnet werden. Dann entstehen die in Abb. 54 und 55 dargestellten Tragsysteme.

2.533 Die freie Verschiebbarkeit der Fundamente ohne Abstandshaltung

Sofern irgendwelche Wände in fester Verbindung mit den Stielen bis auf den Baugrund heruntergeführt werden, kann man auf eine Abstandshaltung der Stielfüße in der Wandrichtung nicht verzichten. Sonst müßte man sich mit der Möglichkeit von Rissen oder Ausbeulungen in den Wänden abfinden. Reichen dagegen die Wände nicht bis zum Baugrund, oder sind mit anderen Worten die Stiele nicht durch Wände seitlich behindert, so bedarf es — vom technischen Standpunkt aus gesehen — keiner Abstandshaltung der Einzelfundamente, auf denen die Stützen gegründet sind. Mit Ausnahme derjenigen Stiele des untersten Geschosses, welche für die Standsicherheit und für die Aufnahme der anfallenden Horizontallasten (Wind, Kranschub usf.) benötigt werden, können alle übrigen als Pendelstützen ausgebildet werden. Besteht die Aussteifung aus einem Portal oder aus einem kreuzförmigen Windverband, so müssen lediglich die Einzelfundamente unter den beiden

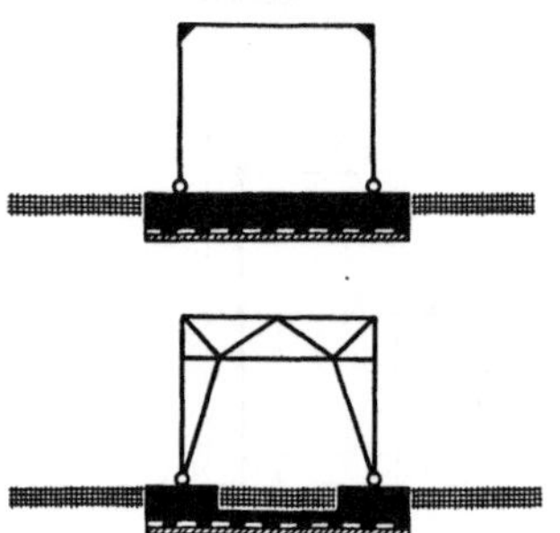
Abb. 56. Abstandshaltung der beiden Stielfüße eines durch Portale oder Windverbände versteiften Wandfeldes

Stielen gemäß Abb. 56 durch ein steifes oder schlaffes Streifenbankett miteinander verbunden werden. Dann entsteht ein Tragsystem, wie es Abb. 57 darstellt.

Ist der Grundriß eines aufgeständerten Bauwerkes zyklisch-symmetrisch, d. h. kreisrund oder von der Form eines gleichseitigen Vielecks, dann kann man den festen Halt in den Mittelpunkt der Grundfläche verlegen und alle sonstigen Unterstützungen als Pendelstiele ausbilden. Diese Konstruktion läßt sich für alle Bauten verwenden, deren Grundfläche ein Quadrat oder ein gedrungenes Rechteck bildet, vgl. Abb. 58. Zu beachten ist nur, daß man Vorkehrungen gegen eine Gesamtdrehung des Bauwerkes (Flettner-Wirkung) treffen muß. Läßt sich dieses Drehmoment nicht durch eine drillsteife Ausbildung des steifen Mittelfundamentes aufnehmen, so ordnet man an ein oder zwei Stellen des äußeren Randes eine Aussteifung gemäß Abb. 56 an.

Bei allen Pendelstützen ist im übrigen noch die Frage offen, ob man Vorkehrungen für eine spätere Verschiebung des Stützenfußes treffen will. In Anbetracht der geringen Längenänderungen, wie sie im allgemeinen im Bergschadensfall auftreten, ist die damit verbundene geringe Schiefstellung der Pendelstützen statisch meist unbedenklich. Das äußere Bild leidet aber natürlich darunter. Die Frage muß also häufig nach ästhetischen Gesichtspunkten entschieden werden. Die Schiefstellung hängt einerseits von der Größe der Längenänderung des Baugrundes und andererseits von der Längen- bzw. Breitenabmessung des betrachteten Bauwerkes oder Bauwerksabschnittes ab. Die Schiefstellung der Stiele nimmt mit ihrem Abstand vom Festpunkt der Portale oder der sonstigen Windaussteifung zu.

Berichtigung

. 58: Abb. 50 steht versehentlich auf dem Kopf.

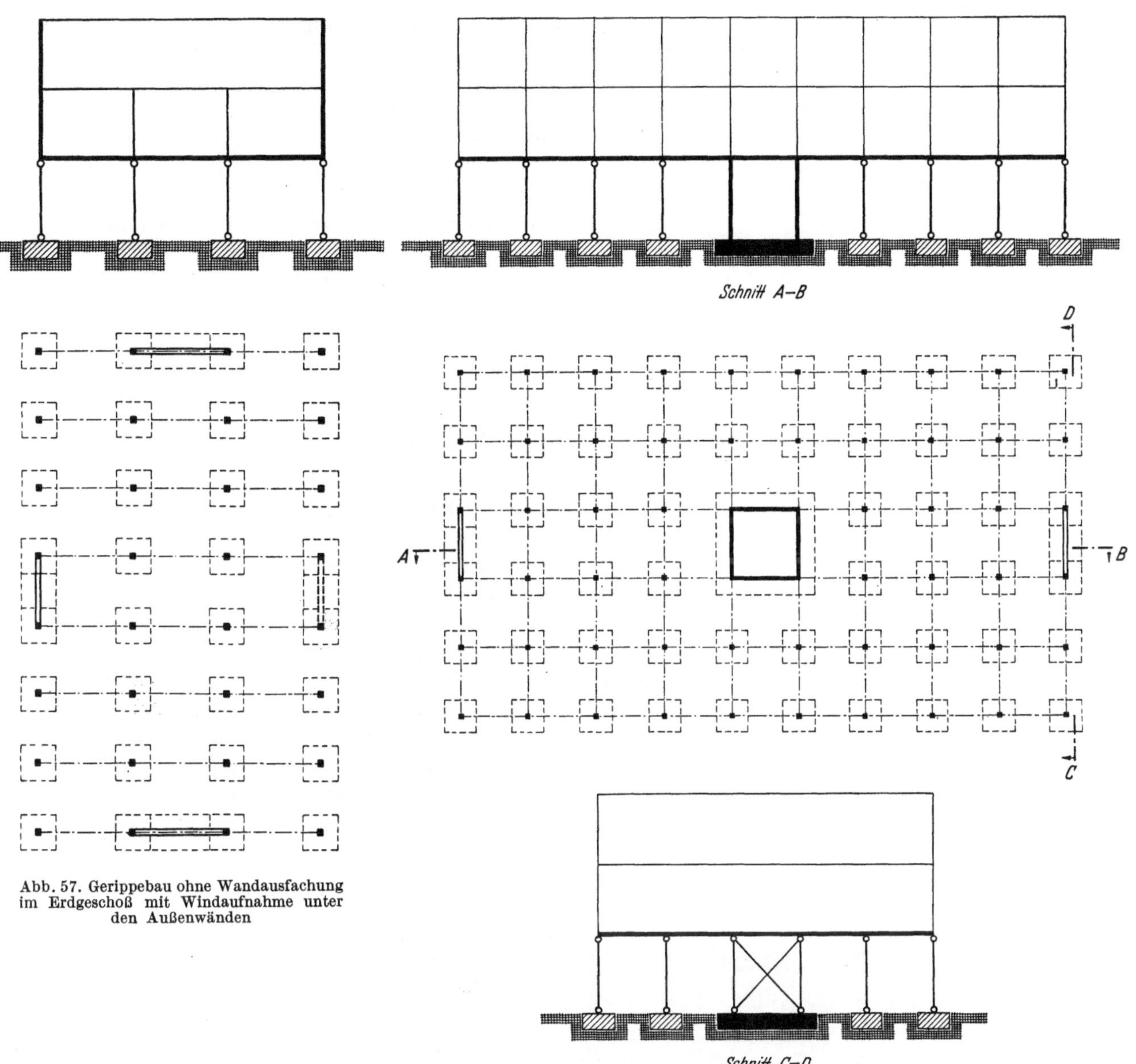

Abb. 57. Gerippebau ohne Wandausfachung
im Erdgeschoß mit Windaufnahme unter
den Außenwänden

Abb. 58. Gerippebau ohne Wandausfachung im Erdgeschoß mit Aussteifung in der Mitte

2.54 Die Berücksichtigung der Krümmung

In jedem Bergschadensfall ist es schwer zu entscheiden, welche Schäden auf die Krümmung und auf die Längenänderung des Baugrundes zurückzuführen sind. Bauwerke, deren tragende Konstruktion einheitlich aus Stahl, Stahlbeton oder Holz besteht, lassen sich für die beiden zusätzlichen Lastfälle der Baugrundverformung mit genügender Genauigkeit statisch erfassen. Die meisten Hochbauten stellen aber eine Verbindung von Mauerwerkswänden mit Decken und Dächern dar, die aus einem der drei Baustoffe Holz, Stahl und Stahlbeton bestehen oder sich aus zwei verschiedenen Baustoffen zusammensetzen. Darin liegt die Schwierigkeit, weil sich die Wissenschaft bei derartigen Tragwerken zwar mit der Aufnahme der Kräfte, aber nicht mit den Formänderungen befaßt hat, die aus einer Veränderung der Auflagerbedingungen herrühren. Der Fall der reinen Krümmung der Baugrundsohle — ohne gleichzeitige Längenänderung — tritt auch außerhalb des Bergbaugebietes als Folge ungleichmäßiger Baugrundsetzungen auf. Die

Setzungskurve unterscheidet sich nur dadurch von einer Senkungskurve, daß sie sich nicht im Laufe der Zeit ständig ändert. Da außerdem ein stetiger Verlauf der Senkungs-kurven als Vorbedingung jeder Teilsicherung vorausgesetzt wird, kann man die Erfahrung mit Baugrundsetzungen heranziehen. Die Setzungen des Baugrundes sind in der Boden-mechanik seit der von TERZAGHI eingelei-teten Entwicklung dieses Fachgebietes aus-führlich untersucht. Aber über die daraus zu ziehenden Folgerungen für den Mauer-werksbau kennt der Verfasser in der Lite-ratur lediglich einige kurze Hinweise über die Beobachtung von Schäden, jedoch keine theoretischen Untersuchungen über den Verlauf der Kräfte und Formänderungen in zusammengesetzten Tragwerken.

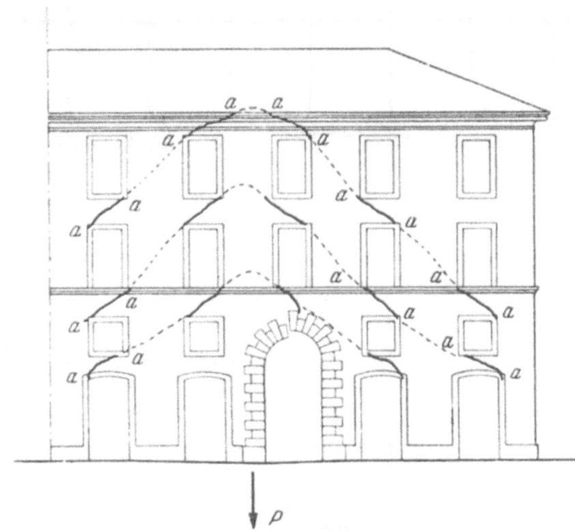

Abb. 59. Rißbildung infolge stärkerer Setzung des Baugrundes in P (nach SCHÄFER/RUSSO)

Da es immer zweckmäßig ist, von prak-tischen Beobachtungen auszugehen, sollen zunächst einige Aufnahmen von Krüm-mungsschäden gezeigt werden. Es gibt eine Arbeit aus dem Jahre 1915 von A. RUSSO[1], die von SCHÄFER überarbeitet wurde und in der Regeln über Schäden an älteren Bauten aufgestellt sind. Es ist hierbei aber zu beachten, daß in früherer Zeit die Decken im Hochbau aus Einzelteilen bestanden und daher nicht als aussteifende Scheibe wirkten. Wenn eine Decke Längskräfte in der Wandebene übernimmt, ändert sich auch das Schadensbild. An einem Setzungsschaden des Palazzo Conti in Rom zeigt RUSSO den *parabelförmigen Verlauf der Rißkurven*, vgl. Abb. 59. Die Risse *a—a* sind hier durch punktierte Linien so verlängert, daß man die Parabelform erkennen kann. Wie von RUSSO ausgeführt wird, liegt der Scheitel der drei Rißkurven über dem eingesunkenen

Abb. 60. Rißbildung an einem Doppelhaus über einer Senkungsmulde (nach KÖGLER/SCHEIDIG)

Türpfeiler *P*. Es handelt sich hier zweifelsfrei um eine Wand, die nicht durch Decken-scheiben ausgesteift ist, und um eine muldenförmige Krümmung, wie sie auch im Berg-baugebiet auftritt. Die Gesetzmäßigkeit der Richtung von Krümmungsrissen bestätigt auch KÖGLER[2], aus dessen Werk die Darstellung der Muldenlage eines Doppelhauses in Abb. 60 übernommen wurde.

[1] SCHÄFER/RUSSO: Schäden an Bauwerken. München: Oldenbourg 1932.
[2] KÖGLER/SCHEIDIG: Baugrund und Bauwerk. Berlin: W. Ernst & Sohn 1938.

Die gleiche Form der Risse beobachtet man immer wieder an allen Bauwerken. Liegt der Krümmungsmittelpunkt über Tage, wird somit der *obere* Rand gedrückt, so bedarf das Mauerwerk meistens keiner weiteren Aussteifung. Dann verlaufen die Risse genau in der gleichen Form und sind unabhängig davon, ob eine Deckenaussteifung vorhanden ist. Als Beispiel werden in Abb. 61 die Folgen einer muldenförmigen Krümmung an einer

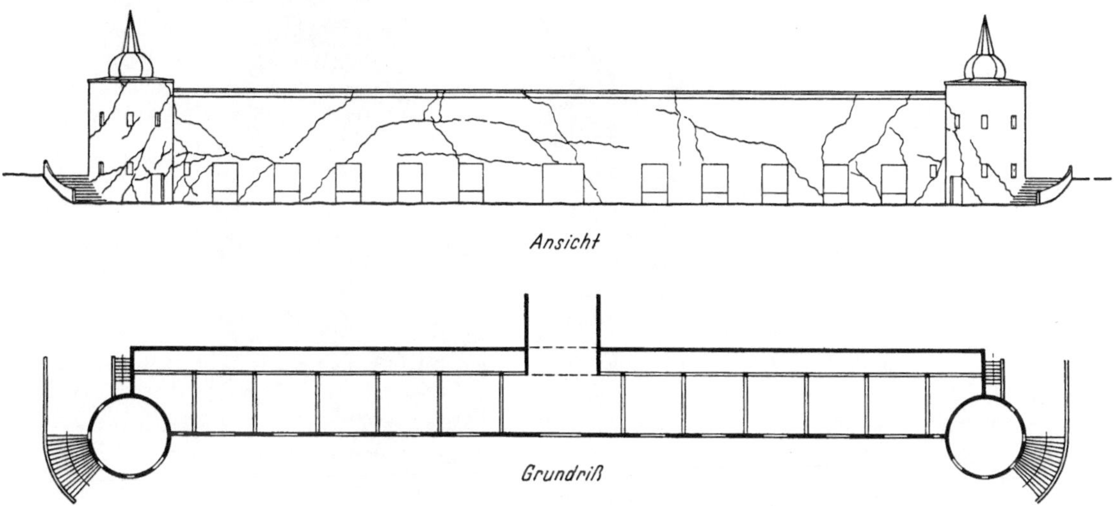

Abb. 61. Rißbildung an der Tribüne eines Stadions über einer Senkungsmulde

Wand gezeigt, die von einer Stahlbetondecke seitlich ausgesteift wird. Dieses Bauwerk liegt in dem Gelände, über dessen bergbauliche Einwirkung die Abb. 17 und 18 berichten.

Den *sattelförmigen* Verlauf der Risse über einer muldenförmigen Krümmung und den *muldenförmigen* Verlauf über einer sattelförmigen Krümmung hat also schon Russo gemäß Abb. 62 klar erkannt. Wahrscheinlich ist die Erkenntnis aber schon viel älter.

Vergleicht man die Mauerwerksschäden im Bergbaugebiet miteinander, so erkennt man, daß der Verlauf der Risse wesentlich dadurch beeinflußt wird, ob das Mauerwerk, das hauptsächlich nur Druckkräfte aufnimmt, durch zugfeste Bauglieder zusammengehalten wird. Das sind einerseits die Tür- und Fensterstürze, die meistens aus Stahl oder Stahlbeton bestehen, und andererseits die Geschoßdecken.

Im Bereich einer sattelförmigen Krümmung verändert sich das Rißbild in jedem Fall sehr beträchtlich, wenn keine Deckenscheibe das Mauerwerk zusammenhält. In Abb. 63 erkennt man, daß die Erdgeschoß-

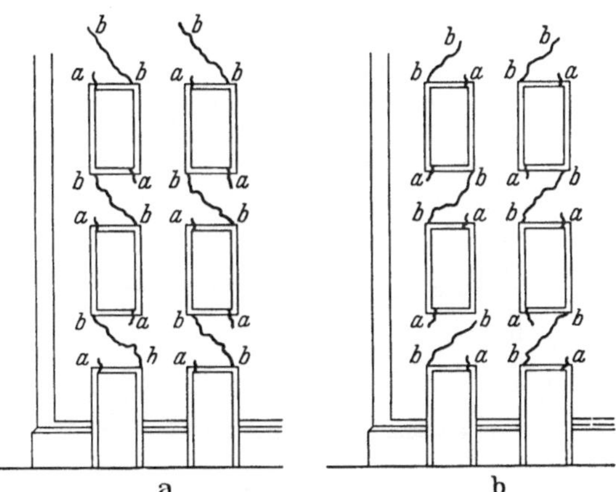

Abb. 62. Rißverlauf
a bei sattelförmiger und b bei muldenförmiger Senkung
(nach Schäfer/Russo)

decke keine Zugkräfte übernimmt, während in dem Gebäude der Abb. 64 jeglicher Zusammenhalt fehlt.

Eine Deckenaussteifung wirkt sich aber auch in der Muldenlage günstig aus. Wenn eine Wand nicht waagerecht gehalten wird, so versucht sie der Pressung durch eine Ausbeulung nach außen auszuweichen. Dann wird häufig die Krümmung in einer Wand irrtümlich als Folge einer Dehnung oder Krümmung ausgelegt, deren Richtung rechtwinklig zur Wandebene angenommen wird, vgl. Abb. 65.

Zur Klärung des Verhaltens von Mauerwerkswänden und ihres Zusammenwirkens mit den Geschoßdecken muß man von den geometrischen oder algebraischen Beziehungen der Formänderungen ausgehen, die eine Krümmung auslöst.

Abb. 63

Abb. 64

Abb. 63 und 64. Mauerwerksschäden infolge sattelförmiger Krümmung an Gebäuden ohne Deckenaussteifung

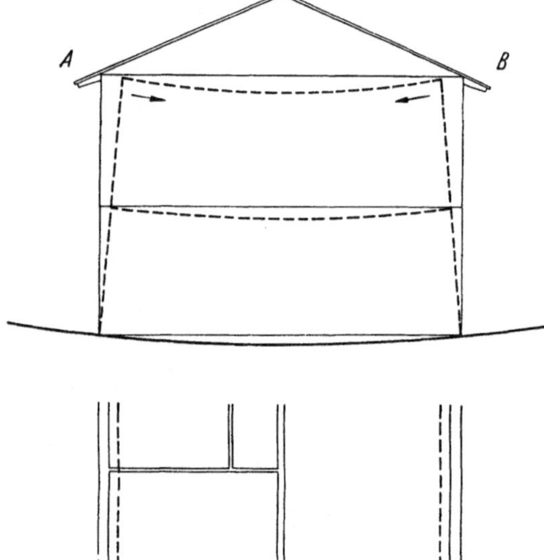

Abb. 65. Ausbeulung einer Giebelmauer ohne Deckenverankerung über einer Senkungsmulde

2.541 Die mathematischen Beziehungen der kreisförmigen Senkungskurve

In den nachfolgenden Ansätzen ist der Umstand berücksichtigt, daß die Längenabmessungen der Einzelbauwerke meist weniger als den hundertsten Teil des Krümmungshalbmessers betragen. Infolgedessen können diejenigen Glieder der Ansätze, in deren Nenner das Quadrat des Krümmungshalbmessers steht, vernachlässigt werden. Das gilt bereits für die Längenänderung, die die Krümmungssohle durch die Krümmung erleidet. Der Unterschied Δl zwischen der Länge des Bogens und der zugehörigen Sehne beträgt

$$\Delta l = \frac{l^3}{24\,R^2}\,. \tag{1}$$

Setzt man für die Länge des Einzelbauwerkes den Wert $l = 100$ m, wie er selten vorkommt, und für den Krümmungshalbmesser den Wert $R = 2000$ m, wie er ungünstigsten Falles einer Teilsicherung zugrunde gelegt werden kann, so ist

$$\Delta l = 10,4 \text{ mm} = 0,104 \text{ mm/m}.$$

Zum Vergleich beachte man die Größe der Dehnung einer Stahlbetonkonstruktion, also z. B. einer schlaffen Platte bei einer Beanspruchung des Rundstahls bis zur Streckgrenze. Die Dehnung ist dann 10- bis 18mal so groß.

$$\sigma_e = 2200 \quad 3400 \quad 4000 \ \text{kg/cm}^2$$
$$\Delta l = 1{,}05 \quad 1{,}62 \quad 1{,}90 \ \text{mm/m}.$$

Danach kann die Längenänderung Δl gemäß Gl. (1) ganz vernachlässigt werden.

Für den kreisförmigen Krümmungsverlauf lautet die Gleichung für die Zunahme der Ordinate je Längeneinheit Δx gemäß Abb. 66

$$\Delta y = \Delta x \cdot \frac{x}{R} . \qquad (2)$$

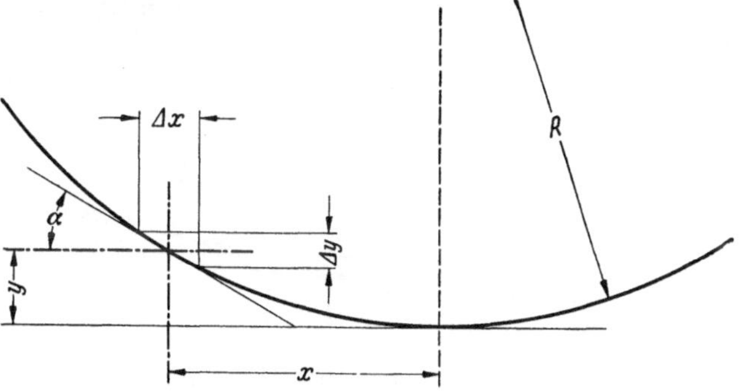

Abb. 66. Mathematische Beziehungen der kreisförmig gekrümmten Senkungskurve

Die Zunahme der Ordinate erfolgt geradlinig im Verhältnis des Abstandes x vom Scheitelpunkt. Die Ordinate selbst nimmt mit dem Quadrat der Länge zu und beträgt für die Länge x

$$y = \frac{x^2}{2R} . \qquad (3)$$

Der größte Senkungsunterschied in der Mitte eines Bauwerkes von l m Länge ist somit

$$y = \frac{l^2}{8R} . \qquad (4)$$

Daraus folgen für einen Krümmungshalbmesser $R = 2000$ m nachstehende Senkungsbeträge:

Größte Senkungsunterschiede y (mm) für Bauwerkslängen l (m)

$l = 6 \ \ 8 \ \ 10 \ \ 12 \ \ 15 \ \ 20 \ \ 25 \ \ 30 \ \ 35 \ \ 40 \ \ 50 \ \ 60 \ \ 80 \ \ 100$ m
$y = 2 \ \ 4 \ \ 6 \ \ 9 \ \ 14 \ \ 25 \ \ 39 \ \ 56 \ \ 77 \ \ 100 \ \ 156 \ \ 225 \ \ 400 \ \ 625$ mm

Die Neigung der Tangente im Abstand x vom Scheitelpunkt lautet

$$\mathrm{tg}\,\alpha = \frac{x}{R} . \qquad (5)$$

Mit diesen einfachen Gleichungen ist die Senkungskurve in der Gründungssohle genau genug erfaßt. Bevor nun der Verlauf der Rißkurven untersucht wird, veranschaulicht man sich zweckmäßig, welche Formänderungen in einer Mauerwerkswand von l Meter Länge und h Meter Höhe auftreten würden, wenn die Wand ohne jeden Verband aus einzelnen geschoßhohen Rechteckplatten von b Meter Breite bestände. Es sollen zunächst zwei Fälle untersucht werden.

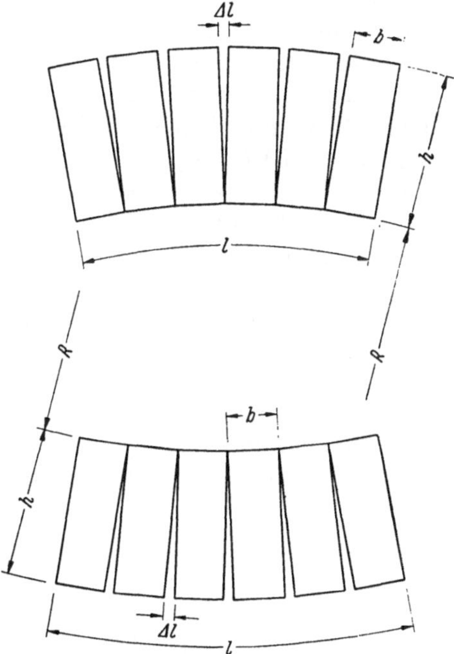

Abb. 67. Spreizung der Wandplatten ohne horizontalen Halt

a) Die Wand ist am gezogenen Querschnittsrand nicht zusammengehalten, sie kann also der Dehnung ungehindert folgen, während der gedrückte Rand keine Längenänderung erfährt, vgl. Abb. 67.

Die Dehnung zwischen jeder Platte beträgt

$$\Delta l = \frac{b \cdot h}{R} . \qquad (6)$$

Die Gesamtdehnung in der Bauwerkslänge ist somit

$$\Delta l = \frac{l \cdot h}{R} \, . \tag{7}$$

Bei einer Geschoßhöhe von $h = 3,0$ m und einem Krümmungshalbmesser $R = 2000$ m ist

$$\Delta l = 1,5 \text{ mm/m.}$$

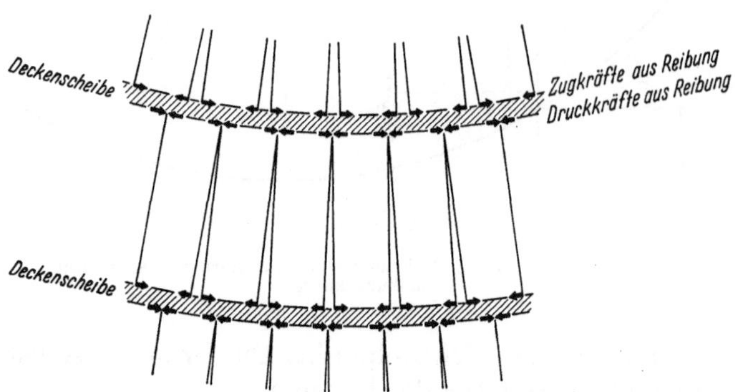

Abb. 68. Ausgleich von Druck- und Zugkräften, die bei einer Krümmung aus der Reibung der oben und unten anschließenden Wandplatten in eine Deckenscheibe übertragen werden

Aus dieser kurzen Betrachtung lassen sich schon recht wichtige Schlüsse ziehen. Ist ein Mauerwerksbau in Abständen von 3 m waagerecht durch Deckenscheiben aus Stahlbeton ausgesteift, der sich im Spannungsstadium 1 befindet, bei dem die Zugfestigkeit des Betons nicht überschritten wird, so setzen sich die lotrechten Zugrisse im Wandmauerwerk nicht über die Decke hinaus fort. Die Dehnung einer Stahlbetondecke im Zustand 1 ist so gering, daß man sie völlig vernachlässigen kann.

Außerdem ist die Beanspruchung in einer Deckenscheibe aus einer Krümmung der Wände nicht einmal so groß, wie es zunächst scheinen mag, vgl. Abb. 68, weil sich die Zug- und Druckkräfte der oben und unten anschließenden Wandflächen zum Teil ausgleichen. Im nächsten Geschoß fangen die lotrechten Zugrisse wiederum an der gedrückten Seite angenähert mit dem Wert Null an. In jedem Geschoß entstehen bei gleichmäßiger Verteilung auf 4 Mörtelfugen Haarrisse von nur 0,375 mm. Dabei wurde zunächst angenommen, daß die Wand frei unter der Decke gleiten kann. Tatsächlich ist das nicht der Fall. Ein Teil der Krümmung gleicht sich durch eine Verschiebung der waagerechten Mörtelfugen aus, folglich sind die lotrechten Risse noch feiner. Man erkennt wohl schon, daß die Formänderung der Wand nicht unbedingt zu sichtbaren Rissen und damit zu ,,Schäden‘‘ führen muß. Und dieser Sachverhalt ergibt erst die Voraussetzung der ,,Teilsicherung‘‘, daß man die lotrechte Krümmung im Mauerwerk unberücksichtigt lassen kann.

Werden dagegen die klaffenden Risse eines Geschosses am gezogenen Rand nicht durch eine Deckenscheibe unterbrochen, dann beträgt die Summe der auf l m Länge entfallenden lotrechten Rißfugen bei zwei Geschossen 3 mm/m, bei drei Geschossen 4,5 mm/m usf. Die gleiche Rechnung gilt sowohl für den Fall der Sattel- als auch der Muldenlage. Danach kann eine Mauerwerkswand nur bis zu einer bestimmten Höhe ohne den Halt einer Deckenscheibe schadensfrei bleiben. *Die Decken* eines teilgesicherten Mauerwerksbaues *müssen als Scheiben* ausgebildet werden.

b) Die Wand ist in Höhe der Geschoßdecke durch einen Holm oder eine Deckenscheibe auch an der Zugseite fest zusammenzuhalten, vgl. Abb. 69.

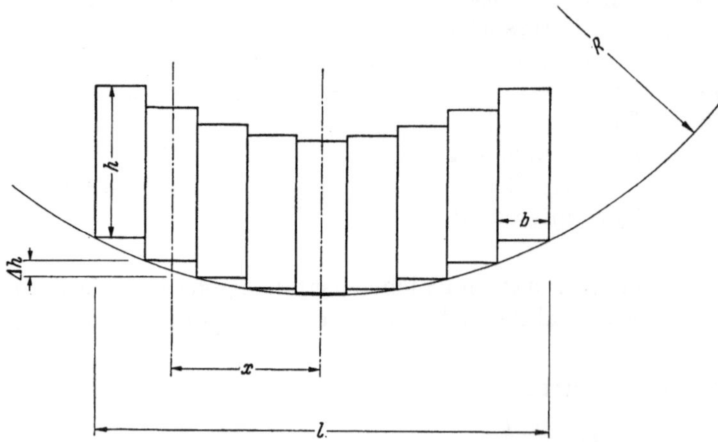

Abb. 69. Lotrechte Verschiebung von Wandplatten mit horizontalem Halt

Wenn die Holme ein Aufklaffen von Zugrissen vollständig verhindern, so verbleiben die lotrechten Fugen in ihrer lotrechten Lage. Die Krümmung bedingt dann eine gegenseitige lotrechte Verschiebung der Platten. Es entsteht im Stoß zweier Platten, der x Meter vom Scheitel entfernt ist, ein Absatz Δh, der sich aus Gl. (2) errechnet.

$$\Delta h = \frac{b \cdot x}{R} \, . \tag{8}$$

Bei einem Halbmesser von 2000 m vergrößern sich die Absätze mit ihrem Abstand vom Kurvenscheitel um 0,5 mm/m. Wählt man eine Gebäudelänge von $l = 40,0$ m, so ist am Rande der Mauerfläche $x = 20,0$ m und

$$\Delta h = 10 \text{ mm/m} \, .$$

Dieses Zahlenbeispiel soll die zweite Voraussetzung einer Teilsicherung veranschaulichen, daß die *Länge der Wände* und damit auch der Einzelbauwerke beschränkt werden muß.

Die Betrachtung des Verhaltens geschoßhoher Platten vermittelt nur die Größenordnung der Formänderung in einer Wandfläche, die einer Krümmung von 2000 m Halbmesser unterliegt. Will man den Verlauf der Risse im Mauerwerk verfolgen, so ist noch ein dritter Vorgang, d. i. die Verschiebung in den waagerechten Mauerwerksfugen zu berücksichtigen.

2.542 Der Riß- und Kräfteverlauf in der Mauerwerkswand

Über den Verlauf der Risse in der Wandfläche sagen die vorangegangenen geometrischen Betrachtungen nichts aus. Die praktischen Beobachtungen lassen erkennen, daß die von Russo betonte Parabelform in dem von ihm berichteten Richtungssinn zutrifft. Er ging aber nicht von einer durchgehenden Senkungskurve, sondern von einer örtlichen Senkungsmulde aus und erklärte daher die Rißform mit der Bildung innerer Gewölbe. Diese Erklärung kann bis zu einem gewissen Grade zutreffen, wenn sich örtlich ein Stützpfeiler der Wand stärker setzt als die Nachbarpfeiler. Legt man aber eine Krümmung nach einer stetigen Senkungskurve zugrunde, so verformt sich die Wand in ihrer gesamten Fläche.

Man kann entweder das noch unbeschädigte, zusammenhängende Tragwerk einer von Fensteröffnungen unterbrochenen Wand oder den aufgelockerten Zustand nach dem Auftreten durchgehender Risse der Betrachtung zugrunde legen. Die erste Art der Untersuchung gilt nur für den Anfang der Formänderung — solange die verhältnismäßig geringe Zug- und Scherfestigkeit des Mauerwerks nicht überschritten ist. Zu diesem Zeitpunkt sind noch keine „Schäden" entstanden. Die Ermittlung der inneren Momente und Querkräfte in dem rahmenähnlichen Gebilde hat also nur dann eine theoretische Bedeutung, wenn die Bruchgrenze unter Berücksichtigung der beim Bruch erreichten Zugfestigkeit des Baustoffes untersucht werden soll. Sobald sich die mit bloßem Auge nicht einmal feststellbaren Haarrisse gebildet haben, löst sich das Tragwerk in kleinere oder größere Einzelbestandteile auf. Nach Eintreten des Bruches muß man von dem späteren Gleichgewichtszustand der Einzelteile ausgehen.

Der Verfasser hält daher die Betrachtungen nach den Gesetzen der Elastizitätslehre für ziemlich unfruchtbar, da ja der Mauerwerkszustand erst dann interessiert, wenn sich das Mauerwerk nicht mehr in seinem ursprünglichen Verband befindet. Aus der Zugrundelegung der dem Statiker geläufigen Grundlagen der Elastizitätslehre ist es auch zu erklären, daß schon häufig der Versuch unternommen wurde, die Mauerwerkswand in Verbindung mit den Randbalken der Geschoßdecken als Verbundkonstruktion biegungssteif auszubilden. Es genügt nicht, einen noch so starken Ober- und Untergurt zu schaffen, wenn das Zwischenglied, in diesem Fall die Mauerwerksausfachung, nicht in der Lage ist, die Schubkräfte aufzunehmen. Besäße das Mauerwerk die hierfür notwendige Schub- und Zugfestigkeit, würde man die wirtschaftlich sehr verlockende Form des Verbundträgers aus Mauerwerk und Stahlbeton auch sonst anwenden. Die dem Mauerwerksbau gemäße Konstruktionsform zur frei tragenden Überbrückung ist das Gewölbe und nicht der durch Biegung und Schub beanspruchte Träger. Eine Wandfläche, deren Länge größer als ihre Höhe ist, und die noch dazu durch größere Fensteröffnungen unterbrochen wird, ist in Mauerwerk nicht steif auszubilden. Nur hohe, schmale Wände ohne große Öffnungen können nach dem Widerstandsprinzip als steife Bauglieder behandelt werden.

Um den Rißverlauf in Mauerwerkswänden zu ergründen, bedarf es auch keiner teuren Versuche im Maßstab 1:1, da genug Anschauungsmaterial im Bergbaugebiet vorliegt. Um aber auch eine theoretische Erklärung zu erhalten, muß man versuchen, eine einfache Form der Ableitung zu finden. Zu diesem Zweck empfiehlt es sich, im Kräfteverlauf die unwesentlichen Komponenten auszuscheiden.

Zunächst kann man die Haftung zwischen Mörtel und Stein in der Richtung einer Zugkraft als nicht vorhanden betrachten. Das gilt für die *lotrechten* Mauerfugen, in denen der Mörtel mit den glatten Außenflächen des Ziegelkopfes keine zugfeste Verbindung eingehen kann. Ferner kann man von der Erfahrung ausgehen, daß sich die Krümmungsrisse fast ausschließlich in den Mörtelfugen bilden, sofern kein Zementmörtel verwandt wird. Wie später ausgeführt wird, ist ein Zementmörtel grundsätzlich weniger geeignet als ein weicher Kalkmörtel, weil sich ja die Risse möglichst fein verästeln sollen. Folglich kann man voraussetzen, daß der einzelne Mauerstein die ausreichende Zugfestigkeit besitzt, um die Kräfte aufnehmen zu können, welche überhaupt vom Mörtel übertragen werden. Für die anfallenden Druckkräfte reicht sowohl die Festigkeit des Steines als auch des Fugenmörtels aus.

In den *waagerechten* Mörtelfugen ist einerseits die Haftung zwischen Mörtel und Stein, andererseits die Reibung als Funktion der lotrechten Druckspannung wirksam.

Mit diesen vereinfachten Annahmen läßt sich der Rißverlauf im Mauerwerk auch theoretisch verfolgen.

2.543 Die Ausbildung der Wände

Aus der vorangegangenen Betrachtung des Verlaufes und der Breite der Risse im Mauerwerk geht hauptsächlich die Bedeutung hervor, welche der *Wandlänge* zukommt. Das Ausmaß der Schäden in Mauerwerkswänden nimmt mit dem *Quadrat der Länge* zu. Addiert man alle Rißbreiten in einem waagerechten Schnitt, so ist diese Summe eine Funktion des Krümmungshalbmessers und der Wandlänge, aber nicht der Steifigkeit des Mauerverbandes. Nach der Definition des Schadens, der nach der Breite des Einzelrisses beurteilt wird, hängt jedoch die Wandlänge, welche man einzuhalten versuchen soll, auch von dem dritten Faktor, der Steifigkeit des Mauerwerks ab. Von den beiden Baustoffen des Mauerwerks, also den einzelnen Mauersteinen und dem Mörtel, ist zweifellos der Mauerstein das steifere Element. Folglich muß man versuchen, die Verringerung der Steifigkeit im Mörtel zu erreichen. Je nachgiebiger der Mörtelverband ist, d. h. je geringer sein Widerstand gegen eine plastische Formänderung ist, um so zahlreicher sind die Risse und um so kleiner ist der auf den Einzelriß entfallende Betrag. Die feinen Haarrisse verleihen einer Mauerwerkswand eine Nachgiebigkeit, die bis zu einem gewissen Grade umkehrbar ist, während sich stärkere Risse schwerer wieder schließen, weil meistens Bruchstücke in den Spalt fallen.

Da unter einer Teilsicherung immer die Konstruktion eines nicht biegungssteifen Baukörpers verstanden wird, lauten somit die zwei Hauptforderungen an die Wände, daß

1. die Länge der Wände beschränkt wird und

2. deren Steifigkeit in der Wandebene durch Wahl eines entsprechenden Mörtels und auch eines kleinen Steinformates herabgesetzt wird.

Die Beschränkung des *Steinformates* erfüllt aber nur dann ihren Zweck, wenn der Mörtel so weich ist, daß sich die Risse auch tatsächlich möglichst auf jede einzelne Fuge verteilen. Die Frage des Steinformates steht damit in einem bestimmten Verhältnis zu den Eigenschaften des Mörtels, das aber bisher nicht untersucht wurde. Für die Klärung dieser einfachen Beziehung benötigt man keinen teuren Versuch an großen Wänden, sondern es genügen Mauerwerkskörper mit einer Fläche von etwa einem Quadratmeter.

Kleine Wandflächen, die nicht an den Rändern fest eingespannt sind, erleiden unter den üblichen Krümmungen im Bergbaurevier auch dann keine Schäden, wenn sie völlig steif mit Zementmörtel gemauert sind. Diese Erfahrung hat man mit der Ausfachung von *Stahlfachwerkwänden* gemacht, die meist eine Fläche von weniger als sechzehn Quadratmeter umfaßt. Es muß aber die Voraussetzung erfüllt sein, daß die Ränder der Ausfachung eine Bewegungsmöglichkeit haben. Das trifft auf die altbewährte Form der üblichen Ausführung zu, bei der die Flansche das Mauerwerk überdecken. Es können sich innerhalb der Flanschüberdeckungen kleine Fugen zwischen dem Steg und der Ausfachung bilden, die man nicht wahrnehmen kann. Wenn man dagegen die Flansche bündig mit dem Mauerwerk abschließen läßt, um ganz ebene Außenflächen zu erzielen, beraubt man den Stahlbau eines unbestreitbaren Vorteiles. Dann wird der Hohlraum zwischen dem Steg, den Flanschen und dem Mauerwerk mit Mörtel vergossen, und die Ausfachungen bilden zusammen mit den Stielen und Riegeln eine durchgehende Fläche. Es müssen dann beim Stahlfachwerk die gleichen Abtrennungen der Ausfachung vom Traggerippe infolge des Schwindens im Mörtel wie bei den Fachwerkwänden aus Holz oder Stahlbeton auftreten. Man muß im Falle einer Krümmung sogar mit den unerwünschten Schrägrissen rechnen, weil die Schwindfugen im Mörtel nur eine kleine Bewegung zulassen. In tragenden Mauerwänden findet das Schwinden zwar auch statt, aber es entstehen keine hohlen Zwischenräume wie im Fachwerk.

Für tragende Wände mit *großen Flächen* folgt aus dieser Überlegung die Notwendigkeit, auf Kalkzement- und reinen Zementmörtel zu verzichten und ausschließlich *reinen Kalkmörtel* zu verwenden. Vermauert man Zementmörtel, so nähert sich der Zustand einer gemauerten Wand dem einer fugenlosen Betonwand. Im Gegensatz zur weitverbreiteten Anschauung vergrößern sich die Schäden also mit der Festigkeit des Mörtels. In schlanken Pfeilern, die eine höhere Druckfestigkeit erfordern, schadet der Zementmörtel weniger, weil sie immerhin in bestimmten Grenzen elastisch ausweichen können. Die ungünstigste Bauart großflächiger tragender Wände ist die Schüttbauweise. Schüttbetonwände haben gegenüber dem Mauerwerk den ungeheuren Nachteil, daß sie an den meist beanspruchten Stellen brechen und einzelne wenige Risse bekommen, in denen sich der Gesamtbetrag der von der Krümmung erzwungenen Formänderung anhäuft. Ferner bedarf es wohl kaum eines weiteren Hinweises, daß auch eine schwache Bewehrung der Schüttbetonwände nur die Lage und Abstände der Risse, nicht deren gesamtes Ausmaß verändert. Denn eine ausreichende Steifigkeit im Sinne einer Vollsicherung wird ja hierdurch nicht erreicht, weil die Schubspannungen nicht aufgenommen werden. Das Ausmaß der Gesamtverformung ist gegeben, es fragt sich, wohin die Risse dann wandern. Die zusätzliche Bewehrung hat nur den Nutzen einer etwas größeren Verteilung der Risse, der aber kaum die zusätzlichen Kosten der Bewehrung aufwiegt. Würde man dagegen in der ganzen Wand dünne Eisen in engen Abständen und ausreichender Menge verlegen, so entstände eine Stahlbetonwand, die im allgemeinen den Kostenvergleich mit Mauerwerk nicht aushält, weil im Hochbau aus Gründen der Wärmehaltung eine Mindestdicke verlangt wird, bei der die Tragfähigkeit des Stahlbetons nicht ausgenutzt wird.

3.0 Die gegenseitige Beeinflussung aneinanderstoßender Einzelbauwerke

Das Zusammenwirken *mehrerer Abschnitte* eines Gesamtbauwerkes bedarf auch außerhalb des Bergbaugeländes der konstruktiven Beachtung. Bekannt sind die Setzungsschäden an Kirchen, deren Baugrund bindige Schichten enthält. Der meist verhältnismäßig schwere Turm erfährt eine größere Setzung als das Kirchenschiff, auch wenn die Sohlpressung unter den Fundamenten übereinstimmt. Daraus folgt die Notwendigkeit einer Trennung zwischen Turm und Schiff. Fehlt diese Trennung, so erklären sich etwaige Schäden aus dem ungleichmäßigen Verlauf der Setzungsmulde. Aber auch bei einer gleichmäßig flachen Mulde ohne örtliche Vertiefungen neigen sich die an ihrem Rande liegenden Bauwerksteile stärker zum Muldentiefsten als die Abschnitte in ihrem mittleren Bereich. Jede Krümmung in der Grundfläche ergibt im aufgehenden Bauwerk eine nach oben zunehmende Horizontalverschiebung, die sich bei fehlender Trennfuge am Ort der Berührung zweier Bauwerksabschnitte als Kraft auswirkt. Genau der gleiche Vorgang muß auch im Einwirkungsbereich des Bergbaues eintreten. Außer dem Fall der muldenförmigen Krümmung muß man im Abbaubereich die Möglichkeit einer sattelförmigen Krümmung und zusätzlich die Auswirkung einer Längenänderung des Baugrundes beachten. Die gegenseitige Trennung der einzelnen Bauwerksabschnitte hat dann zweierlei Aufgaben. Sowohl bei einer Dehnung als auch bei einer sattelförmigen Krümmung der Bauwerkssohle müssen sich die Fugen *öffnen* können. Bei Auftreten einer muldenförmigen Krümmung und auch im Falle einer Verkürzung des Baugrundes müssen die Trennfugen — genau wie bei einer Setzungsmulde — den erforderlichen *Spielraum* haben, damit in den Berührungspunkten der aufgehenden Konstruktion keine Horizontalkräfte ausgelöst werden.

Es handelt sich demnach im allgemeinen nur um die Beachtung der horizontalen Verschiebbarkeit an den Berührungsstellen zweier aneinanderstoßender Bauwerke bzw. Bauwerksabschnitte. Lediglich in den seltenen Fällen, in denen die ausgekragten Ränder zweier in sich steifer Baukörper einander berühren, treten auch Vertikalverschiebungen an der Fuge auf. Diese können auch durch eine Hebung eines der angrenzenden Bauwerke entstehen, deren Höhenlage wieder ausgerichtet werden soll. Bei einer vertikalen Verschiebung in der Trennfuge müssen aber nicht zwangsläufig Kräfte und damit auch Schäden am Bauwerk selbst ausgelöst werden. Auch mit dem Vorgang des Öffnens der Fugen im Falle einer Dehnung oder einer sattelförmigen Krümmung brauchen keine schädlichen Folgen verbunden zu sein.

Es ist viel zuwenig bekannt, daß die schwersten Bergschäden, die womöglich den Abbruch eines Bauwerkes bedingen, von der gegenseitigen Kraftübertragung an der Berührungsstelle zweier Gebäude verursacht werden. Mag es sich um den städtischen Hochbau handeln, bei dem in Straßenzeilen von mehreren hundert Metern Haus an Haus gebaut wird, oder um eine industrielle Anlage mit einer unregelmäßigen Aneinanderreihung von Hallen und Fabrikbauten, überall möchte man die Grundfläche voll ausnutzen. Dabei soll sich möglichst das letzte Feld eines Baukörpers auf der Giebelwand des Nachbargebäudes abstützen. So ist es seit alters her, und obgleich die Fachwelt heute erkannt hat, wie schädlich die starre Verbindung mehrerer Häuser ist, wird der gleiche Fehler ständig wiederholt, wenn ein Bauwerk abgerissen und durch einen Neubau ersetzt wird.

Bevor nun im einzelnen das Verhalten mehrerer aneinanderstoßender Bauwerke besprochen wird, sollen einige Beispiele die Folgen einer unbekümmerten Planung veranschaulichen.

An der Straßenfront geschlossener Häuserzeilen zeigen sich häufig Schäden, die durch eine Verkürzung der Baugrundsohle und durch eine zusätzliche, meist nur geringe muldenförmige Krümmung verursacht werden. Die Schäden treten teilweise nicht in allen Geschossen, sondern nur im Erdgeschoß auf. In Abb. 70 ist die Fassade einiger inzwischen abgebrochener Wohn- und Geschäftshäuser rekonstruiert. Diese Gebäude lagen an einer Hauptstraße und waren wie üblich unterkellert.

An diesem Beispiel läßt sich der Schadensverlauf leicht verfolgen. Verkürzt sich die Baugrundsohle in Richtung der Straßenachse, so erfolgt die größte Längenänderung im Baugrund nach dem bekannten Naturgesetz an seiner schwächsten Stelle. In den oberen Schichten der Erdrinde ist der Boden leichter zusammendrückbar als die Mauerwerkswände, die im allgemeinen durch eine betonierte Kellersohle ausgesteift werden. Wenn die

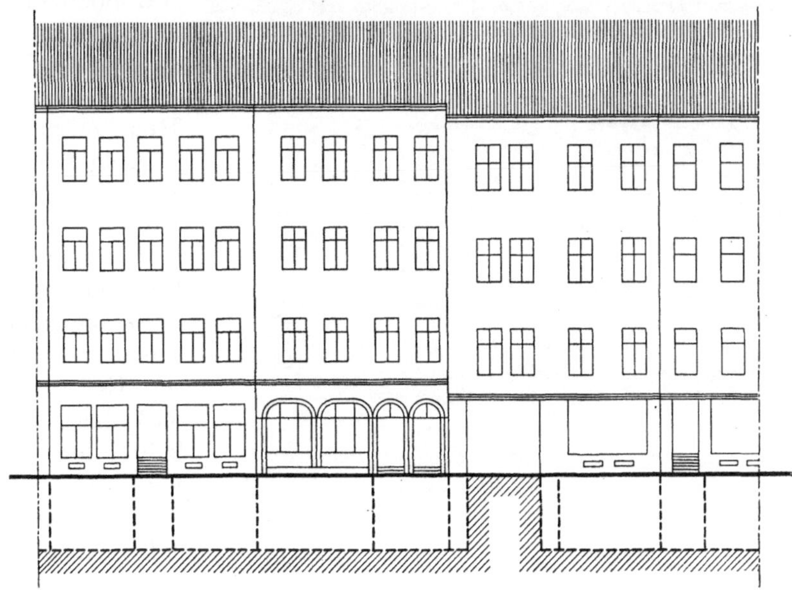

Abb. 70. Straßenfront einer Häuserzeile

Unterkellerung irgendwo unterbrochen ist, so liegt bei einer Verkürzung des Baugrundes die schwächste Stelle an dieser Unterbrechung. Diese befindet sich auf Abb. 70 *unter der Durchfahrt*. Hier verringert sich dann der Abstand zwischen den Außenwänden der angrenzenden Keller, die sich von der Sohle bis zur Decke als geschlossene Blöcke in Richtung der Durchfahrt verschieben. Der aufgehende Teil der Häuser kann dieser Bewegung der Keller nicht folgen und setzt ihr in den Längswänden einen starken Widerstand entgegen. An der schwächsten Stelle der Längswände *muß* dann die Parallelverschiebung zwischen Keller und aufgehendem Gebäude einen Ausgleich finden. Da es sich um eine Hauptgeschäftsstraße handelt, ist die Erdgeschoßwand an der Straßenfront in Tür- und Fensterpfeiler aufgelöst, die einer waagerechten Verschiebung nicht gewachsen sind. Infolgedessen stellen sich alle Pfeiler schräg, die Kopf- und Fußanschlüsse reißen in den diagonal gegenüberliegenden Ecken auf der gezogenen Seite ihrer Querschnitte. Die Abb. 71 bis 73 zeigen einige Aufnahmen, auf denen sowohl die Schiefstellung der Pfeiler als auch die Verengung der Durchfahrtöffnung in Höhe der Straßenoberkante zu erkennen sind. Befinden sich im Erdgeschoß statt der schmalen Pfeiler breitere Wandflächen, so hat sich eine waagerechte Scherfuge in der Verlängerung der Fensterstürze unterhalb der Erdgeschoßdecke ausgebildet. Damit erklärt es sich, weshalb sich hier die Schadensrisse auf das Erdgeschoß beschränken. Durch die Parallelverschiebung im Erdgeschoß ist die gesamte Bewegung der Keller ausgeglichen.

Es wäre interessant, auch den Schadensverlauf an der Hinterfront der gleichen Häuser zu verfolgen, die vermutlich weniger durch Tür- und Fensteröffnungen geschwächt ist. Unter diesen Umständen scheren häufig die Längswände *unterhalb* der Kellerdecke ab, weil die Fensterunterbrechungen der Außenwand im Keller insgesamt größer als im Erdgeschoß sind. Eine derartige Abscherung an einem Wohnhausblock zeigen die Abbildungen 74 und 75.

Die Straße, in der die Aufnahmen der Abb. 71 bis 73 gemacht wurden, war noch in anderer Hinsicht sehr lehrreich, weil sie zufällig an einzelnen Stellen Baulücken aufwies. Hier zeigte es sich, daß Einzelgebäude zwischen zwei Baulücken auch im Erdgeschoß ganz unbeschädigt waren, während die längeren Abschnitte der Straßenzeile sämtlich schwere Schäden aufwiesen. Es ist nur erstaunlich, daß diese immer wiederkehrenden Schadensfälle von der Bauplanung offenbar nicht in ihrem ursächlichen Zusammenhang mit der fugenlosen Gesamtlänge der Häuserzeilen erkannt werden. Die Folgerungen für die *Neuplanung* — und damit auch für die Bauordnungen in den vom Bergbau unterfahrenen Städten — dürften sich aus dieser Betrachtung von selbst ergeben. Häuserblöcke, deren aufgehende Konstruktion ohne Unterbrechung durchläuft, müssen auch im Kellergeschoß durchgehend ausgesteift werden, die Gründungssohle aller zu einem Baublock zusammengefaßten

Abb. 71

Abb. 72

Abb. 73

Abb. 71 bis 73. Schiefstellung der Tür- und Fensterpfeiler im Erdgeschoß

Häuser muß in einer Ebene liegen und darf nicht verspringen.

Die Wiederinstandsetzung der Schäden aus einer Verkürzung des Baugrundes geschieht am besten in der Weise, daß man sie nicht laufend ausbessert, sondern sofort beim ersten Anzeichen die Ursache beseitigt, indem man zwischen den Giebelwänden Hohlräume schafft, die vorher verabsäumt wurden. Wie groß die Gesamtlängen der Häuserfront ohne Unterbrechung sein dürfen, richtet sich nach den örtlichen Verhältnissen, die vom Markscheider zu untersuchen sind.

Der gleiche Fall, daß die Fundamente benachbarter Gebäude im mittleren Bereich einer Senkungsmulde aufeinander zuwandern, während der gegenseitige Abstand in der aufgehenden Konstruktion durch eine druckfeste Verbindung gehalten wird, kommt auch im Industriebau vor. Teilweise sind Bauwerke durch Bandbrücken fest miteinander verbunden, welche sich im Falle einer Verkürzung des Baugrundes in die Außenwände der anschließenden Bauwerke hineinschieben, sofern sie nicht selbst dabei zu Bruch gehen. Noch gefährlicher als Bandbrücken sind Verbindungsbühnen mit massiver Ausbetonierung, weil diese eine Druckkraft im Betrage von mehreren Tausend Tonnen übertragen.

Abb. 74. Abscherung der Kellerwand eines Wohnhausblockes unterhalb der Kellerdecke

Abb. 75. Einzelheit der Abscherung

Abb. 76 zeigt einen schweren Schadensfall auf einer Kokerei, der ausschließlich auf die starre Verbindung mehrerer Bauten durch deren Zwischenbühnen zurückzuführen ist. Die Fundamentplatten der einzelnen Baukörper selbst konnten unbehindert ihre Abstände verringern. Es handelt sich hier um drei Einzelbauwerke, und zwar um zwei Koksofenbatterien und einen Kohlenturm. Zwischen diesen drei Baukörpern befanden sich in Höhe der Ofendecke die üblichen Verbindungsbrücken des Füllwagengleises. Die Kürzung des Baugrundes betrug etwa 3 mm/m, wie sich aus der später festgestellten Verschiebung ergab. Die Batterien hatten eine Länge von 63 und 69 m. Von den drei Bauwerken hat der schwere Stahlbeton-Kohlenturm eine größere Steifigkeit in der Längsrichtung als die beiden Batterien. Zwischen den Ofenkammern einer Koksbatterie befinden sich schmale, gemauerte Wände, welche sich verhältnismäßig leicht in der Längsrichtung der Batterie verbiegen lassen. Der *Kohlenturm* ist also bei einer gegenseitigen Verschiebung der Grundplatten gleichsam der *feste Punkt* einer kinematischen Kette.

Um den Schadensvorgang zu veranschaulichen, soll die waagerechte Verschiebung der Öfen zahlenmäßig erklärt werden. Es wird vorausgesetzt, daß sich die Verkürzung im Baugrund gleichmäßig über die ganze Länge verteilt hat. *Dann ergibt sich die Änderung der Zwischenräume der drei Bauwerke aus der Verkürzung der Schwerpunktsentfernungen.* Der Schwerpunktsabstand zwischen dem Kohlenturm und der ersten Batterie beträgt 46 m, daraus errechnet sich das Maß der Verkürzung zu

$$46 \cdot \frac{3}{1000} = \sim 0,14 \text{ m}.$$

So groß ist dann auch das Maß der Schiefstellung sämtlicher Kammerquerwände in der
ersten Batterie. Die hierdurch verursachten Schäden ließen sich immerhin noch — wenn
auch mit erheblichen Kosten — betrieblich wieder ausgleichen. Der Schwerpunkt der
zweiten Batterie ist 74 m von dem der ersten Batterie entfernt. Dadurch vergrößerte
sich die Horizontalverschiebung der Ofendecke gegenüber der Ofensohle in der zweiten
Batterie zusätzlich um 22 cm. Die Gesamtschrägstellung der Kammerwände betrug also
in dieser Batterie 36 cm. Diese Verformung hat das Ofenmauerwerk nicht überstanden,

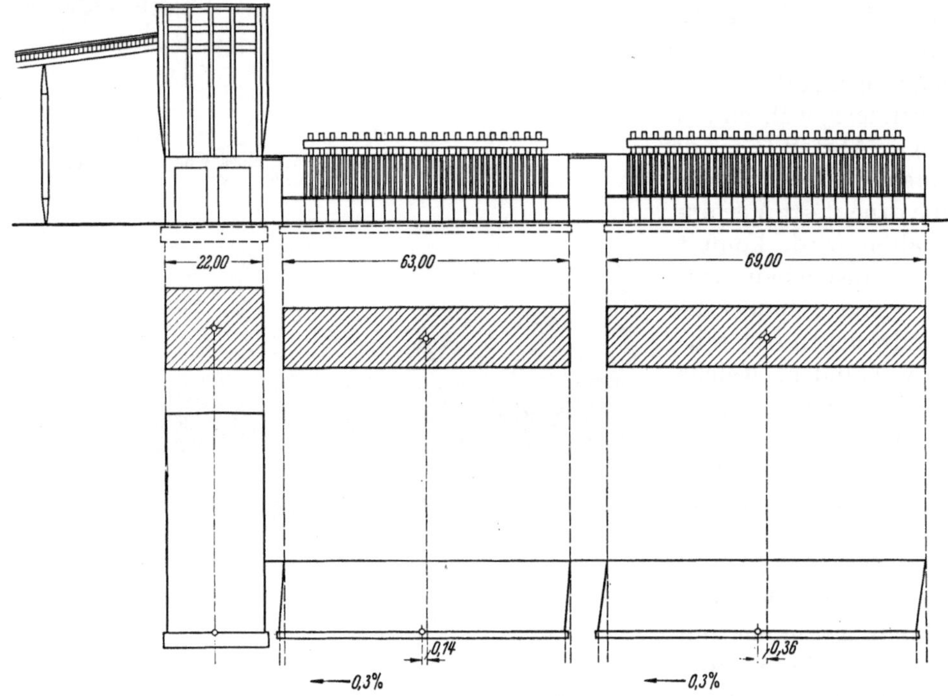

Abb. 76. Schäden an einer Koksofenbatterie mit starrer Abstandshaltung durch die Bühnen

die zweite Batterie mußte daher abgebrochen werden. Bei dieser Betrachtung ist nur die
horizontale Längenänderung der Baugrundsohle berücksichtigt. Hinzu kommt außerdem
die Auswirkung der Krümmung, die eine Verbindung im Aufgehenden nicht zuläßt.

Der oben geschilderte Vorgang ist ausschließlich auf die unnachgiebige Verbindung
durch die Zwischenbühnen zurückzuführen. Als später die Bühne zwischen der ersten und
zweiten Batterie ausgebaut wurde, erfolgte eine Rückwärtsbewegung von 8 cm in Höhe
der Ofendecke. Diese nachträgliche Bewegung ließ auf eine große latente Spannung in den
Kammerwänden der Öfen schließen. Der geschilderte Schadensverlauf bestätigt im übrigen
die Richtigkeit der Auffassung, daß die größten Schäden aus der gegenseitigen Berührung
mehrerer Einzelbaukörper entstehen und daß die Ausbildung der Trennfugen wichtiger
ist als alle anderen Maßnahmen, die am Einzelbaukörper getroffen werden.

In der vorangehenden Betrachtung ist zunächst an verschiedenen Beispielen gezeigt
worden, daß häufig die Berührung benachbarter Baukörper die Schadensquelle darstellt.
In den meisten Fällen läßt sich diese Gefahr durch eine Fugenanordnung von ausreichender
Breite und durch Vermeidung einer starren Verbindung beseitigen. An *teilgesicherten*
Baukörpern von geringer Eigensteifigkeit bereitet die Einfügung von Trennfugen meistens
keine großen Schwierigkeiten, zumal da man verhältnismäßig große Fugenabstände
wählen kann und somit Bauwerksabschnitte von beträchtlicher Länge nicht zu unter-

brechen braucht. Wird aber eine *Voll*sicherung verlangt, ist man gezwungen, ein Bauwerk in kleine Einzelabschnitte zu zerlegen, weil die Vollsicherung eines langgestreckten Baukörpers viel zu hohe Kosten verursachen würde. Bei der Zerlegung in Einzelabschnitte taucht dann zwangsläufig die Frage auf, welche Grundrißabmessungen jeder Einzelbaukörper erhalten soll. Die Kosten einer Vollsicherung durch Schaffung kleiner Bauabschnitte setzen sich aus zwei Teilbeträgen zusammen. Der erste entsteht durch die Ausbildung jeder einzelnen Fuge, wodurch die Zahl der Schnitte nach oben begrenzt wird. Der zweite Betrag muß für die Erzielung der Biegesteifigkeit jedes Einzelabschnittes angesetzt werden. Dieser wächst sehr erheblich mit den Grundrißabmessungen, wodurch die untere Grenze der Schnittanzahl bestimmt wird. Der Kleinstwert der Summe beider Beträge ergibt die wirtschaftlichste Lösung und ist meist nur durch Vergleichsberechnungen zu ermitteln.

3.1 Auswirkung der Längenänderung des Baugrundes

3.11 Berücksichtigung nach dem Widerstandsprinzip

Will man eine Abstandsänderung zweier Einzelbaukörper nach dem Widerstandsprinzip verhindern, so muß man folgerichtig von der Voraussetzung ausgehen, daß beide Einzelbaukörper ihrerseits durch schlaffe oder steife Fundamentplatten gegen eine Längenänderung des Baugrundes gesichert sind. Anderenfalls hätte es wohl keinen Sinn, die beiden Baukörper miteinander zu verbinden, weil sich sonst die Schäden innerhalb der Einzelbaukörper auswirken würden. Eine Abstandshaltung zwischen den Fundamentplatten zweier benachbarter Einzelbaukörper kann eine Verbindung sein, die entweder nur die Druckkräfte infolge einer Verkürzung der Baugrundfläche oder gleichzeitig die Zugkräfte aus der Dehnung der Baugrundfläche aufzunehmen vermag. Meistens bedeutet die Aufnahme der Zerrung wegen des damit verbundenen Stahlbedarfs eine erhebliche Verteuerung, außerdem schadet es den meisten Bauten nichts, wenn sich ihr gegenseitiger Abstand vergrößert. Andererseits kann eine zugfeste Verbindung von großem Nutzen sein, wenn die betreffenden Einzelbaukörper Teilabschnitte einer zusammengehörigen Gesamtkonstruktion sind.

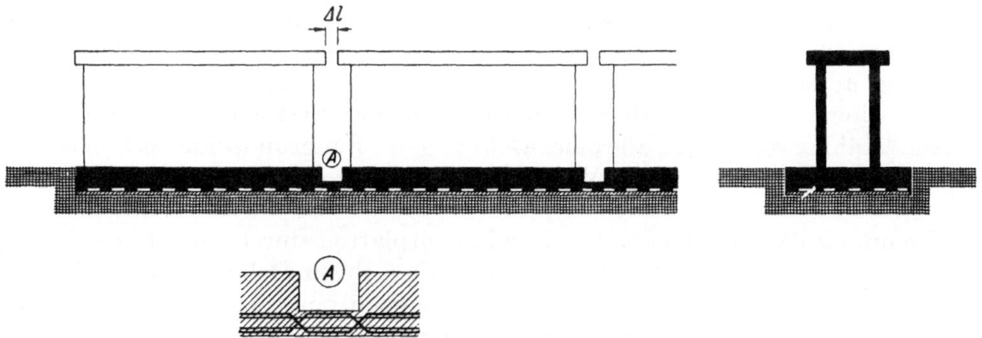

Abb. 77. Einfügung von Gelenken in einem langgestreckten Maschinenfundament

Als Beispiel einer zug- und druckfesten Gelenkverbindung der Fundamentplatten mehrerer zusammengehöriger Bauwerksabschnitte möge der Unterbau einer 30 oder 40 m langen Maschine dienen, welche eine Vollsicherung erhalten soll. Wenn es die Konstruktion der Maschine zuläßt, daß an einzelnen Stellen, zum Beispiel etwa in den Drittelspunkten, die starre Verbindung durch Kupplungen mit einem bestimmten — wenn auch geringen — Spielraum gelöst wird, so kann jeder der drei Abschnitte auf einem gesonderten Maschinenrahmen montiert werden. Da die Kosten einer Vollsicherung etwa mit dem Quadrat der Bauwerkslänge zunehmen, ist schon viel damit gewonnen, wenn nur je ein Drittel des

Gesamtfundamentes für sich biegesteif ausgebildet werden muß. Unter diesen Umständen ist eine gelenkartige Verbindung zwischen den Grundplatten der einzelnen Abschnitte zweckmäßig, die jegliche Abstandsänderung der drei Fundamentabschnitte in den Drehgelenken der Sohle verhindert, vgl. Abb. 77. Die Krümmung ist im allgemeinen sehr gering, so daß die durch die Winkelverdrehung bedingte Abstandsänderung Δl maschinentechnisch ausgeglichen werden kann. Ohne eine zugfeste Verbindung in der Fundamentsohle würde die Abstandsänderung in Höhe der Maschine im Falle einer Dehnung des Baugrundes einen zu großen Wert erreichen.

Eine ähnliche Konstruktion hat der Verfasser auch mehrfach bei Flüssigkeitsbehältern angewandt, deren Sohle als biegsame dünne Platte durchläuft und deren Wände in bestimmten Abständen lotrecht aufgeschnitten sind. Die dadurch entstehenden Fugen lassen sich mit einem schlaufenförmig gefalteten Blech überdecken, vgl. Abb. 143. Der lichte Fugenabstand in den Wänden kann sich nur um das geringe Maß ändern, welches dem Drehwinkel einer Flächenkrümmung der Baugrundsohle entspricht.

Die obigen Beispiele zeigen bereits, daß eine gleichzeitig *druck- und zugfeste* Verbindung zweier Einzelbauwerke hauptsächlich im Industriebau und im reinen Ingenieurbau vorkommt. Bei den üblichen Hochbauten ist das Öffnen einer Trennfuge zwischen zwei Einzelbauwerken belanglos. Folglich ist es nicht erforderlich, daß im Stoß der Fundamentplatten auch Zugkräfte aufgenommen und übertragen werden können. Es ist billiger, oberhalb der Fundamente zwischen den Giebelwänden zweier benachbarter Bauwerke oder Bauwerksabschnitte eine Trennfuge anzulegen und diese in den Durchgängen gleitend zu verkleiden, als die Fundamentplatten auch zugfest zu verbinden und die Zerrkräfte aus der Dehnung des Baugrundes in der Gesamtlänge mehrerer aneinanderschließender Einzelgebäude aufzunehmen.

Dagegen besteht im Hoch- und Industriebau viel häufiger die Notwendigkeit einer *nur druckfesten* Abstandshaltung der Fundamentplatten, die ein Ineinanderschieben benachbarter Baukörper verhindern. Eine derartige Druckübertragung in den Außenkanten der Fundamentplatten setzt aber voraus, daß diese in gleicher Tiefe liegen. Die in den Berührungsstellen auftretenden Druckkräfte, die sich infolge des Zusammenwirkens mehrerer Baukörper entsprechend ihrem Gesamtgewicht vergrößern, können meistens von den Fundamentplatten ohne jede Verstärkung aufgenommen werden. Die Platten sind aber im Innern der Bauwerke auf Beulung zu untersuchen. Handelt es sich um dünne Fundamentplatten, welche früher als „schlaffe Platten" bezeichnet wurden, so kommt es auf den Abstand der Quer- und Längswände des Kellergeschosses an, welche die Sohle gegen Beulung aussteifen. Hat das Bauwerk verhältnismäßig große freie Kellerräume, so kann man einen Teil der Zerrbewehrung oben in der Platte verlegen und somit die gleichen Rundstähle, welche im Falle einer Dehnung der Baugrundsohle als Zerrbewehrung dienen, gleichzeitig im Falle einer Verkürzung zur Aufnahme der Beulmomente verwenden.

Diese Trennung der anschließenden Fundamentplatten durch eine Fuge, in der nur Druckkräfte aufgenommen werden können, und die sich im Dehnungsfalle öffnen kann,

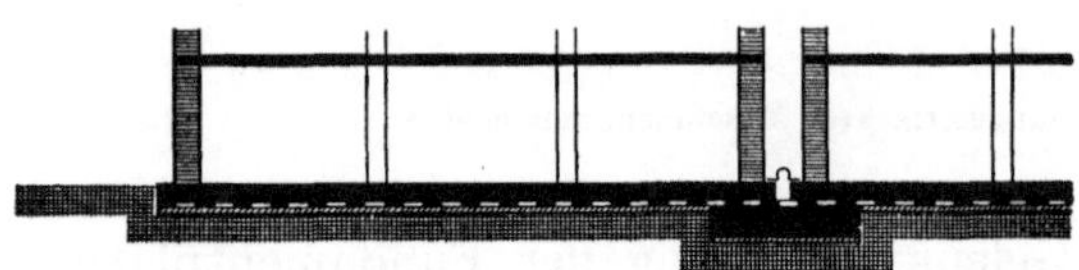

Abb. 78. Schwimmendes Unterfundament am Stoß zweier
Fundamentplatten bei geöffneter Fuge

bedarf noch eines konstruktiven Hinweises. Es tritt meistens am Fugenrande infolge der Belastung durch die Randstützen eine zu hohe Kantenpressung im Boden auf. Dann empfiehlt es sich, ein schwimmendes, gemeinschaftliches Streifenfundament unterhalb der beiden Platten gemäß Abb. 78 anzuordnen. Diese Maßnahme, welche der Verfasser vorlängerer Zeit einführte, hat sich einwandfrei bewährt. Die schwimmenden, d. h. durch eine Gleitfuge von den Platten gelösten Fundamente müssen im Industriebau vorsorglich auch an allen Rändern der Platten vorgesehen werden, an denen möglicherweise später ein Nachbarbauwerk angrenzt. Oberhalb der Fundamentplatte müssen

die Außenkanten der aufgehenden Konstruktion um einen geringen Betrag zurück-
springen, der sich aus dem Krümmungsradius ergibt. Näheres wird hierüber in Abschnitt 3.2 (S. 84ff.) ausgeführt.

Diese Konstruktion, bei der die vollen Reibungskräfte aller anschließenden Baukörper
in der Fuge übertragen werden, setzt voraus, daß die aneinanderstoßenden Fundamentplatten die dadurch auftretenden Druckkräfte auch aufnehmen können. Abgesehen von
der bereits erwähnten Gefahr des Ausbeulens nach oben können bei winkelförmiger Grund-

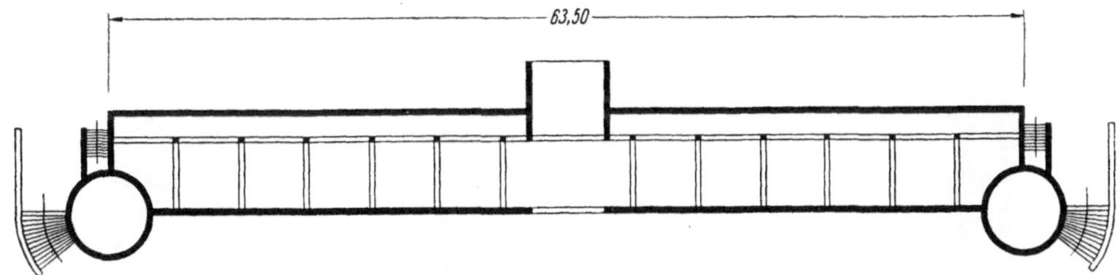

Abb. 79. Ausführungszeichnung der Tribüne eines Stadions

fläche auch Biegungsmomente und Querkräfte in der Ebene der Fundamentplatten auftreten.

Als Beispiel für die Folgen des fugenlosen Anschlusses mehrerer Bauteile werden in
Abb. 80 bis 83 die Schadensaufnahmen eines Tribünengebäudes gezeigt, welches eine
längliche, rechteckige Grundfläche hat. Bei der Planung dieses Bauwerkes sind keinerlei

Abb. 80   Abb. 81

Abb. 80 u. 81. Schäden an den Ecktürmen

Vorkehrungen gegen bergbauliche Einwirkungen getroffen worden. Es besitzt weder eine
durchgehende Fundamentplatte mit entsprechender Bewehrung noch eine Trennung der
einzelnen Bauteile. Abb. 79 zeigt die ursprüngliche Planung, nach der das Bauwerk
ausgeführt wurde. Das Gelände wurde mehrfach unterbaut und befand sich mehrere
Jahre lang im inneren Verkürzungsbereich einer Senkungsmulde. Wie man sieht, grenzen
an den etwa 63 m langen Mittelbau zwei vorspringende runde Ecktürme. Bei der Verkürzung des Baugrundes wirkte der Fußboden des Untergeschosses wie eine Fundamentplatte. Vermutlich hat innerhalb der langgestreckten rechteckigen Grundfläche der eigentlichen Tribüne der Unterbeton mit dem Estrich zusammen den aus der Verkürzung des

Baugrundes übertragenen Druck ausgehalten. Beide Türme sind dagegen der Bewegung des Baugrundes gefolgt und mit ihren Fundamenten aufeinander zugewandert. An dieser Bewegung wurden die Türme durch die Stahlbetonscheibe des Tribünendaches gehindert. Dadurch verdrehten sich die zylindrischen Außenmauern beider Ecktürme gemäß Abb. 80 und 81. Abb. 82 zeigt im Mittelteil gleichzeitig die typischen Rißbildungen über einer Senkungsmulde und diente bereits in Abschn. 2.54, S. 63ff., als Vorbild der in Abb. 61 wiedergegebenen Skizze.

Abb. 82. Schäden am Mittelteil der Außenfront]

Abb. 83. Schäden an der Tribünenseite

Da dieses Beispiel sehr lehrreich für die Auswirkung einer Verkürzung des Baugrundes in Verbindung mit einer muldenförmigen Krümmung ist, werden in Abb. 83 auch die Schäden an der Innenseite des Bauwerkes gezeigt. Sowohl das Dach als auch die Stahlbetondecke unter der Tribüne hat die Krümmung ohne großen Schaden überstanden. In der Tribünenbrüstung zeigen sich dagegen Abscherungen zwischen der Brüstung und der Stahlbetondecke. Es sind die gleichen gegenseitigen Verschiebungen, welche auch zwei übereinanderliegende Balken, die nicht miteinander verdübelt sind, bei jeder Durchbiegung erfahren. Später wurden die beiden Ecktürme völlig abgerissen, da sich eine Wiederherstellung nicht mehr lohnte.

Die obigen Schadensaufnahmen sollten auf die Notwendigkeit hinweisen, bei fugenloser Ausführung dieses Bauwerkes die aus der Fundamentplatte des Mittelbaues vorspringenden Teile unter den Ecktürmen biegungssteif anzuschließen. Nach der heutigen Erkenntnis würde man besser die Türme als Einzelbauwerke völlig abtrennen, damit sie ungehindert der Verschiebung des Baugrundes folgen können. Im übrigen wäre es auch ratsam, bei einer Länge von über 60 m den Mittelbau noch zu unterteilen. Eine zweckmäßige Ausführung der Konstruktion unter Berücksichtigung der bergbaulichen Einwirkungen ist in Abb. 84 dargestellt.

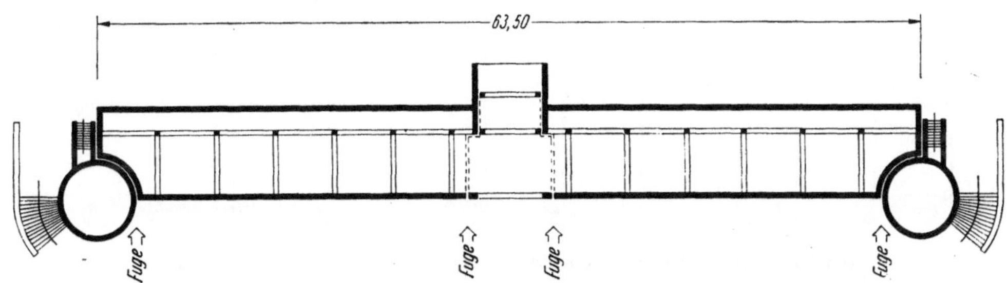

Abb. 84. Konstruktive Gestaltung bei Berücksichtigung des Bergbaues

3.12 Berücksichtigung nach dem Ausweichprinzip

Während es noch möglich ist, mehrere Einzelbaukörper nach dem Widerstandsprinzip in den Fundamentplatten aneinanderzustoßen zu lassen, sofern die Fundamentplatten in gleicher Höhe liegen, ist eine druckfeste Verbindung mehrerer Einzelbaukörper in der aufgehenden Konstruktion meistens außerordentlich nachteilig, wie das letzte Beispiel wiederum beweist. Sinngemäß gilt diese Regel aber nur für alle Bauwerke, bei denen eine gegenseitige horizontale Verschiebung der Fundamente Schäden im aufgehenden Bauwerksteil verursachen *kann*. Ist dagegen das aufgehende Bauwerk entweder durch Gleitfugen oder pendelnde Zwischenglieder (Pendelstützen und Pendelwände) von seinen

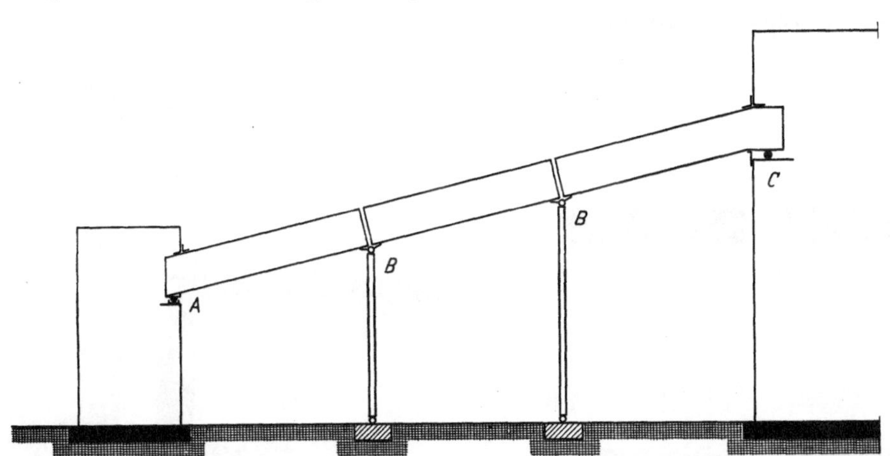

Abb. 85. Bandbrücke zwischen einer Kohlenwäsche und einer Eckstation

Fundamenten losgelöst, so ist gegen eine Verbindung auch im Aufgehenden zweier benachbarter Einzelbauwerke nichts einzuwenden. Da man die Längenänderung und die Krümmung der Baugrundsohle stets gleichzeitig berücksichtigen muß, darf aber die Verbindung jeweils *nur an einer Stelle* liegen. Oberhalb dieser Verbindungsstelle muß wiederum dafür gesorgt werden, daß eine gegenseitige Verdrehung der anschließenden Baukörper nicht behindert wird.

Als Beispiel wird in Abb. 85 die Verbindung zweier Industriebauwerke durch eine Bandbrücke dargestellt, welche wiederum als Einzelbauwerk betrachtet werden muß. Die Brücke ist dann in der Längsrichtung horizontal nur an einer Stelle unverschieblich anzuschließen. Alle übrigen Zwischen- und Endauflager müssen frei verschieblich sein. In der Querrichtung werden die Windkräfte an den Endauflagern von den anschließenden Bauwerken übernommen, an den Mittelauflagern durch Portale oder Windverbände unmittelbar in die Fundamente geleitet. In den Punkten A und B sind demnach Linienkipplager, im Punkt C Gleitlager in Verbindung mit einem Gelenk angeordnet.

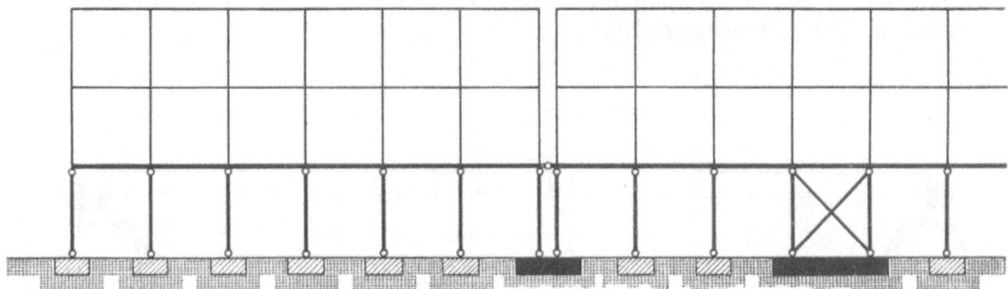

Abb. 86. Anschluß eines aufgeständerten Gerippebaues an ein zweites Bauwerk

Als zweites Beispiel wird in Abb. 86 der Anschluß zweier Bauwerkskörper gezeigt, welche im untersten Geschoß nur aus Stützen bestehen. Die Zerlegung in zwei Einzelbauwerke hat in diesem Falle nur den Zweck, die Formänderung der Wände im Falle einer Krümmung zu begrenzen, wenn die Gesamtlänge des Bauwerkes ohne die Abtrennung zu große Verformungen in den Wänden erfordern würde.

Damit sind die verhältnismäßig seltenen Fälle vorweggenommen, in denen Einzelbauwerke in der aufgehenden Konstruktion miteinander verbunden werden können, weil die Fundamente ungehindert der Längenänderung des Baugrundes zu folgen vermögen.

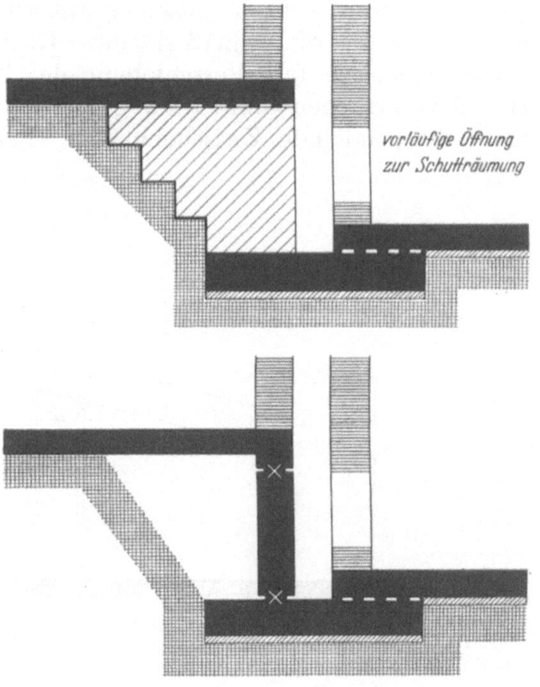

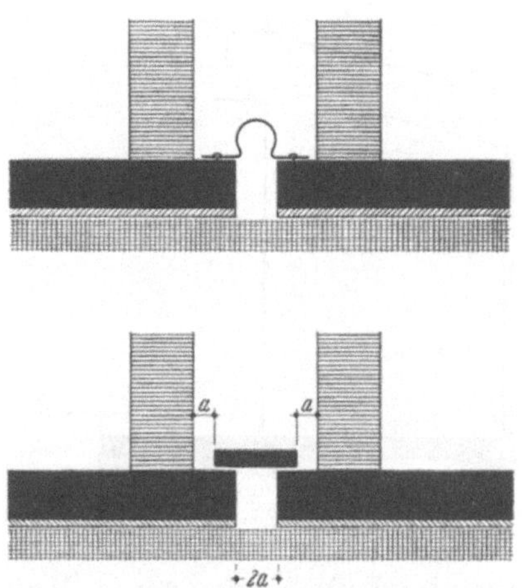

Abb. 87. Abdeckung des Hohlraumes zwischen zwei Fundamentplatten

Abb. 88. Ausbildung einer Trennfuge zwischen zwei Bauwerken mit verschiedener Gründungstiefe

Die meisten Bauwerke sind im Untergeschoß durch Wände ausgesteift. Wenn mehrere Hochbauten unmittelbar aneinanderstoßen, handelt es sich entweder um Bauwerksabschnitte des gleichen Gesamtbauwerkes oder um voneinander unabhängige Häuser. Diese Unterscheidung ist aber für die vorliegende Betrachtung belanglos. Es soll zunächst angenommen werden, daß zwei benachbarte Baukörper auf biegungssteifen oder schlaffen Fundamentplatten gegründet sind, die in gleicher Höhe liegen. In Abschn. 3.11, S. 77ff., war bereits gesagt, daß man dann die Fundamentplatten auch nach dem Widerstandsprinzip stumpf aufeinanderstoßen lassen kann (vgl. Abb. 78, S. 78), sofern die Fundamentplatten die Druckkraft aufnehmen können, welche aus der Bodenreibung auf die Gesamtlänge der betreffenden Einzelbaukörper entfällt. Trifft diese Voraussetzung nicht zu, so ist zwischen den Rändern der Fundamentplatten ein Hohlraum gemäß Abb. 87 anzuordnen. Dieser muß durch eine Abdeckplatte oder durch ein schlaufenförmiges Blech vor nachfallendem Bauschutt geschützt werden.

Liegen die angrenzenden Fundamentplatten nicht in gleicher Höhe, so ist es meist gar nicht möglich, nach dem Widerstandsprinzip die Kräfte aufzunehmen, die sich aus dem gegenseitigen Druck zweier Fundamentplatten ergeben. Man muß dann nach dem Ausweichprinzip dafür sorgen, daß sich die benachbarten Fundamente gegenseitig nicht behindern. In Abb. 88 sind zwei Arten der Fugenausbildung dargestellt.

Es bleibt noch die Frage zu beantworten, *wie groß* die Bewegung der angrenzenden Fundamentaußenkanten ist. Danach richten sich die Abmessungen sowohl des lichten Fugenabstandes als auch der Überdeckungslängen der Fugenverkleidung.

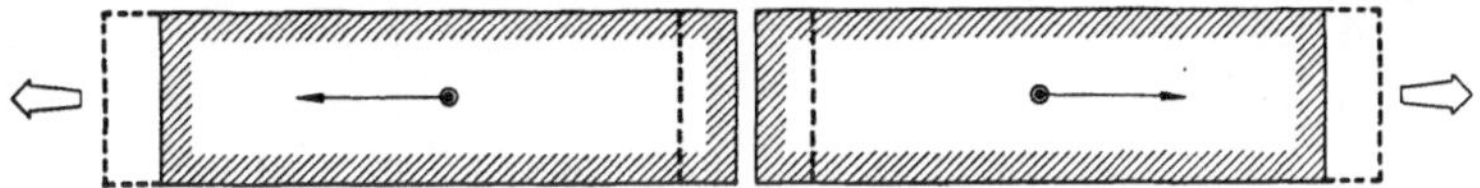

Abb. 89. Verschiebung zweier Rechteckplatten mit gemeinschaftlicher Längsachse durch Längenänderung des Baugrundes in der Achsrichtung

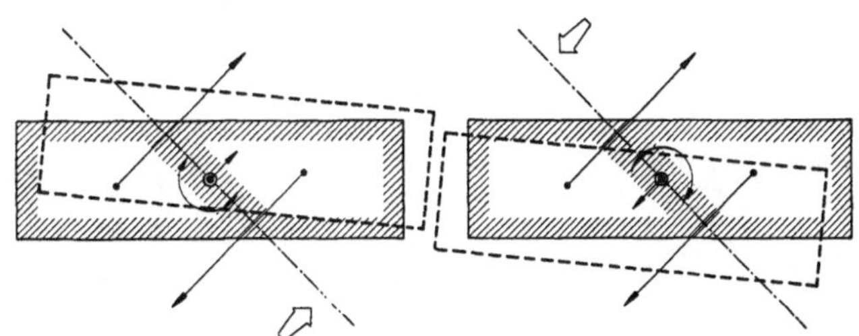

Abb. 90. Verschiebung zweier Rechteckplatten mit gemeinschaftlicher Längsachse durch Längenänderung des Baugrundes in schräger Richtung|

Wie in Abschn. 2.21 S. 37ff., beschrieben, findet bei ebener Unterfläche und konstantem Reibungsbeiwert im Schwerpunkt der Grundfläche eines Einzelbauwerkes keine Verschiebung in der Auflagerfuge statt. Wenn also die durchgehende Fundamentplatte der Bewegung des Schwerpunktes folgt, ist die Längenänderung des lichten Abstandes zweier Platten gleich dem Produkt aus dem Abstand der beiden Schwerpunkte und dem Betrag der Längenänderung je Längeneinheit, vgl. Abb. 89 bis 92. Betrachtet man zunächst nur die Verschiebung zweier Rechteckplatten, die *auf der gleichen Längsachse* liegen, vgl. Abb. 89 und 90, so ist das Fugenmaß bei gerader oder schräger Richtung der Bodenbewegung fast das gleiche. In Abb. 90 erkennt man aber, daß sich die benachbarten Gebäudekanten bei schräger Richtung der Bodenbewegung ein wenig durch *Drehung* gegeneinander verschieben. Es ist daher ratsam, die Bauwerksabschnitte nicht in eine Flucht zu legen, sondern etwas verspringen zu lassen, damit auch eine geringe Abweichung von der ursprünglich gerade durchlaufenden Fluchtlinie nicht zu sehr auffällt. Stoßen zwei Bauwerkskörper *rechtwinklig* aneinander, so verdrehen sich ihre Grundflächen bei schräger Richtung der Bodenbewegung in entgegengesetztem Sinn, vgl. Abb. 91. Die Begründung für diese Verdrehung ist auf S. 37/38 erläutert. Dann ist der Eckpunkt *A* oder *B* im Falle einer schräggerichteten Verkürzung des Baugrundes gefährdet. Diese Überlegung führt zu der Erkenntnis, daß bei winkligem Anschluß zweier Baukörper die Fuge etwas breiter ausgebildet werden muß als bei gleicher Richtung der Gebäude-Längsachsen. In der Praxis nimmt man hierauf meistens keine Rücksicht, weil man die Fugenmaße in jedem Fall reichlich wählen kann. Noch ungünstiger werden die Verhältnisse, wenn die Fuge nicht in einer Ebene geführt wird, sondern winklig verspringt, vgl. Abb. 92. Dann sind je nach der Bewegungsrichtung der Bodenverkürzung die Ecken C und D oder E gefährdet. Man soll auch aus anderen Gründen, z. B. zur leichteren Freihaltung von Bauschutt usw., die Trennfuge gerade hindurchführen.

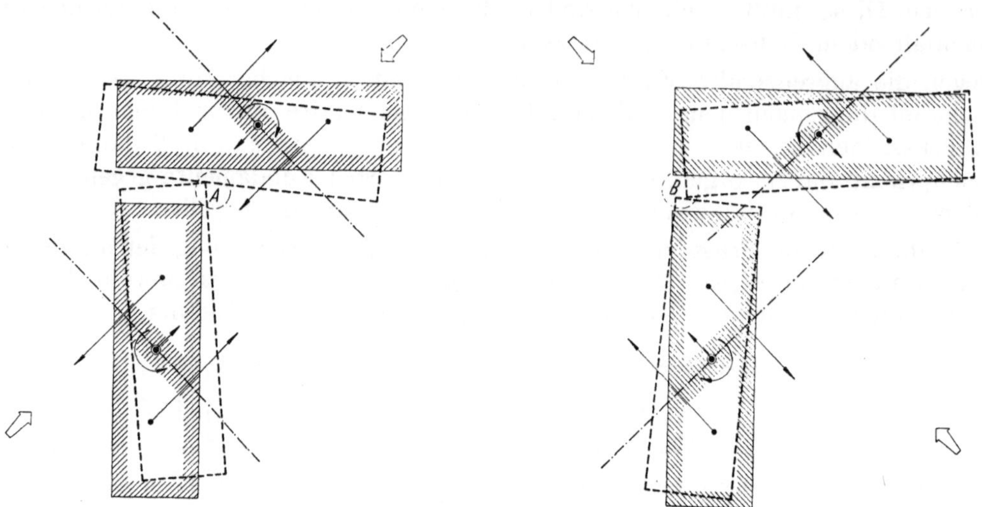

Abb. 91 u. 92. Verschiebung zweier Rechteckplatten mit rechtwinklig kreuzenden Längsachsen durch Längenänderung des Baugrundes in schräger Richtung

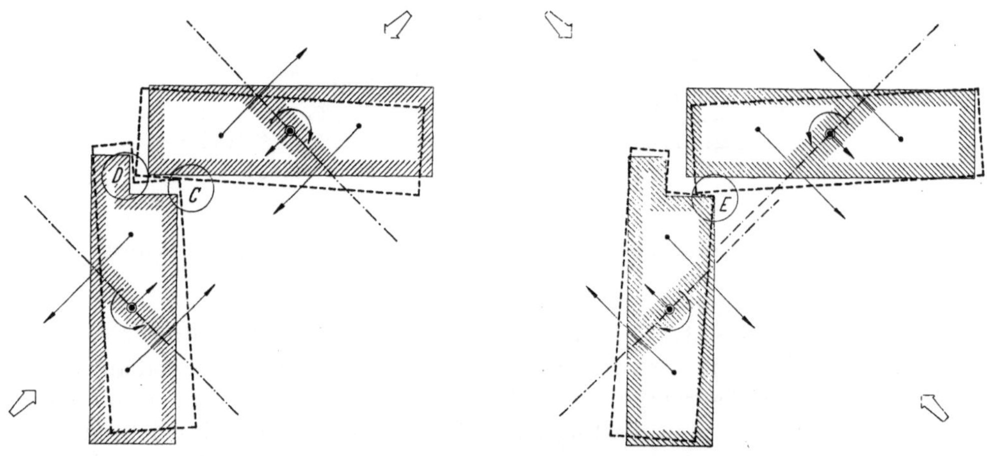

Abb. 92. Wie vor, jedoch mit einspringenden Ecken

Hinsichtlich der Maße der Fugenbreite ist bisher nur der Einfluß der Längenänderung erwähnt. Für die Krümmung muß ein zusätzlicher Betrag angesetzt werden, wie später erläutert wird.

3.2 Die Auswirkung der Krümmung des Baugrundes

Über die gegenseitige Beeinflussung aneinanderstoßender Einzelbauwerke durch die Krümmung der Bauwerkssohle ist nichts anderes auszusagen, als daß dabei keine Berührung und somit auch keine Kraftübertragung stattfinden darf, anderenfalls ist die Voraussetzung für den Begriff des „Einzelbauwerkes" nicht erfüllt. Bauwerke, die durch keine Hohlfugen voneinander getrennt sind, sind bei einer Krümmung in ihrer Gesamtlänge oder -breite als ein Baukörper aufzufassen. Lediglich über das notwendige Ausmaß der lichten Weite einer Fuge müssen einige Überlegungen angestellt werden.

Der Einfachheit halber sei angenommen, daß der Krümmungshalbmesser konstant sei, da ja nur mit dem Grenzwert des ungünstigsten, also kleinsten Halbmessers gerechnet wird. Betrachten wir zwei Einzelbauwerke von der Länge l_1 und l_2, der Höhe h_1 und h_2 gemäß Abb. 94, so liegt der durch eine muldenförmige Krümmung gefährdete Berührungspunkt in der kleineren Höhe h_2.

Man kann von folgender Voraussetzung ausgehen: Im Aufriß jedes Einzelbauwerkes gibt es einen Punkt der Senkungskurve, in dem eine ursprünglich lotrechte Gerade im Aufriß des Gebäudes mit der Tangente der Senkungskurve einen rechten Winkel bildet. Das Bauwerk steht in diesem Punkt auf die Geländeneigung bezogen „gerade". Wenn die Krümmung im Bereich des betrachteten Bauwerkes in gleichem Sinne, also ohne Vorzeichenwechsel verläuft, so bildet nur eine Stütze, die in diesem Punkt steht, mit der Tangente der Senkungskurve einen rechten Winkel, alle anderen Stützen erfahren eine Schiefstellung, die mit dem Abstand von dem besagten Punkt zunimmt. Zur Ermittlung der relativen Schiefstellung der äußeren Stützen oder Mauern an der Trennfuge benötigt man deren Entfernung von dem vorgenannten Ausgangspunkt. Bei steifen Baukörpern liegt dieser Punkt im Falle einer Einflächenlagerung in deren Schwerpunkt, im Falle einer Zweiflächenlagerung in der Mitte zwischen den Schwerpunkten beider Lagerflächen, vgl. Abb. 93. Sind die Bauwerke nicht biegungssteif, so befindet sich der Punkt bei Bauten von regelmäßiger Form mit rechteckiger Fassade in Gebäudemitte, bei unregelmäßiger Form unterhalb des steifsten Teiles, vgl. Abb. 94. Die Lage des Ausgangspunktes läßt sich im allgemeinen mit ausreichender Genauigkeit abschätzen. In Industriebauten, Hallen usw. ist der Punkt meistens durch die Lage der Horizontalaussteifung

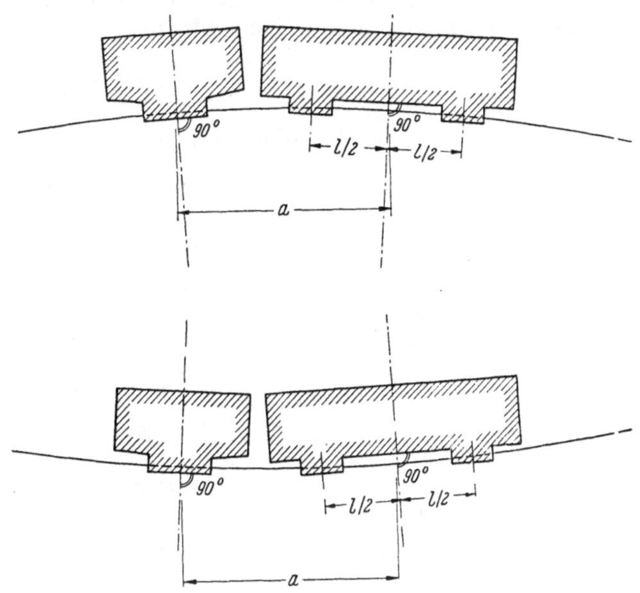

Abb. 93. Fugenbreite zwischen zwei steifen Baukörpern

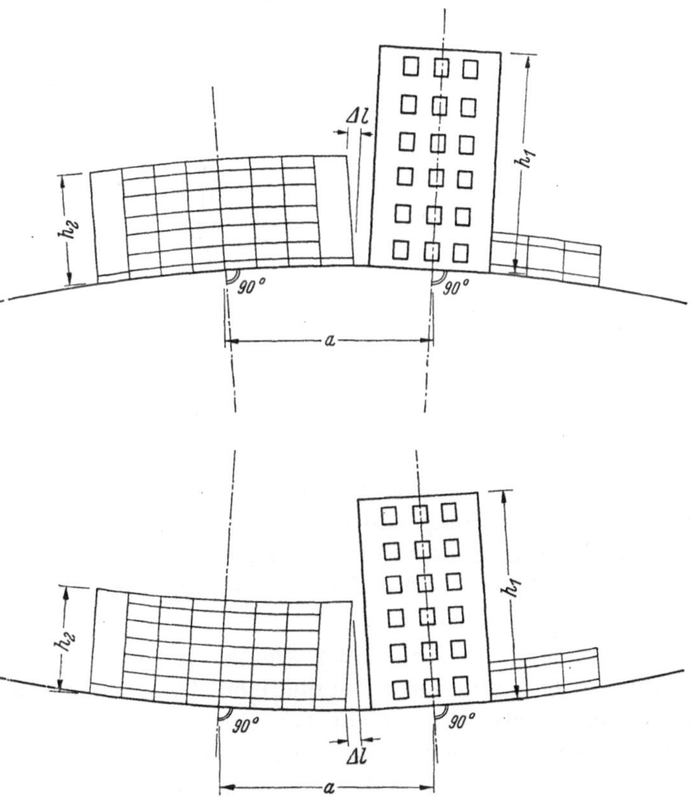

Abb. 94. Fugenbreite zwischen verschiedenartigen Baukörpern

bestimmt, die durch einen Windverband, ein Portal oder eine Wandscheibe gebildet wird, vgl. Abb. 95.

Die Veränderung der ursprünglichen Fugenbreite hängt von dem Abstand a ab, den die vorgenannten Punkte zweier nebeneinanderstehender Bauwerke haben.

Die mathematische Beziehung für die Fugenbreite lautet dann unter der Voraussetzung einer kreisförmigen Kurvenform:

$$\varDelta l = \frac{a \cdot h_2}{R} \ . \tag{1}$$

Für Bauwerke von regelmäßiger Form gilt der gebräuchliche Wert

$$a = \frac{l_1 + l_2}{2} \ . \tag{2}$$

Damit ist das zur Berücksichtigung einer Krümmung notwendige Maß sowohl der lichten Fugenweite für die Muldenlage als auch der Überdeckungsbreite der Verkleidung für die Sattellage gegeben. Hierzu ist der Betrag hinzuzurechnen, der sich aus der Längenänderung nach dem vorangegangenen Abschnitt ergibt. Für Bauten oder selbständige Bauwerksabschnitte von 25 oder 35 m Länge, wie sie im Bergbaugebiet mit Rücksicht auf „Krümmungsschäden" üblich sind, liefert die obige Gleichung brauchbare Werte.

Verwickelter wird aber diese Betrachtung, wenn es sich z. B. um stählerne Hallen handelt, deren Dach- und Kranbahnkonstruktionen in einer Länge oder Breite von 100 m durchlaufen. Diese Bauten können durch die Einfügung von Gelenken oder durch die Wahl schlanker Querschnitte und ähnliche Maßnahmen unempfindlich gegenüber schwachen Krümmungen gestaltet werden. Es muß nur die Voraussetzung

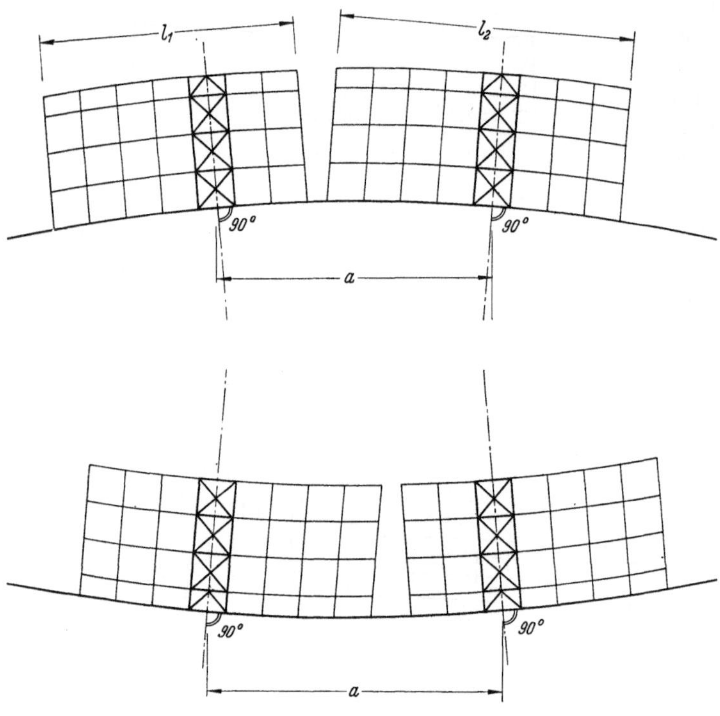

Abb. 95. Fugenbreite im Hallenbau

erfüllt sein, daß wenige Wände vorhanden sind und daß diese in Einzelabschnitten aufgehängt oder auf andere Weise dem Einfluß der Krümmung völlig entzogen werden. Mit dieser Überlegung soll nicht etwa eine Länge von 100 m bei Hallen grundsätzlich als zweckmäßig oder richtig anerkannt werden, diese Entscheidung richtet sich ganz nach den örtlichen Verhältnissen. Es muß aber der Vollständigkeit halber auch dieser Fall erwähnt werden.

Wenn ein verhältnismäßig kleiner Krümmungshalbmesser für den vorübergehend möglichen Grenzfall eines ungünstigen Zwischenzustandes angenommen werden muß, so kann der gleiche Wert nicht für eine kreisförmige Kurve von unbeschränkter Länge gelten. Es ist aber schwierig, die größtmögliche Länge der Krümmungskurve anzugeben. Immerhin gibt es zwei Anhaltspunkte, die in der obigen Gleichung eine Begrenzung der Längenabmessung a ermöglichen.

Der erste betrifft die *Schieflage*, welche sich aus der Länge des Kreisbogens errechnet. Während bisher die Längenänderungen an der Erdoberfläche nur selten maßlich untersucht und verzeichnet worden sind, gibt es zahlreiche Messungen der Schiefstellung von

hohen Gebäuden, Schornsteinen usw. Folglich kann meistens vom Markscheider eine
zuverlässige Angabe über den Grenzwert der möglichen Schieflage im Gelände gemacht
werden. Für den in Abb. 66, S. 67, eingetragenen Endtangentenwinkel lautet die Gleichung
mit $x = \dfrac{l}{2}$:

$$\operatorname{tg}\alpha = \frac{l}{2\,R}.$$

Hiernach läßt sich der Grenzwert für die Länge a ausrechnen, wenn der Betrag $\operatorname{tg}\alpha$ für
die größtmögliche Schieflage vom Markscheider angegeben ist.

$$\max a = 2\,R\,\operatorname{tg}\alpha. \tag{3}$$

Den zweiten Anhalt liefert die Überprüfung der *Senkungsdifferenz*, welche der angesetzten Kurvenlänge entspricht. Auch hierüber kann meistens der Markscheider eine
Angabe machen, da die Berechnungen der Senkungskurve den Betrag der auftretenden
Senkungsunterschiede mit ausreichender Genauigkeit ausweisen. Es ist zu beachten, daß
die Senkungskurve aus 2 Ästen mit entgegengesetztem Richtungssinn besteht. Trifft
man die Annahme, daß der Wendepunkt der Senkungskurve etwa in halber Höhe liegt,

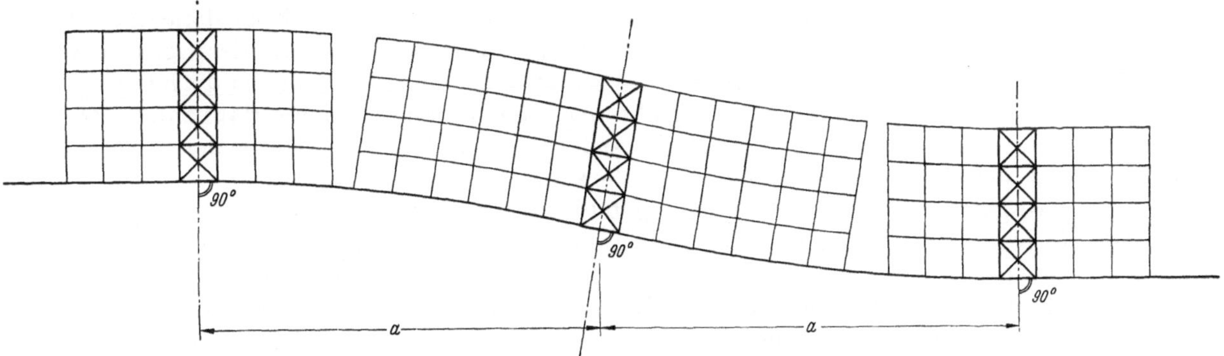

Abb. 96. Ermittlung des Höchstbetrages für die Fugenbreite zwischen Hallen von großer Länge

vgl. Abb. 96, so lautet die Beziehung zwischen der Gesamtlänge der in gleichem Sinn
gekrümmten Kurve und dem vom Markscheider angegebenen Höchstwert h des Höhen-
unterschiedes

$$h = \frac{l^2}{4\,R}.$$

Danach beträgt mit $l = 2\,a$

$$\max a = \sqrt{R \cdot h} \tag{4}$$

Diese Überlegung einer oberen Begrenzung des notwendigen Fugenmaßes gilt aber
ausdrücklich nur für den Krümmungsanteil, nicht für den Wert, der die Längenänderung
berücksichtigt. Die Dehnungen und Verkürzungen können sich über größere Längen erstrecken, als man je im Abbaugebiet für ein Bauwerk ohne Trennfuge ansetzt.

Die bisherigen Erfahrungen sprechen eindeutig dafür, die Fugenabstände möglichst
reichlich zu wählen. Eine Längenänderung des Baugrundes zwischen 5 und $10^{0}/_{00}$ hat der
Verfasser schon in zahllosen Fällen feststellen müssen. Wenn man in früheren Zeiten
glaubte, auch ohne offene Fugen auskommen und mit der Einlage poröser Platten oder
gar mit Feinsand als Fugenausfüllung etwas erreichen zu können, so hat dieser Irrtum
schon Unsummen für die Regulierung der Schäden verschlungen. *Von allen Forderungen
an eine den Bergbaueinwirkungen angepaßte Bauweise ist zweifellos die Einfügung ausreichend bemessener Trennfugen, die zwischen den einzelnen Bauwerken und Bauwerksabschnitten in der ganzen Breite und Höhe durchgehen müssen, am wichtigsten.*

4.0 Beispiele für die Formgebung und konstruktive Gestaltung der Bauwerke

In den vorhergehenden drei Abschnitten wurde streng zwischen der Auswirkung der Längenänderung und der Krümmung der Baugrundsohle unterschieden. Bei der praktischen Anwendung müssen beide Überlegungen parallel angestellt und zu einem Gesamtergebnis vereinigt werden. Im folgenden soll an einigen Beispielen gezeigt werden, wie man in der Praxis die Aufgabe einer den besonderen Verhältnissen des Bergbaureviers angepaßten Bauweise lösen kann. Es ist nicht beabsichtigt, alle Möglichkeiten für die konstruktive Ausbildung sämtlicher Bauwerke zusammenzustellen. Eine derartige Aneinanderreihung wäre reichlich unübersichtlich, sie würde auch nur von der eigentlichen Aufgabe ablenken, die zur Hauptsache in der grundsätzlichen Abwägung der doch in jedem Einzelfall verschiedenen Voraussetzungen besteht. Bevor man irgendeine Maßnahme plant, welche eine Verteuerung der Baukosten mit sich bringt, muß man die Größe des Schadensrisikos mit den Mehrkosten zusätzlicher Vorkehrungen vergleichen.

Den Ausgangspunkt jeder Überlegung bildet die Feststellung, ob an der fraglichen Stelle ein regelmäßiger, nur schwach gekrümmter Verlauf der späteren Senkungskurven zu erwarten ist, oder ob die Möglichkeit einer Treppen- oder Terrassenbildung berücksichtigt werden muß. Da im letzteren Falle die Baukosten, gleichgültig ob sie sofort bei der Errichtung eines Neubaues oder erst später bei den Instandsetzungsarbeiten anfallen, mit seltenen Ausnahmen die wirtschaftlich noch tragbare Grenze überschreiten, muß zunächst die Standortfrage besprochen werden.

4.1 Bebauungsplan

4.11 Berücksichtigung der geologischen und abbautechnischen Voraussetzungen

Um den wichtigsten Fall vorwegzunehmen, soll zunächst angenommen werden, daß mit einem *treppenförmigen Absatz* im Gelände gerechnet werden muß. Die Gründe für die Berechtigung einer solchen Annahme können sowohl in geologischen Gegebenheiten, z. B. in Sprüngen und Verwerfungen oder in der spröden Struktur des Deckgebirges, als auch in den besonderen Abbauverhältnissen liegen. Das überzeugendste Argument ist in jedem Falle eine über Tage bereits festgestellte Bruchkante im Gelände. Bei einer derartigen Sachlage wäre es unklug, im generellen Bebauungsplan die Zone, innerhalb welcher eine Abbruchkante erwartet wird, nicht von jeglicher Bebauung frei zu halten, sofern die Planung dieses überhaupt zuläßt.

Als Beispiel wird in Abb. 97 die ursprüngliche Planung einer Übertageanlage eines Bergwerkes gezeigt, in der bereits die schwarz angelegten Bauwerksteile erstellt waren. Nachdem mit dem Abbau begonnen war, trat innerhalb des Betriebsgeländes über Tage eine Bruchkante auf. Im vorliegenden Fall durchsetzt eine große geologische Störung den Untergrund. An dieser Verwerfung haben sich die Senkungen massiert und an der Tagesoberfläche eine Bruchkante gebildet. Man muß es als einen glücklichen Umstand betrachten, daß sich die Bruchkante so frühzeitig gezeigt hat. Vom zuständigen Markscheider wurde die von der gestrichelten Linie eingefaßte Fläche als für die Bebauung ungeeignete

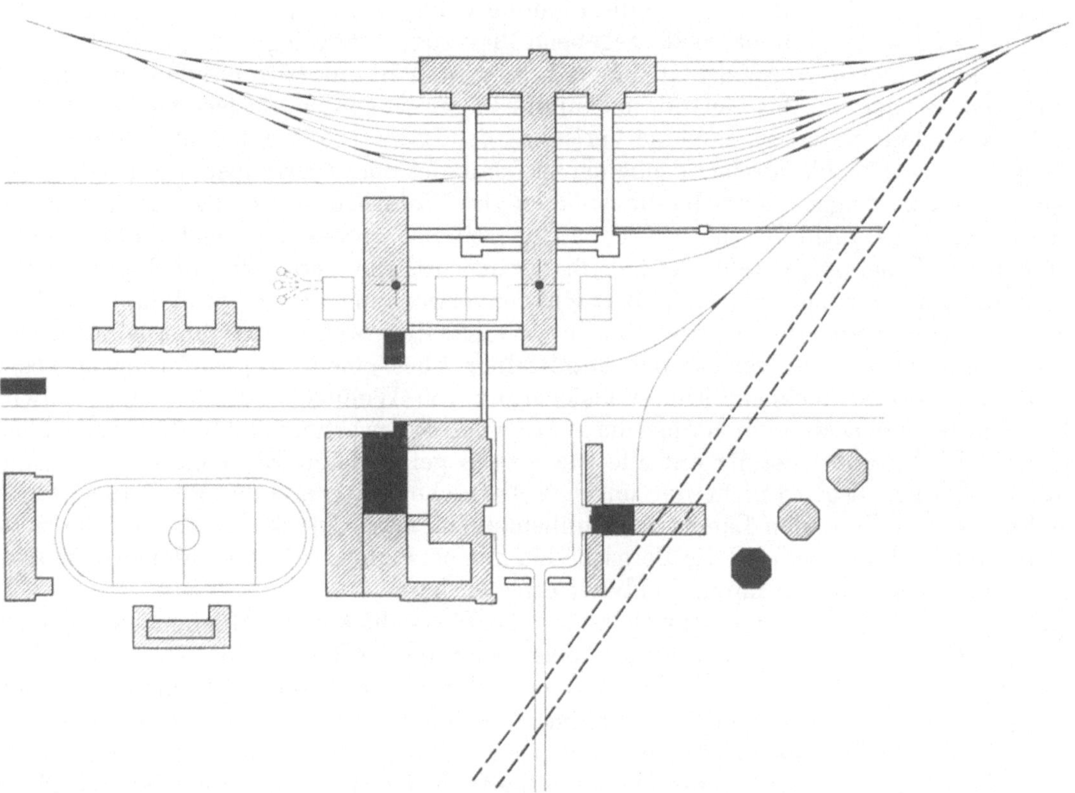

Abb. 97. Ursprüngliche Grundrißgestaltung einer Zechenanlage

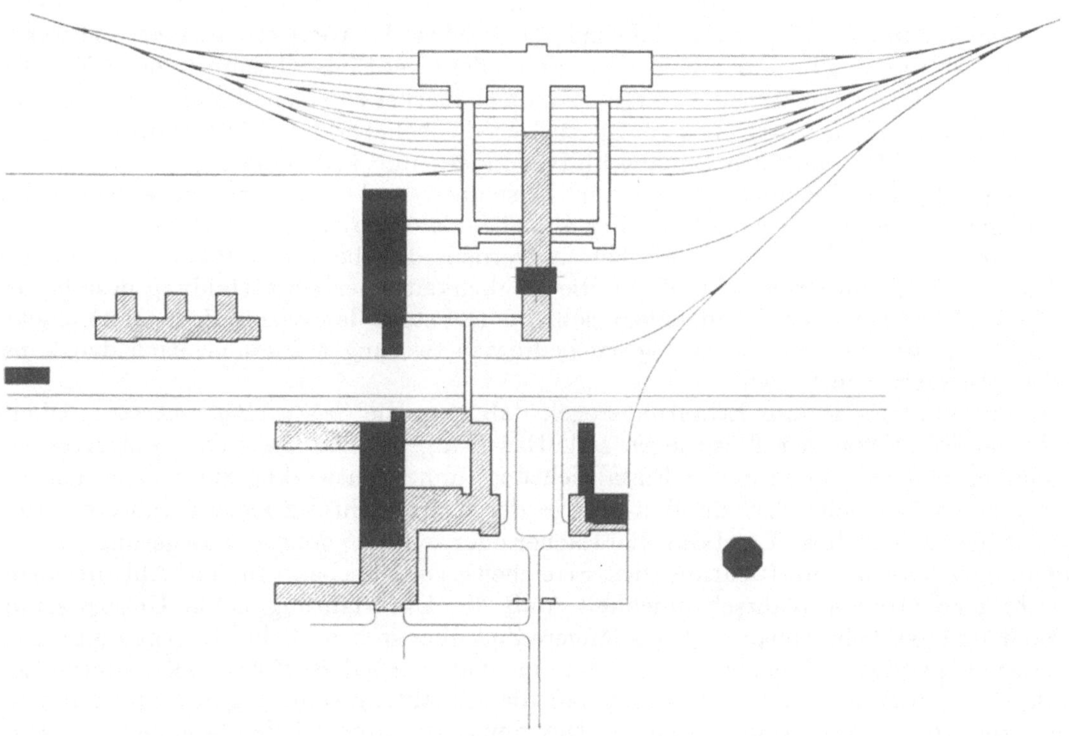

Abb. 98. Abgeänderte Planung

Zone ausgewiesen. Daraufhin wurde die Planung völlig umgestellt. Dem weiteren Ausbau wird nunmehr der in Abb. 98 wiedergegebene Plan zugrunde gelegt.

Ist eine industrielle Anlage an einen bestimmten Standort gebunden, wie in vorerwähntem Beispiel an das Gelände in unmittelbarer Nähe der Förderschächte, so kann durchaus der Fall eintreten, daß eine Verlegung der Bauwerke von der tatsächlichen oder zu erwartenden Bruchkante nicht möglich ist. Dann ist man gezwungen, die Kosten einer Vollsicherung zu tragen. Bei Bebauungsplänen von Wohnsiedlungen usw. ist im allgemeinen der Standort nicht unwiderruflich an das einmal vorgesehene Gelände gebunden. Unter diesen Umständen steht das hierfür verantwortliche Bergwerk vor folgender Entscheidung: Entweder spricht es eine Bergschädenverwarnung aus und muß dann die durch den notwendig werdenden Geländetausch verursachten Mehrkosten übernehmen, oder es muß mit einem Totalverlust der unmittelbar über einem treppenförmigen Absatz erstellten Bauwerke rechnen. Eine Vollsicherung von Wohngebäuden ist meist unwirtschaftlich, besonders wenn man die genaue Lage des zu erwartenden Absatzes nicht kennt und deshalb die Vollsicherung auf alle theoretisch gefährdeten Einzelbauten ausdehnen muß. Im übrigen liegt es nicht nur im wirtschaftlichen Interesse des Bergbaues, die im Gefahrenbereich liegenden Landstriche unbebaut zu lassen, auch für die Bewohner der gefährdeten Wohnhäuser sind die Bergschäden mit persönlichen Unannehmlichkeiten verknüpft, die man kaum in ihrem Geldwert erfassen kann.

Die Entscheidung, ob man das Gelände mit Rücksicht auf die Möglichkeit einer Absatzbildung von der Bebauung ausschließen oder die großen Mehrkosten einer Vollsicherung auf sich nehmen soll, wird besonders erschwert, wenn weder örtliche Erfahrungen vorliegen noch mit Sicherheit die Wahrscheinlichkeitsfrage der Absatzbildung bejaht werden kann. Die Hauptschwierigkeit liegt wie so häufig in den grundsätzlichen Voraussetzungen und nicht in der technischen Bearbeitung der sich hieraus ergebenden Folgerungen. In manchen Fällen hilft man sich dann damit, daß man eine Gesamtanlage, die eine große Grundfläche bedeckt, *sehr eng* in kleine Einzelabschnitte *unterteilt* und indem man von vornherein die Möglichkeit des Totalverlustes einzelner Bauwerksabschnitte in die Rechnung einbezieht. Im allgemeinen kennt man ja die Himmelsrichtung der zu erwartenden Absätze. Liegt diese quer zur Längsachse des Gesamtbauwerkes, so werden von einer Abtreppung im Gelände meist nur ein oder zwei Einzelabschnitte betroffen. Man kann auch nicht mit Sicherheit voraussagen, ob es hierbei zu einem Totalverlust oder nur zu einer Beschädigung kommen wird, die sich wieder beheben läßt. Jedenfalls ist es meist billiger, nicht jeden einzelnen Bauabschnitt, sondern nur Teile oder sogar innerhalb der Teilabschnitte ausschließlich die teuren Maschinen und sonstigen betrieblichen Einrichtungen, die man keiner Gefährdung aussetzen möchte, voll zu sichern.

Zusammenfassend soll nochmals betont werden, daß bei jeder Planung zuerst eine Klärung herbeigeführt werden muß, ob die Möglichkeit einer Absatzbildung besteht. Der planende Architekt oder Bauingenieur sollte daher stets den zuständigen Markscheider sowohl nach den natürlichen, geologisch bedingten Störungen als auch nach den künstlichen Abbaugrenzen fragen.

Ferner lautet eine alte Erfahrungsregel, daß man die *Gebäudelängsachsen* möglichst *in die Streichrichtung* der Flöze legen soll. Das Hangende hat stets das Bestreben, sich gegenüber dem Liegenden in der Einfallrichtung, d. h. rechtwinklig zur Streichrichtung, zu verschieben. Insofern ist ein Bauwerk in der Einfallrichtung mehr gefährdet. Hinzu kommt noch ein weiterer Umstand. Bei flacher oder schwach geneigter Lagerung wird der Abbau meistens in der Richtung des Streichens vorgetrieben. In der Abbaurichtung besteht eine größere Wahrscheinlichkeit, daß die Unterfahrung keine Unterbrechung erleidet und daß kein Abbaurand eine längere Zeit über stehen bleibt. Dagegen muß mehr mit der Möglichkeit gerechnet werden, daß das Nachbarfeld zu einem viel späteren Zeitpunkt in Angriff genommen wird und daß die Abbaukante, die parallel zum Streichen liegt, zur vollen Auswirkung kommt. Die Senkungsunterschiede, besonders aber die waagerechten Bewegungen des Bodens, können in Richtung des Streichens der Flöze vom

Bergbau leichter beeinflußt werden als in Richtung des Einfallens. Beim Bauwerk ist die Längsrichtung im allgemeinen gefährdeter als die kürzere Querrichtung, daraus folgt die obige Regel, nach der die größeren Grundrißabmessungen eines Bauwerkes, ferner die Gleis- und Krananlagen möglichst gleichlaufend zur Streichrichtung der Flöze angeordnet werden sollen.

Die Auswirkungen sowohl der Längenänderung als auch der Krümmung nehmen etwa mit dem Quadrat der Längenabmessung des betrachteten Einzelbauwerkes bzw. Bauwerksabschnittes zu. Das gleiche trifft für die Kosten der vorsorglichen Maßnahmen für die Voll- und auch für die Teilsicherung zu. Bei einer Vollsicherung ist im allgemeinen nur die Tatsache, nicht die Größe der Längenänderung und Krümmung von Belang. Bei der Teilsicherung gilt das gleiche nur hinsichtlich der Längenänderung, während das Ausmaß der Krümmung häufig den Umfang der Sicherungsvorkehrungen entscheidet. Die Begründung dafür, daß nur die Längenänderung selbst, nicht deren Ausmaß zu beachten ist, liegt in der Art der Kraftübertragung der Bodenbewegung. Die Größe der Reibungskraft ist unabhängig von dem Betrag der Verschiebung. Nur in dem seltenen Fall, daß die erwartete Dehnung kleiner ist als der Dehnungsbetrag, welchen die eingelegte Zerrbewehrung bei voller Materialausnutzung bis zur Streckgrenze erfährt, erübrigt sich jegliche Zerrbewehrung. Bei einer Streckgrenze von 2400 bis 4000 kg/cm² würde der Stahl eine Dehnung von $\sim$ 1 bis 2 mm/m des Baugrundes mitmachen. Die Voraussetzung einer so geringen Dehnung trifft aber sehr selten zu.

Für die Planung einer Teilsicherung ist dagegen die Größe der Krümmung, d. h. deren Halbmesser, recht wichtig. Je kleiner der Krümmungsradius angenommen wird, um so kleiner muß auch die Längenabmessung eines nur teilgesicherten Bauwerkes sein und um so enger wird damit die Aufteilung eines großflächigen Gesamtbauwerkes in einzelne Abschnitte. Einen Anhalt für die zweckmäßige Größe der Längen- und Breitenabmessungen von Einzelbauwerken gewinnt man aus den im Abschn. 5 abgedruckten Richtlinien. Im Einzelfall hängt diese Angabe von den geologischen Verhältnissen — insbesondere von dem Vorhandensein nachgiebiger, weicher Gebirgs- oder Bodenschichten — und von der Eigensteifigkeit des betreffenden Bauwerkes ab.

4.12 Die räumliche Form der Einzelbauwerke, die Wahl des Verhältnisses ihrer Länge, Breite und Höhe

Die grundsätzliche Überlegung, wie man am wirtschaftlichsten das Bauwerk dem Kraftangriff aus der Bodenverformung entzieht, führt häufig zu einer Änderung der Planung. Die Sicherungsmaßnahmen verteuern sich wesentlich, wenn starr an der geplanten Bauform und Einteilung der Bauwerke festgehalten wird.

Wie schon im Abschn. 2.2, S. 36ff., bei der Wiedergabe der von MAUTNER angestellten Betrachtungen ausgeführt wurde, ist die früher vorherrschende Ansicht irrig, daß die bergbaulichen Einwirkungen auf das Bauwerk mit der Größe der Baugrundbeanspruchung, d. h. mit der Bodenpressung in der Gründungssohle, zunehmen. Das Gegenteil trifft zu. Danach empfiehlt es sich, unter verschiedenen zur Wahl stehenden Bauplätzen den mit weicherem Baugrund zu bevorzugen. Aus dem gleichen Grunde sind *Hochhäuser* grundsätzlich weniger gefährdet als langgestreckte Flachbauten. Infolge der größeren Bodenpressung wird ein Teil der Krümmung durch die stärkere Verformung des Baugrundes ausgeglichen. Es ist gleichgültig, ob man von den Folgen der Krümmung oder Längenänderung ausgeht, in jedem Fall kommt es hauptsächlich auf die Größe der Grundrißfläche eines Bauwerkes an. Bei einer Gegenüberstellung der Vorzüge und Nachteile beider Bauformen geben die Längenabmessungen den Ausschlag. Auch aus diesem Grunde ist also ein Hochbau in der Regel zweckmäßiger als ein Flachbau.

Da die Schäden mit dem Verhältnis der Höhe zur Breite abnehmen, sind alle turmartigen Bauwerke mit kleiner Grundfläche am günstigsten. Diese erfüllen meistens sogar die Voraussetzungen einer Vollsicherung, ohne daß damit Mehrkosten verknüpft sind.

Nachteilig ist nur der Umstand, daß selbst eine geringe Schiefstellung eines Turmes und auch eines schmalen Hochhauses optisch mehr in Erscheinung tritt als bei Flachbauten. Wenn aber ein Baukörper seiner Zweckbestimmung nach bereits eine ausreichende Steifigkeit gegen die Krümmung der Bauwerkssohle besitzt, so lassen sich im allgemeinen leicht Maßnahmen zum Wiedergeraderichten vorsehen. Auch die spätere Wiedergeraderichtung selbst verursacht nur geringe Kosten, sofern die entsprechenden Vorkehrungen für eine Hebung vorher beim Bau getroffen wurden.

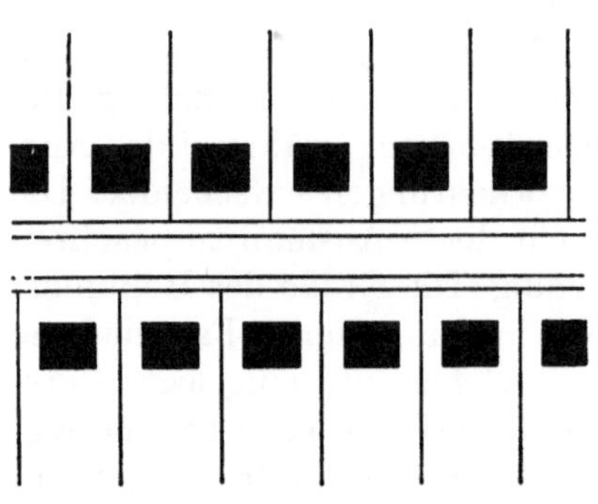

Abb. 99. Offene Bauweise (nach NEUHAUS)

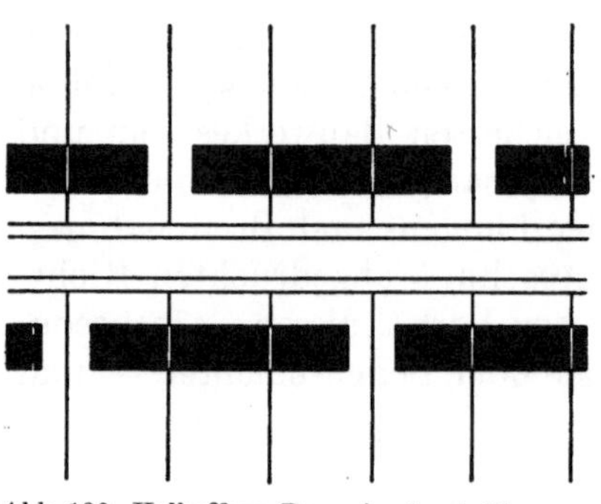

Abb. 100. Halboffene Bauweise (nach NEUHAUS)

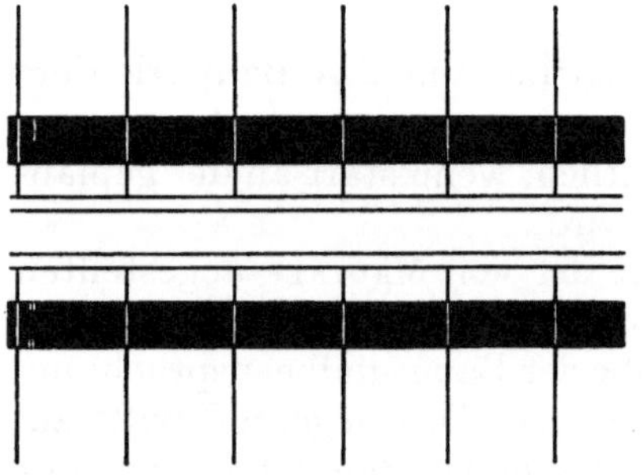

Abb. 101. Geschlossene Bauweise (nach NEUHAUS)

Man muß das Bestreben, die Berührung zwischen Bauwerk und Baugrund auf ein Minimum zu beschränken, zu den Grundregeln einer für das Bergbaugebiet geeigneten Bauweise zählen. Je mehr Berührungspunkte vorhanden sind und je größer die Fläche ist, in der diese Punkte liegen, um so größer werden die Kräfte, welche aus der Baugrundverformung in das Bauwerk übertragen werden. Wenn sich hieraus auch ergeben hat, daß es günstiger ist, auf kleiner Grundfläche möglichst hoch zu bauen, so gibt es doch eine große Gruppe von Bauten, die ihrer Zweckbestimmung nach nur ein- oder zweigeschossig errichtet werden müssen. Das sind insbesondere die meisten *Wohnsiedlungen.* Für deren Errichtung gelten irgendwelche baupolizeilichen Vorschriften, die eine offene oder geschlossene Bauweise zulassen. Über die Eignung der verschiedenen Formen von Baublöcken in Wohnsiedlungen schreibt NEUHAUS[1] wie folgt:

Die *offene Bauweise*, d. h. die Aufgliederung der Bebauung längs der Straßen in allseitig freistehende Einzelgebäude mit dazwischenliegenden unbebauten Streifen (Bauwiche), ist im Bergsenkungsgebiet besonders günstig (Abb. 99). Sie ermöglicht es, daß sich die Grundkörper in waagerechter Richtung ungehindert verschieben können.

Die *halboffene Bauweise* (Abb. 100), d. h. der unmittelbare Zusammenbau von 2 bis 3 Gebäuden von begrenzter Länge mit dazwischenliegenden unbebauten Streifen (Bauwiche), ist für das Bergsenkungsgebiet geeignet, wenn die zusammengebauten Gebäude — Blöcke oder Zeilen — nicht länger als 30 bis 35 m sind.

In den Gebieten der *geschlossenen Bauweise* (Abbildung 101), in denen im allgemeinen verlangt wird, daß die Gebäude längs der Straße sowohl an der Nachbargrenze wie auch innerhalb eines Grundstückes unmittelbar aneinander errichtet werden, müssen in Abständen von 30 bis 35 m offene Fugen *(Trennungsschlitze),* eingeschaltet werden. — Da dies eine Abweichung von den geltenden Baubestimmungen bedeutet, muß es im Wege der Befreiung oder der Ausnahme genehmigt werden, sofern nicht von der Bauaufsicht eine generelle Befreiung erteilt ist.

Noch sinnvoller wäre es nach der Auffassung des Verfassers, wenn die Baubestimmungen innerhalb des Bergbaugebietes mit Rücksicht auf die volkswirtschaftliche Bedeutung der Bergschäden daraufhin überarbeitet würden, daß sie die Längenabmessung

---

[1] NEUHAUS: Baufibel für den Wohnungsbau im Bergsenkungsgebiet. Düsseldorf: Werner 1954.

der zusammenhängenden Baublöcke überhaupt beschränken. Mehrere Städte haben bereits diesen Weg beschritten und dienen damit nicht nur den Belangen der Wirtschaft, sondern auch denen der Hauseigentümer.

Beim *städtischen Hochbau* mit seinen verschiedenartigen Bauwerken ist es schwer, allgemeingültige Regeln für die Wahl der günstigen Bauformen aufzustellen. Die späteren Bergschäden hängen aber zur Hauptsache von der Gestaltung der Baukörper ab.

Selbst eine sorgfältige bauliche Durchbildung im einzelnen erreicht im allgemeinen weniger als eine verständnisvolle Gesamtanordnung. Der planende Architekt muß sich daher vor Inangriffnahme eines solchen Entwurfes mit den Grundsätzen der Bergschädensicherung, wenigstens in ihren Hauptzügen, vertraut machen.

Bei der Planung reiner *Ingenieurbauten* wird häufig die *statisch bestimmte* Form der *Lagerung* stark in den Vordergrund der Betrachtung gerückt, sie hat aber für die Mehrzahl der Bauwerke keine große Bedeutung. Diese Feststellung muß hier vorgebracht werden, weil eine statisch bestimmte Lagerung, d. h. eine Abstützung auf drei Punkte, die räumliche Form des Baukörpers berührt. Ein hohes Bauwerk, welches im aufgehenden Teil einen rechteckigen Grundriß haben soll, ist schwierig auf drei Punkten zu gründen Die Windaufnahme bereitet fast immer konstruktive Schwierigkeiten. Lediglich kreisrunde Bauwerke wie z. B. Wasserbehälter von kleiner Grundfläche und großer Höhe kann man auf drei Pendelscheiben auflagern. Die Grundrißform des gleichseitigen Dreieckes eignet sich auch für alle Türme, die keine andere Aufgabe haben, als eine große Höhe zu überwinden. Würde man beispielsweise einen Eiffelturm im Einwirkungsbereich des untertägigen Bergbaues planen, so wäre eine dreibeinige Form geeigneter als eine vierbeinige. Vermutlich würde man aber eine konisch zulaufende Röhre wegen ihrer größeren Biegesteifigkeit bevorzugen.

Im übrigen ist zu der räumlichen Form der Bauwerke nur zu bemerken, daß man nach den Darlegungen des Abschn. 2,12, S. 35, entweder auf ausreichende Eigensteifigkeit oder auf möglichst große Nachgiebigkeit hinsteuern muß.

4.13 Die Grund- und Aufrißgestaltung

Bei der Planung der Grundrisse eines Einzelbauwerkes sind zwei Gesichtspunkte zu beachten. Der erste betrifft das Verhalten des unterhalb der Erdoberkante liegenden Baukörpers, der also unmittelbar mit dem Baugrund in Berührung steht, der zweite den Verlauf der Formänderung im aufgehenden Bauwerk für den Fall einer Krümmung des Baugrundes.

Hinsichtlich der äußeren Umgrenzung des vom Boden umgebenen unteren Bauwerksteiles, d. h. im allgemeinen des Kellergeschosses, geht bereits aus den Darlegungen von Abschn. 2, S. 33ff., hervor, daß alle nach unten vorspringenden Teile des Baukörpers bei einer Längenänderung der Baugrundsohle starke Kräfte auf sich ziehen und infolgedessen immer gefährdet sind. Für den Grundriß des Kellergeschosses ist die einfache Rechteckform ohne Ausschnitte und ohne Vorbauten anzustreben. Besteht der untere Abschluß aus einer durchgehenden, steifen oder schlaffen Stahlbetonplatte, so sind kleinere seitliche Vorsprünge, welche z. B. für die Lichtschächte der Kellerfenster dienen, konstruktiv leicht anzuschließen, so daß die Grundplatte selbst von einer horizontalen Verschiebung des umgebenden Bodens nicht beschädigt wird. Aber das aufgehende Mauerwerk eines derartigen Vorsprunges ist bei jeder Längenänderung des Baugrundes der Gefahr einer seitlichen Verschiebung ausgesetzt. Bei allen Bauwerken mit durchgehender Fundamentplatte erleiden diejenigen Vorbauten die größten Schäden, die am weitesten vom Schwerpunkt des Baukörpers entfernt liegen. Im Schwerpunkt selbst findet keine Verschiebung des Baugrundes gegenüber der — voraussetzungsgemäß in einer Ebene liegenden — Stahlbetonplatte statt. Bei länglichen Grundrissen sind also gemäß Abb. 102 Vorsprünge in der kurzen Symmetrieachse weniger bedenklich als solche, die an den äußeren Enden gemäß Abb. 103 und 104 liegen.

Zur Grundrißgestaltung gehört sinngemäß auch die Gesamtdisposition der Raumverteilung auf die einzelnen Geschosse. Dann darf an dieser Stelle der Hinweis nicht fehlen daß *Teilunterkellerungen* grundsätzlich vermieden werden sollten. Damit sind nicht die üblichen Tiefkeller der Fahrstuhlschächte oder sonstige Vertiefungen mit einer Grundrißfläche von wenigen Quadratmetern gemeint, die man von der Grundplatte abtrennen und als offene Kästen gleichsam schwimmend gründen kann. Es handelt sich vielmehr um die eigentlichen Kellerräume, die unter einem Teil der Gebäudegrundfläche fortgelassen werden. Die damit beabsichtigte Ersparnis ist nicht selten lediglich ein Trugschluß aus einer unrichtigen Kostenvorermittlung nach der Zahl der Kubikmeter des umbauten Raumes. Genauso wie einspringende Loggien usw. in den oberen Geschossen keine Ersparnis gegenüber durchlaufenden Außenwänden bedeuten und auch das Zurücksetzen der Dachgeschoßaußenwände zwar den Raum, aber nicht die Baukosten verringert, verhält es sich auch in vielen Fällen mit der Teilunterkellerung. Den vermeintlichen Gewinn soll die Ersparnis des Bodenaushubes und der Tieferführung der Kellerwände im nichtunterkellerten Teil bringen. Die zusätzlichen Kosten

a) für die Erschwerung der Gründung, die wegen des zu erwartenden Setzungsvorganges nicht plötzlich verspringen darf,

b) für die Auffüllung der Baugrube mit Magerbeton oder eingerütteltem Sand unter der anschließenden, hochgelegenen Erdgeschoßsohle,

c) für die Isolierung der Erdgeschoßsohle gegen Kälte und aufsteigende Feuchtigkeit und der nicht zu leugnende Gewinn an nutzbarem Kellerraum werden häufig außer acht gelassen.

Eine Teilunterkellerung vergrößert sehr häufig den Umfang der Bergschäden, daher ist es meist wirtschaftlicher, unter diesen Umständen auf eine Sicherung des Kellers ganz zu verzichten, diesen also gleichsam preiszugeben und lieber nach Eintritt der Schäden die höheren Instandsetzungskosten zu tragen. Außerdem ist im Schadensfall zunächst die Frage zu prüfen, ob es sich um echte Bergschäden oder um Gründungsfehler handelt.

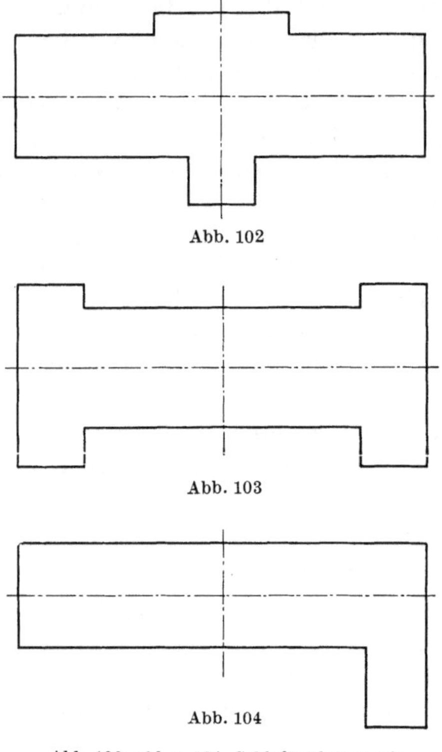

Abb. 102

Abb. 103

Abb. 104

Abb. 102, 103 u. 104. Schlaffe Platten mit Vorsprüngen

Im übrigen ist hier wohl der Hinweis angebracht, daß zunächst die *Frage der Unterkellerung* überhaupt geprüft werden sollte. Es gibt viele Länder, in denen die üblichen Wohnhäuser nicht unterkellert werden, weil kein Bedarf hierfür besteht, oder weil der Boden zu feucht ist usw. Zu einem großen Teil bildet das Festhalten an alten Gewohnheiten, deren Zweck in der einstmals notwendigen Vorratshaltung bestand, die einzige Begründung. Auf dem Lande haben sich die Verhältnisse weniger geändert, aber in den Städten werden die Keller zu einem großen Teil als Abstellräume benutzt, die besser oben liegen sollten. Hier bietet sich ein günstiges Feld für die so viel diskutierte Rationalisierung im Hause, mit der die weiten Wege aus den oberen Etagen in den Keller kaum zu vereinbaren sind.

Die gleiche Überlegung, ob man nicht ein Bauwerk weniger tief führen soll, gilt auch für manche Industriebauten. Zum Beispiel liegt häufig kein triftiger Grund vor, die Wasserbehälter, Kläranlagen usw. mehrere Meter tief in den Boden zu legen. In vielen Fällen genügt eine frostfreie Tiefe von einem Meter, dann entfällt bei einer Verkürzung des Baugrundes der große Erddruck auf die Außenwände, der mit dem Quadrat der Tiefe zunimmt.

Der Hinweis, zunächst die Notwendigkeit einer Unterkellerung zu prüfen, erklärt am besten den hier vertretenen Standpunkt, daß es sich weniger um eine Frage der *Bergschädensicherung* als um die Aufgabe handelt, die Baugestaltung den besonderen Bedingungen anzupassen.

Für die Grundrißgestaltung im Aufgehenden allgemeine Richtlinien zu geben, ist sehr schwer. Man ist darauf angewiesen, aus der Beobachtung von Schäden Schlüsse über deren Ursache zu ziehen. Daher soll zunächst ein häufig vorkommender Schadensverlauf erklärt werden. Es möge sich um ein älteres Einfamilienhaus handeln, das gemauerte Wände und Holzbalkendecken besitzt, die das Bauwerk nur wenig aussteifen. Dann sieht man häufig Schäden an der Außenfront, wenn diese durch Vorbauten unterbrochen ist. In der Abb. 105 befindet sich zum Beispiel ein lotrechter Riß von 10 bis 20 mm Stärke in der Ecke neben dem Regenrohr.

Abb. 105. Schäden am Wohnhaus mit Treppenhausvorbau

Derartige Abtrennungen vorspringender Gebäudeteile von Altbauten erklären sich wie folgt. Abb. 106 stellt einen landläufigen Wohnhaustyp dar, dessen Treppenhaus in einem Vorbau vorgerückt ist. Im Falle einer Krümmung in Richtung der Gebäudelängsachse würde man im allgemeinen an einer durchlaufenden Fassade einer Mauerwerkswand von nur etwa 18 m Länge kaum wesentliche Risse sehen. Diese Tatsache kann man selbst bei doppelt so langen Mauerwerksbauten immer wieder feststellen, wenn der Fugenmörtel keine Zementzusätze enthält. Bei einer Unterbrechung in der Wandfläche, wie sie in dem gewählten Beispiel der Treppenhausvorbau darstellt, können sich bei einer Krümmung die beiden äußeren Teile ohne den Mittelteil völlig ungehindert als einzelne Bauelemente bewegen.

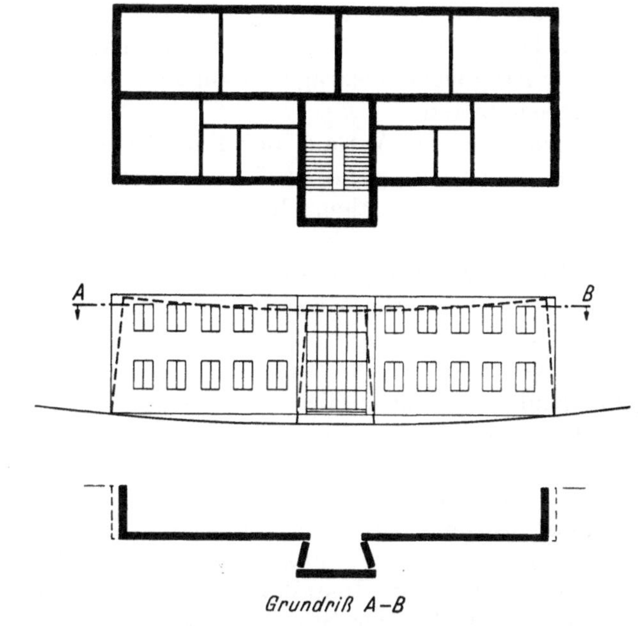

Abb. 106. Verformung an einem Vorbau infolge Krümmung des Baugrundes

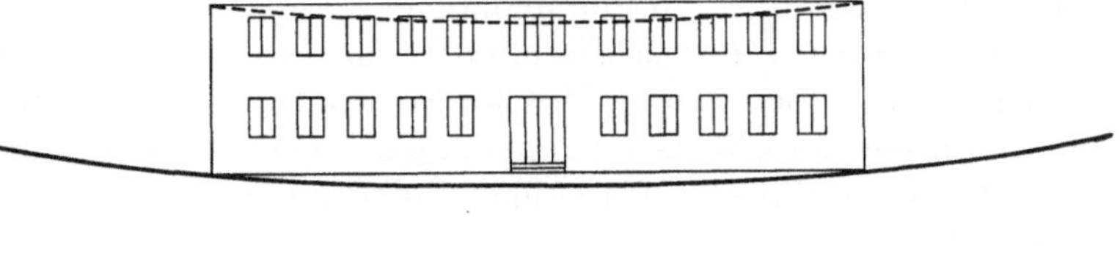

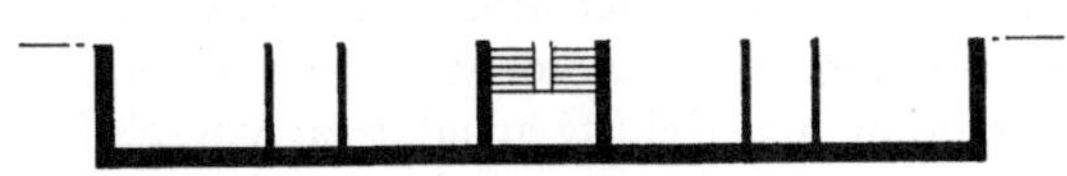

Abb. 107. Günstiger Schadensverlauf bei Fortfall des Vorbaues

Im Gegensatz zu einer durchgehenden Mauerwerksfassade mit gleichmäßig verteilten Öffnungen, vgl. Abb. 107, beschreiben dann die inneren Wandenden, die an die Treppenhausöffnung angrenzen, die in Abb. 106 dargestellte Bewegung, und die Seitenwände des Vorbaues reißen in den Wandecken ab.

Die Ursache für diese Art von Schäden liegt also im Wechsel der Steifigkeit innerhalb des Baukörpers, daher sind einfache Baukörper mit möglichst geringer Gliederung anzustreben. Je regelmäßiger die Wände im Grundriß geführt werden, um so weniger ist eine ungleichmäßige Formänderung und damit eine Anhäufung von Schäden an einzelnen Stellen zu erwarten. Die Schäden aus einer Krümmung hängen ja fast ausschließlich mit dem Verlauf der Wände zusammen, da nicht die Decken, sondern nur die Wände der Krümmung einen Widerstand entgegensetzen. Einem Architekten mag diese Art der Betrachtung recht ungewohnt sein. Es bedarf aber keiner Kenntnis von statischen Formeln, sondern nur einer räumlichen Vorstellung, um den Kern der obigen Hinweise zu verstehen. Die geforderte Gleichmäßigkeit der tragenden Struktur eines Bauwerkes schließt gleichzeitig eine einfache Grundrißgestaltung ein, bei der die tragenden Wände übereinander liegen. Mit dieser Forderung ist auch keine Verteuerung der Baukosten, sondern eher das Gegenteil verbunden.

Die oben empfohlene einfache Gliederung des Bauwerkes bezieht sich sowohl auf den Grundriß unterhalb der Erdgleiche als auch auf das Aufgehende. Die meisten Schäden treten in den Vorsprüngen und Erkern auf, wie bereits erläutert wurde. Noch mehr Schwierigkeiten bereitet der Anschluß an *Freitreppen*, die meistens in der Höhe der Kellerdecke liegen. Lassen sich Freitreppen od. dgl. nicht vermeiden, so sollte man sie oberhalb der Erdgleiche auskragen, damit sie den Zerrungs- und Pressungskräften keine Angriffsflächen bieten.

Wenn man sich den Verlauf der Formänderungen oder den Weg der auftretenden Kräfte klarmachen will, dann darf man hierbei nicht die Querschnittsunterbrechungen oder -schwächungen übersehen. Jeder *Installationsschlitz* bedeutet eine örtliche Schwächung und zieht gleichsam die Schäden auf sich. Es läge durchaus im Sinne einer allgemeinen Rationalisierung, wenn man zum mindesten alle Leitungen von größerem Durchmesser nicht innerhalb des Mauerwerks verlegen würde. Einen großen Anteil der Kosten für die Beseitigung von Wasserschäden beansprucht allein das Freilegen der Rohre auf der Suche nach dem Schadensherd. Die eigentlichen Reparaturen der Installation sind verhältnismäßig billig gegenüber den zwangsläufig anfallenden Kosten für das Ausstemmen, das Wiederausfüllen der Schlitze sowie die hierdurch bedingten Putz-, Verkleidungs- und Anstreicherarbeiten. In untergeordneten Kellerräumen sollte man zum mindesten die Heizungs- und Entwässerungsrohre frei vor der Wand verlegen. Damit würden sich auch schon die Neubaukosten verringern. In Hochbauten größeren Ausmaßes wäre es außerdem sinnvoll, alle Hauptleitungen in einem zugänglichen Schacht oder einer Installationswand zu verlegen, deren Abschluß durch Türen oder Platten aus Holz oder Stahlblech gebildet wird. Von der Kostenseite aus gesehen erzielt man damit eine Verbilligung aller Instandsetzungsarbeiten, die nicht mit den Abbaueinwirkungen zusammenhängen, um mindestens die Hälfte, wenn nicht mehr. Für die Höhe des Bergschädenkontos ist die freie Verlegung von Installationsrohren von noch größerer Bedeutung. Werden die Leitungen schon beim Neubau nicht eingemauert und werden sie mit den notwendigen Krümmungen oder sonstigen Vorrichtungen zum Ausgleich der eintretenden Längenänderungen versehen, so erleiden sie überhaupt keinerlei Bergschäden.

Es ist außerdem zu beachten, daß sich bei fortschreitender Bewegung des Baugrundes der Bruch stets an der geschwächten Stelle wiederholt, die schon einmal gebrochen war. Daran erkennt man die Sinnlosigkeit des Vorgehens, immer die gleiche Stelle freizustemmen und nachher den Schlitz wieder zu verschließen. Für den Eigentümer und auch den Bewohner mögen diese Kosten uninteressant sein, weil sie ja meistens zu Lasten des Bergbaues gehen. Es ist aber doch wohl angenehmer, wenn nicht stunden- oder tagelang am

Mauerwerk gestemmt und gehämmert wird, bevor der Installateur arbeiten kann. Wären diese Tatsachen den Bauherren bekannt, so würden diese zweifellos selbst darauf dringen, daß die Folgerungen schon bei der Planung berücksichtigt werden. Das Verlegen von Leitungen unterhalb des Putzes gehört heute zu den Selbstverständlichkeiten und erfolgt daher selbsttätig auch in Nebenräumen, bei denen es nicht nötig wäre. Aber auch in den Wohnräumen lassen sich die Rohre unsichtbar so verlegen, daß sie bei einer Gesamtverformung des Gebäudes nicht gefährdet sind. Offensichtlich fehlt es an einer Aufklärung der Architekten über die durch den Bergbau verursachten Formänderungen der Bauwerke. Es wäre sehr zweckdienlich, wenn eine ausführliche Darstellung der Einzelheiten einer ästhetisch vertretbaren Rohrverlegung von fachkundiger Seite ausgearbeitet und veröffentlicht würde. Die übliche Handhabung der gesamten Installation ist weder für den Bergbau noch für den Hauseigentümer als rationell zu bezeichnen.

4.2 Die konstruktive Ausbildung der Einzelbauwerke

Die Anwendung der in Abschn. 2 und 3 geschilderten grundsätzlich vorhandenen Möglichkeiten ist so mannigfaltig, daß der Verfasser sich damit begnügen muß, auf häufig vorkommende Lösungen einzugehen. Diese lassen sich aber nicht einfach in der Praxis übernehmen. Wollte man fertige Gebrauchsanweisungen für alle Arten von Bauwerken ausarbeiten, so müßte man in jedem Beispiel die markscheiderischen Voraussetzungen und auch die sonstigen Begleitumstände ausführlich beschreiben. Dann dürfte auch die Auswertung der örtlichen Erfahrungen mit den bereits eingetretenen Schäden nicht fehlen, die in der Nähe des behandelten Bauwerkes beobachtet wurden. Eine eingehende Darstellung jedes Einzelfalles würde aber zu umfangreich werden. Der Verfasser beschränkt sich daher bewußt auf Anregungen und will keine fertigen Rezepte vermitteln. Das ist gerade der Grund für die ausführliche Darlegung der Gesetzmäßigkeiten aller auftretenden Fragen in den drei ersten Abschnitten.

Die Anwendung einzelner Maßnahmen, wie z. B. die Einfügung von Fugen oder Gelenken, die Anordnung waagerechter Platten und Streifen zur Abstandshaltung der Fundamente und Wände usw., wiederholen sich naturgemäß bei allen Arten von Bauwerken. Andere Maßnahmen wiederum eignen sich nur für bestimmte Bauwerke. Der größeren Übersichtlichkeit wegen sollen die städtischen Hochbauten, die Industriebauten und die Ingenieurbauten gesondert besprochen werden.

4.21 Der städtische Hochbau

Zu den städtischen Hochbauten zählen in der Hauptsache Wohn- und Geschäftshäuser, Schulen, Krankenhäuser und Kirchen, ferner Theater, Kinos und Schwimmhallen. Für alle diese Bauten gelten einige übereinstimmende Merkmale. Eine *Vollsicherung* eines ganzen Bauwerkes wie auch jedes einzelnen durch Fugen abgetrennten Bauwerksabschnittes kommt aus wirtschaftlichen Gründen so selten in Frage, daß diese Lösung hier gar nicht besprochen zu werden braucht.

Das gleiche gilt auch hinsichtlich der Frage einer späteren *Ausrichtbarkeit* und der damit verknüpften Notwendigkeit, Vorkehrungen zum späteren Heben vorsehen zu müssen. Der überwiegende Teil der Hochbauten überträgt die Lasten von Geschoß zu Geschoß bis in den Baugrund durch tragende Mauerwerkswände, und nur zu einem geringen Teil auch durch Einzelstützen. Für eine Hebevorrichtung kommen nur zwei Arten in Betracht, erstens die punktförmige Hebung unter Einzelstützen, zweitens die hydraulische Flächenhebung. Wenn die Lasten durch Mauerwerkswände heruntergeführt werden, bedingen beide Hebungsarten einige zusätzliche Maßnahmen. Die punktförmige Hebung erfordert eine Abfangung der aufgehenden Lasten in einzelnen Punkten und wiederum eine Lastverteilung unter diesen Punkten auf die Fundamentflächen. Eine flächenförmige Hebung erfordert die Ausbildung besonderer Wannen, welche den Hubraum für die hydraulische Anhebung schaffen. Verhältnismäßig gering werden daher die zusätzlichen Aufwendungen, wenn die Vorbedingungen zur Hebung von der gewählten Konstruktion bereits erfüllt werden. Zur punktförmigen Hebung eignen sich demnach besonders alle Gerippebauten, in denen die Lasten von vornherein an einzelnen Punkten heruntergeführt werden. Eine Flächenhebung kommt hauptsächlich für alle Bauten mit biegungssteifer, durchgehender Fundamentplatte in Betracht. Die Fundamentplatte, welche die von oben anfallenden Lasten auf die gesamte Grundfläche verteilt, bildet dann gleichzeitig den oberen Abschluß des Hubraumes einer Wanne. Zusammengefaßt sind das in beiden Fällen schwere und damit hohe Bauwerke oder Bauwerksabschnitte wie Hochhäuser, Kirchtürme usw., bei denen günstige Vorbedingungen einer Hebungsvorrichtung vorliegen.

Diese Überlegung betrifft nur die technische Frage, wann Hebungsvorrichtungen noch mit verhältnismäßig erträglichen Mehrkosten angelegt werden können. Zunächst muß aber als Voraussetzung die Bedarfsfrage untersucht werden. Im allgemeinen pflegt der Bergbau unter den Städten den Abbau so zu lenken, daß im Endzustand keine erhebliche Schiefstellung der Geländeoberkante eintritt. Es ist durchaus nicht üblich, Bauwerke von beträchtlichem Umfang und damit auch von erheblichem Wert dort zu errichten, wo man für später eine bemerkenswerte Schieflage erwarten muß. Im allgemeinen liegt also gar keine Notwendigkeit vor, die Mehrkosten für eine spätere Hebung oder Geraderichtung eines städtischen Hochbaues zu wagen. Es gibt Ausnahmefälle, in denen die Standortfrage so entscheidend ist, daß die Mehraufwendungen für Hebungsvorrichtungen in Kauf genommen werden müssen.

4.211 Gründung

Alle Hinweise grundsätzlicher Art befinden sich in Abschn. 2 (S. 39ff.). Danach sollen die Sohlflächen der Fundamente innerhalb eines selbständigen Bauabschnittes möglichst in einer einzigen Ebene liegen. Jede Verzahnung im Baugrund und jede feste Verbindung des Aufgehenden mit etwaigen Tiefgründungen, Brunnen oder Pfählen sind zu vermeiden, vgl. Abb. 52b und 53, S. 60.

Ferner ist in Abschn. 4.13, S. 93ff., ausgeführt, daß man versuchen soll, die Berührung des Bauwerkes mit dem Baugrund und damit die Gründungstiefe auf das unbedingt notwendige Maß zu beschränken und möglichst ganz auf eine Unterkellerung zu verzichten. Alle diese Maßnahmen gehen von dem Grundsatz aus, die Zusatzkräfte aus der Übertragung der Bodenverformung schon im Entstehen auszuschalten und den unvermeidlichen Rest möglichst nach dem Ausweichprinzip zu berücksichtigen. Die Kunst, dieses Ziel bereits bei der Planung zu erreichen, ist sicherlich höher zu bewerten, als eine technische Lösung, die ohne jede Rücksicht auf ihre Kosten alle Kräfte berücksichtigt, welche bei zweckmäßiger Gestaltung nicht auftreten würden.

Da Setzungen nur schaden, wenn sie ungleichmäßig sind, kann man selbst große Setzungen in Kauf nehmen, sofern sie sich gleichmäßig über die gesamte Grundfläche eines Bauwerkes oder Bauwerksabschnittes verteilen. Außerdem hat jede Tiefgründung den Nachteil, daß sie die ausgleichende Wirkung einer weicheren Bodenschicht unter der Fundamentsohle ausschaltet. Daher sollte in jedem Fall *zunächst* die Möglichkeit einer *Flachgründung* ernsthaft geprüft werden. Die Forderung, möglichst flach zu gründen, hat aber noch einen weiteren Grund. In Abschn. 2, S. 39ff., ist hauptsächlich der Kostenaufwand der Maßnahmen zum Schutz vor der Längenänderung des Baugrundes bei einer Unterkellerung behandelt. Noch wichtiger ist aber die Gewähr der *Dichtigkeit* des Kellers, wenn seine Sohle unterhalb des bereits vorhandenen oder später nach erfolgter Absenkung des Geländes zu erwartenden Grundwasserspiegels liegt. Mit einer Vollsicherung kann man zweifellos auch eine vollständige Dichtigkeit erreichen, besonders wenn man Spannbeton verwendet. Es ist aber zu beachten, daß eine Vollsicherung nicht nur eine Biegungs- und Verwindungssteifigkeit gegenüber einer Krümmung der Bauwerkssohle, sondern auch die Aufnahme des Erddruckes in den lotrechten Berührungsflächen der Kellerwände voraussetzt. Wegen der Größe dieses Erddruckes ist es meistens wirtschaftlicher, diese waagerechten Kräfte nicht aufzunehmen, sondern nach dem Ausweichprinzip jede seitliche Berührung des Baukörpers mit dem Erdreich zu unterbinden und durch Umspundung eine freie Baugrube zu schaffen. Das ist aber auch dann noch eine teuere Lösung, bei der die Vollsicherung mehr kostet als das gesamte übrige Bauwerk.

Im Gegensatz zur Vollsicherung kann eine Teilsicherung, die ja auf einer Nachgiebigkeit der Bauelemente gegenüber einer Krümmung beruht, nicht gleichzeitig nachgiebig und auch wasserdicht sein. Alle äußeren Isolierungen sind bei jeglichen Verschiebungen des Erdreichs gleichfalls gefährdet und nicht sicher. Tritt später eine Undichtigkeit auf, so ist eine nachträgliche Dichtung schwierig und sehr teuer, zum Teil ist auch die Schadensstelle später nicht mehr zugänglich. Jede Unterfahrung eines bestehenden Bauwerkes ist außerdem mit der Gefahr ungleichmäßiger Fundamentsetzungen verknüpft. Dann bleibt nur der Ausweg einer ständigen *Grundwasserhaltung.*

Wenn auch nur die geringsten Bedenken über den späteren Grundwasserstand bestehen, lohnt es sich immer, vorsorglich beim Neubau eine Dränage anzulegen, weil deren nachträgliche Anlage entweder unmöglich oder zu teuer wäre. Die Ausbildung einer Dränage richtet sich nach den jeweiligen Verhältnissen. Der Umfang der Maßnahmen und damit auch die Höhe der Kosten ist recht erheblich, wenn mit dauerndem Wasserandrang gerechnet werden muß. Bei bindigem Baugrund ist die Menge des anfallenden Wassers meist recht gering, so daß selbst eine ständige Wasserhaltung weniger als die Tilgung der Mehrausgabe für eine wasserdichte Gründung kostet. Steht das Bauwerk in rolligem Boden, der womöglich mit natürlichem Gewässer in unmittelbarer Verbindung steht, dann werden die Kosten für die Pumparbeit sehr hoch.

Ist nur mit vorübergehendem Anstieg des Grundwasserspiegels infolge von starken Niederschlägen, d. h. von zulaufendem Oberflächenwasser zu rechnen, so sind die Pumpkosten weniger von Belang.

Die praktische Ausbildung einer Dränage darf als bekannt vorausgesetzt werden. Bei sandigem Untergrund genügt im allgemeinen die Verlegung eines Stranges, der außen um das Bauwerk herumgeführt wird, während bei bindigem Baugrund auch Stränge unter dem Bauwerk verlegt werden müssen. Ist keine Vorflut vorhanden, müssen Pumpenschächte mit automatisch arbeitenden Pumpen angelegt werden, deren Wartung aber laufende Kosten verursacht. Wird die Dränage erst später nach erfolgter Absenkung des Geländes gebraucht, kann die Pumpanlage selbst zeitlich bis zum Eintritt des Bedarfsfalles zurückgestellt werden, während die Anlage der Dränage einschließlich der Schaffung einer Vorflut sofort beim Bau vorgesehen werden muß.

Von der Ausbildung einer zunächst wohl wasserdichten Wanne ist im Bergbaugelände unbedingt abzuraten, da sie mit großer Wahrscheinlichkeit bei bergbaulichen Einwirkungen bricht und undicht wird. Wählt man dagegen eine so gute Dichtung, daß sie eine absolut sichere Dichtigkeit gewährleistet, so ist sie noch teurer als die Anlage einer Dränage.

Die einzig richtige Folgerung aus dieser Betrachtung besteht in dem Entschluß, das Bauwerk höher zu legen und nicht in das Grundwasser eintauchen zu lassen. Einzelne Vertiefungen von Fahrstuhlschächten oder Heizungen lassen sich als vollsteife Körper wasserdicht ausbilden. Das ist, wie bereits früher erwähnt, nur eine Frage der Abmessungen. Derartige Bauteile unter der Kellersohle sind ähnlich wie Tiefgründungen zu behandeln, sie müssen von der Fundamentplatte durch eine Gleitfuge abgetrennt werden, vgl. Abb. 53, S. 60.

4.212 Die Aussteifung in waagerechter Richtung

Die Teilsicherung eines Hochbaues, dessen Außenwände bis zur Kellersohle heruntergeführt werden, erfordert waagerechte Aussteifungen, die zwei Aufgaben zu erfüllen haben,

a) die Abschirmung des aufgehenden Teiles gegen die Längenänderung des Baugrundes, die in der Kellersohle oder in der Kellerdecke nach dem Widerstandsprinzip aufgefangen werden muß,

b) die Unterbrechung der Krümmungsfolgen in den Wänden durch Aufnahme ihrer waagerechten Reaktionen in Höhe der oberen Geschoßdecken.

Wenn die Bewegung der Längenänderung schräg zum Achsenkreuz des Bauwerkes gerichtet ist, wie es im allgemeinen zutrifft, muß eine Aussteifungsscheibe nicht nur die Zug- und Druckkräfte in der Scheibenebene aufnehmen, sondern auch verhindern, daß sich das ursprüngliche Rechteck in ein Parallelogramm verwandelt. Die Scheibe darf sich nur im ganzen verdrehen können, die waagerechten Abstände im Innern des Baues müssen in Höhe einer Scheibe konstant bleiben. Reicht die Steifigkeit einer Deckenkonstruktion nicht aus, um die in der Deckenebene anfallenden Längskräfte aufzunehmen, muß sie verstärkt werden. Zum Beispiel hat ein Rost aus einzelnen Balken mit eingefügten Füllkörpern, die sich gegeneinander verschieben können, eine zu geringe waagerechte Steifigkeit. Zu den Deckenarten, welche aus Balken und Füllkörpern zusammengesetzt werden, gehören die meisten neueren *Fertigteildecken*. Abgesehen von den vorgenannten Forderungen, welche die Decken im Rahmen einer Teilsicherung zur Verminderung der Schäden erfüllen sollen, muß aber zunächst die Standsicherheit gewährleistet sein, d. h. es darf nicht die Gefahr bestehen, daß einzelne Teile herausfallen. Hauptsächlich müssen die Auflagerflächen der Zwischenteile waagerecht sein, da bei einer schrägen Lagerung eine Keilwirkung entsteht, die eine zusätzliche Längenänderung verursacht. Ferner muß die Länge der Auflagerfläche ausreichen. Weitere Einzelheiten sind den Richtlinien zu entnehmen, die im Abschn. 5 abgedruckt sind. Bei der Zulassung derartiger Fertigteildecken wird die Eignung für eine Verwendung im Bergbaurevier des Bundesgebietes davon abhängig gemacht, daß zusätzlich eine bewehrte Ortsbetonschicht von 3,5 cm Dicke aufgebracht wird. Nach den Richtlinien ist aber die *unterste Decke* in Mauerwerksbauten stets in fugenlosem Stahlbeton, d. h. *nicht* als Fertigteildecke auszuführen. Läßt sich bei einer Ortsbetondecke die Forderung der Fugenlosigkeit nicht erfüllen, so müssen in den Betonierfugen Rundstähle eingelegt werden, deren Querschnitte eine Zugkraft aufnehmen können, welche der Zugfestigkeit der Betondecke entspricht. Diese fugenlose Stahlbetondecke muß bis nahe zu den Außenflächen der Umfassungswände reichen, sie darf also nur mit einer halben Steinstärke seitlich verkleidet werden.

Man hat früher häufig bei Decken, die nicht die Steifigkeit einer Scheibe haben, Randbalken angeordnet, welche aber nur für die Aufgabe b) gedacht waren. Aber auch für die Aufnahme der Zugspannungen aus der Dehnung in den Wänden reichte die eingelegte Bewehrung selten aus. Somit dient diese Bewehrung nur zur Verteilung der Dehnungsrisse auf möglichst viele Rißstellen. Dann kommt es darauf an, daß dünne Rundstähle in engem Abstand eingelegt werden, der größere Querschnitt des Einzelstabes ist nur nachteilig.

Nach der Ansicht des Verfassers müssen aber die Deckenscheiben die vorgenannten Aufgaben a) und b) voll erfüllen. Vollkommen erreicht wird dieses Ziel mit Ortsstahlbetondecken, es reichen aber auch Stahlkonstruktionen mit entsprechenden Diagonalverbänden aus, wenngleich diese eine etwas größere elastische Nachgiebigkeit besitzen.

Wie bereits erwähnt wurde, kann die erste Aufgabe, die *Abschirmung* des Bauwerkes gegen die Folgen der Längenänderung des Baugrundes sowohl von der *Kellersohle* als auch von der *Kellerdecke* übernommen werden. Im letzteren Fall überläßt man die Kellersohle sich selbst. Bei einer Verkürzung des Baugrundes weicht eine Kellersohle, die nur aus Asche- oder Magerbeton und einer Abdeckung mit Platten oder Estrich besteht, meist nach oben aus. Diesen Vorgang zeigen Abb. 108 und 109, die in einem Schulgebäude aufgenommen wurden. In diesem Falle hatte sich der lichte Abstand der Längswände um 7,5 cm in der Kellersohle verringert. Das bedeutet eine Verkürzung von etwa 7⁰/₀₀. Es waren darunter nur zwei Flöze in einer Teufe von 250 bis 280 m abgebaut worden. In Abb. 110 und 111 erkennt man die Folgen des seitlichen Erddruckes. Die letzten vier

Abbildungen könnten noch durch Aufnahmen des darüberliegenden Erdgeschosses, das durch die Stahlbeton-Kellerdecke abgeschirmt ist, und der durch eine Fuge abgetrennten, anschließenden Bauwerksabschnitte ergänzt werden. Diese sind nicht unterkellert und stehen auf einer schlaffen Platte, die etwa 90 cm unter der Geländeoberkante liegt. Die zusätzlichen Aufnahmen würden deshalb interessant sein, weil außerhalb des ungesichertenKellergeschosses keinerlei Schäden aufgetreten sind. Lediglich in einzelnen Fugen, die für eine Verkürzung von 1% ausgelegt waren, hat sich der Hohlraum fast ganz geschlossen. Das Bauwerk ist erst zwei Jahre alt. Man hatte beim Neubau von einer Sicherung der Kellersohle Abstand genommen, weil man die Folgen des Abbaues unterschätzte und den Warnungen der vorher zu Rate gezogenen Sachverständigen keinen Glauben schenkte.

Im vorliegenden Falle teilt die schlaffe Platte das Schicksal aller vorsorglichen Maßnahmen. Wenn die Anordnung einer Abstandshaltung der Fundamente abgelehnt wird und es tritt dann ein schwerer Schaden auf, so ist damit anscheinend noch nicht bewiesen, daß er von der Platte abgewehrt worden wäre. Tatsächlich ist der Nutzen einer Sicherung der Kellersohle aber nachträglich ganz eindeutig *mit der Tatsache der Bewegung in den Trennfugen* unter Beweis zu stellen. Man muß sich nur im Dehnungsfalle klarmachen,

Abb. 108

Abb. 109

Abb. 108 u. 109. Beschädigung des Kellerfußbodens

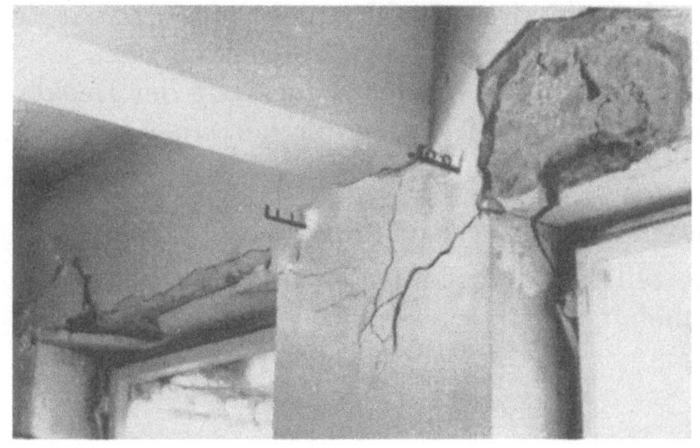

Abb. 110

Abb. 111

Abb. 110 u. 111. Beschädigung der Kellerwände

wieviel Risse entstanden wären, die zusammen das Maß ausmachen, um welches sich die Fugen zusätzlich geöffnet haben. Und im Verkürzungsfalle kann man sich wohl auch ungefähr vorstellen, wie die Zerstörungen aussehen, wenn sich zwei Bauwerksabschnitte ebensoweit ineinanderschieben, wie sich der Hohlraum der Fuge tatsächlich verringert hat. Aber diese Feststellung unterbleibt üblicherweise, wenn das Bauwerk dank seiner vorsorglichen Ausbildung heil geblieben ist, weil ohne Schaden kein Anlaß zu einer rückwärtigen Betrachtung besteht. Es lassen sich leider die Erfahrungen nur an eingetretenen Schäden und nicht an geglückten baulichen Vorkehrungen sammeln.

Wenn nur mit geringen bergbaulichen Einwirkungen zu rechnen ist, so muß die vorerwähnte erste Möglichkeit, den *Keller überhaupt nicht zu sichern*, trotzdem sehr ernsthaft erwogen werden. Im Zweifelsfall soll man sich sogar hierfür entschließen, weil ja die Mehrkosten einer schlaffen Platte unbestreitbar endgültig verloren sind, der Umfang der Schäden bei fehlender Platte aber vorher noch nicht feststeht. Um diese Entscheidung zu erleichtern, sei auf drei Voraussetzungen hingewiesen, die gegeben sein müssen, wenn man kein zu großes Risiko mit der Unterlassung jeglicher Vorkehrungen eingehen will. Erstens muß man wissen, daß das Maß der Längenänderung nicht groß werden kann, z. B. unter $3^0/_{00}$ bleibt. Zweitens muß die Konstruktion ausreichend nachgiebig sein, daß eine kleinere Verformung nicht allzu großen Schaden anrichten kann. Dazu gehört z. B. die Bedingung, daß die Kellerwände nicht gekachelt sein dürfen usw. Und drittens dürfen die Kellerräume nur untergeordneten Zwecken, z. B. der Kohlen- oder Kartoffellagerung dienen, so daß ein etwaiger Schaden nicht zu Betriebsunterbrechungen oder empfindlichen Störungen führt.

Die andere Möglichkeit, die *Abstandssicherung in der Kellersohle* vorzunehmen und dort eine schlaffe oder auch, wenn es zum Zwecke der Lastverteilung im Baugrund notwendig ist, eine biegungssteife Platte anzuordnen, ist in Abschn. 2 bereits ausführlich behandelt. Ein praktisches Beispiel wird in Abschn. 4.31 gezeigt, vgl. Abb. 155 bis 158, S. 144 u. 145.

Die Ausbildung der *oberen Geschoßdecken* einschließlich des Daches als steife Scheibe dient der Aufnahme der Kräfte, welche die Wände aus ihrer Verformung infolge der Krümmung im Deckenauflager übertragen. In der Hauptsache sind dieses die Querkräfte *in der Wandebene* aus dem Krümmungsanteil, der auf die Wandrichtung entfällt. Die waagerechte Kraft wird unmittelbar durch die Verzahnung der Deckenträger und durch die Reibung und Haftung in den waagerechten Berührungsflächen übertragen. Bei einer Krümmung senkrecht zur Wandebene übt eine Wand in der Decke Zug- oder Druckkräfte aus. Der Druck ist für eine Massivdecke meist ungefährlich. Wenn Zug auftritt, kann die Wand sich von der Decke ablösen, zumal wenn die Decke nicht durchgehend in die Wand eingelassen ist und der Verband nur in der Auflagerung der Deckenträger besteht. Bei Holzbalken- und T-Trägerdecken kann man häufig beobachten, daß die Trägerköpfe aus ihrem Verband mit der Wand herausgerückt werden und nur noch zum Teil auflagern. Bei Gerippebauten in Stahl oder Stahlbeton besteht diese Gefahr nicht, auch reicht der Verband zwischen Stahlbetondecken und tragendem Mauerwerk üblicherweise aus.

Um die notwendige Steifigkeit zu erreichen, muß man bei der Bemessung der Deckenscheiben größere Öffnungen konstruktiv ausgleichen. Hieraus entstehen aber nur sehr geringe Mehrkosten.

4.213 Die Aussteifung in lotrechter Richtung

Die Weiterleitung der Deckenlasten, die teils als Streckenlasten und teils als Einzellasten anfallen, kann auf dreierlei Art geschehen,

1. durch Wände,
2. durch Riegel und Stiele,
3. durch Gewölbe und Pfeiler.

Am *ungünstigsten* für das Bergbaugebiet ist zweifellos die dritte Art. Ein *Gewölbe* verträgt weder eine Abstandsänderung seiner Kämpferpunkte noch eine nachträgliche Veränderung in ihrer Höhenlage, d. h. einen Senkungsunterschied. Die Standsicherheit erfordert die Innehaltung der ursprünglichen Lage, die bei einer Verformung des Baugrundes nur durch eine Vollsicherung einer besonderen Unterkonstruktion erreicht werden kann. Es ist erfreulich, daß die heutige Architektur zufällig keine Kreuzgewölbe und auch keine spitz zulaufenden oder kreisförmig gewölbten Abfangungen über den Tür- und Fensteröffnungen bevorzugt. Mit einer Teilsicherung, die ja gerade eine Nachgiebigkeit der Konstruktion gegenüber einer Krümmung von beschränktem Ausmaß voraussetzt, kann man ein Gewölbe nicht standsicher machen. Während es im allgemeinen nur um den Grad der Schäden und deren geldliche Folgen geht, stellt ein echtes, d. h. tragendes Gewölbe eine noch dazu plötzlich auftretende *Gefährdung der Standsicherheit* dar. Das ist vor allem auch bei Kirchen mit ihren meist sehr hoch liegenden Kämpferpunkten zu beachten. Kirchen, die im Einwirkungsbereich des Bergbaues liegen, müssen im Hinblick auf die große Zahl der gefährdeten Personen polizeilich gesperrt werden, wenn sich überhaupt Beschädigungen in Gewölben erkennen lassen, die aus Steinen oder anderen Einzelteilen zusammengesetzt sind. Gewölbeartige Rahmenkonstruktionen aus Stahl oder Stahlbeton sind dagegen weniger gefährdet.

Wie bereits erwähnt, taucht bei Neubauten die Frage selten auf, wie man eine *Gewölbeform* mit den Belangen des Bergbaues in Einklang bringen kann. Dagegen kommt es häufiger vor, daß bestehende Bauwerke in den Einwirkungsbereich des Abbaues gelangen und geschützt werden müssen. Es ist eine schwierige Aufgabe, eine alte Kirche zu sichern, deren Tragkonstruktion aus echten Gewölben besteht. Zum Beispiel sollte kurz nach dem Kriege eine große, durch Bomben stark beschädigte Kirche wieder in der ursprünglichen Form aufgebaut werden. Das Hauptschiff war mit Kreuzgewölben überbaut, die größtenteils zerstört waren. Inzwischen hatte sich der Bergbau dazu entschlossen, die Kohlenvorkommen unter dieser Kirche in den Abbauplan einzubeziehen. Die einzige Möglichkeit, beim Wiederaufbau sowohl die frühere Innenansicht zu erhalten als auch das Bauwerk vor den Gefahren der bergbaulichen Einwirkung zu schützen, bestand darin, eine völlig neue Tragkonstruktion aus frei aufliegenden stählernen Bindern zu schaffen, die durch eine untergehängte Nachbildung der früheren Kreuzgewölbe verkleidet wird. Diese Scheinarchitektur widerspricht zwar der heutigen Auffassung des Baufaches, sie läßt sich aber auch sonst unter ähnlichen Umständen kaum umgehen. Der Wiederaufbau der Kirche wurde noch dadurch erschwert, daß man das bereits erneuerte hölzerne Dach der öffentlichen Kritik wegen nicht wieder abnehmen wollte. Daraufhin mußten die neuen Stahlfachwerkbinder in einzelnen Teilabschnitten eingebaut werden. An diese Stahlkonstruktion wurden dann Kreuzgewölbe aus Rabitz angehängt. Die inneren, nunmehr unbelasteten Pfeiler wurden teleskopartig angeschlossen, damit eine Senkungsdifferenz des Bodens keinen Schaden an den Rabitzgewölben anrichten kann. Dieser nachträgliche Einbau der stählernen Binder, dessen Ausführung in Abb. 112 dargestellt ist, war zwar reichlich kostspielig, aber unter den gegebenen Umständen gab es keine andere Lösung, die eine ausreichende Sicherheit gewährleistet.

Dem Verfasser ist häufig die Aufgabe gestellt worden, Kirchen mit Flachdächern nachträglich zu sichern, in denen nur ein großer Bogen zum Abschluß des Altarraumes als echtes Gewölbe errichtet war. In allen diesen Fällen mußte der gleiche Ausweg beschritten und eine Scheinkonstruktion aus Rabitz oder ein elastisch nachgiebiger Stahlbetonbogen in der alten Form eingebaut werden.

Zum Thema der tragenden Gewölbe ist den obigen Ausführungen wenig hinzuzufügen. Im Falle einer ungleichmäßigen Senkung des Baugrundes müssen alle frei gespannten Gewölbekonstruktionen, die aus *Einzelteilen* bestehen, *abgelehnt* werden, wenn deren Kämpferabstände nicht durch zug- und druckfeste Verbindungen gesichert sind. Erwartet man im fraglichen Gelände nur schwache Überzugswirkungen am Rande des Abbaues im äußeren Bereich des Grenzwinkels, so besteht die Möglichkeit, vorübergehend zur Abstandssicherung der Kämpfer Zwischenglieder aus Stahl einzubauen und diese später

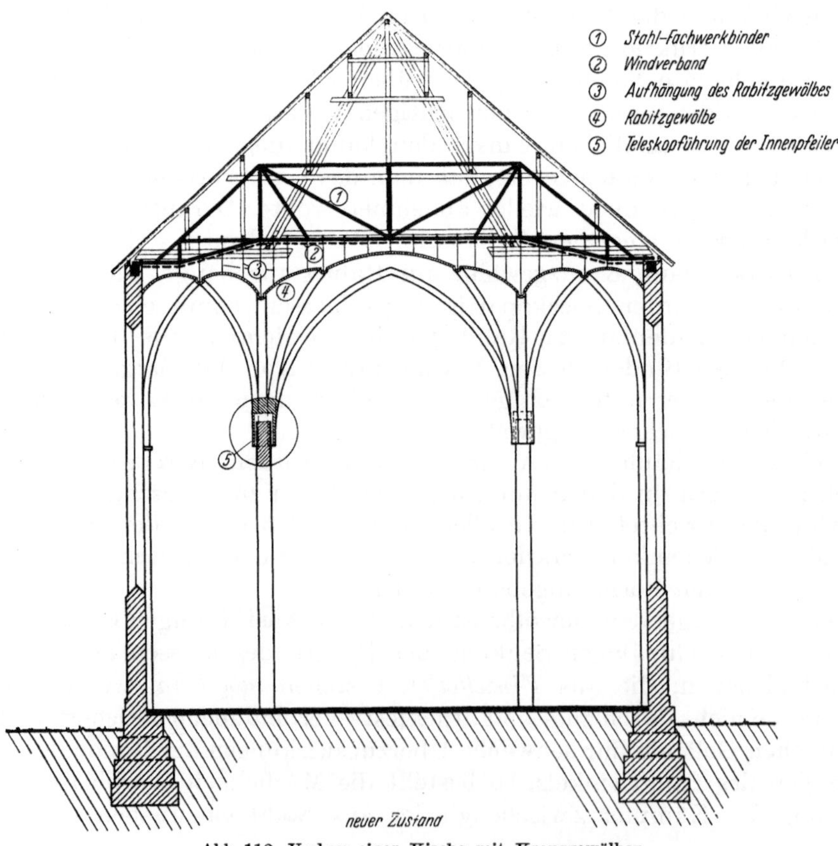

Abb. 112. Umbau einer Kirche mit Kreuzgewölben

wieder zu entfernen. Dann muß das Bauwerk aber unter ständiger sachkundiger Aufsicht gehalten werden.

Die Ausschaltung echter Gewölbe ist eines der markantesten Merkmale für die Besonderheit des Bauens im Bergbaugebiet.

Über die beiden anderen Arten der lotrechten Bauelemente zur Lastabtragung der Decken ist bereits in Abschn. 2 alles Wesentliche besprochen. Die *tragenden Wände* stellen ebenso wie alle Zwischenwände den schwachen Punkt der Teilsicherung dar. Die Wände müssen der Krümmung der Bauwerkssohle folgen, mag diese noch so gering sein. Folglich muß man erstens dafür sorgen, daß sich die Krümmung nur sehr wenig auswirken kann, d. h. man muß die Längenabmessung der Wände und damit des gesamten Bauwerkes der auftretenden Krümmung anpassen. Zweitens soll man versuchen, die Nachgiebigkeit der Wände durch konstruktive Maßnahmen oder durch Wahl eines geeigneten Baustoffes zu steigern. Demnach ist ein Mauerwerk aus kleinem Steinformat mit weichem Mörtel und nicht zu dünnen Fugenstärken anzustreben. Ferner soll man die Kellerwände nicht in unbewehrtem Beton, sondern in Mauerwerk erstellen. Erfordert die Aufnahme des Erddruckes eine Ausführung der Kellerwände in Stahlbeton, so kann man sie in Einzelabschnitten gleichsam als Tafeln ausbilden und diese ohne Verbindung mit der Kellerdecke von außen vorsetzen, vgl. Abb. 113.

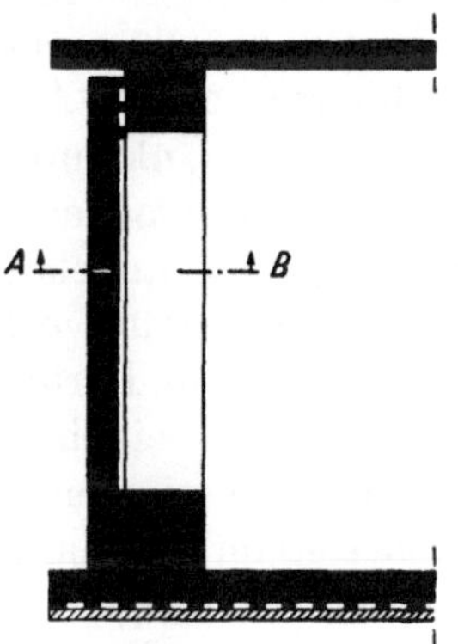

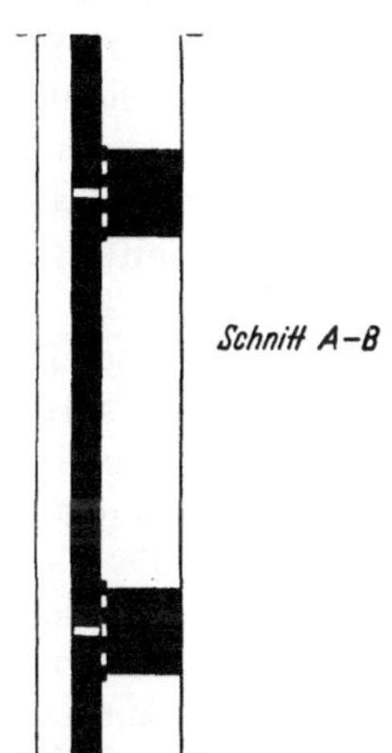

Abb. 113. Kellerwand aus Stahlbetontafeln, die sich von außen gegen das tragende Gerippe legen

Oberhalb der Erdgleiche werden fugenlose Wände aus bewehrtem oder unbewehrtem Beton nur an einzelnen Stellen zum Zwecke der Windaussteifung statisch benötigt. Aus der Zwangslage, beim Wiederaufbau den anfallenden Trümmersplitt verwenden zu müssen, hat sich in manchen Gegenden eine neue *Schüttbauweise* mit fugenlosen Betonwänden entwickelt. Diese Wände bilden Scheiben, die zwar ein großes Trägheitsmoment, aber nur eine kleine Zugfestigkeit aufweisen. Nur bei geringer Länge reicht die Steifigkeit der Wand aus, um einer Krümmung Widerstand zu leisten. Nach Überschreitung der Zugfestigkeit entstehen in den überbeanspruchten Querschnitten Bruchfugen, es tritt dann eine unerwünschte Anhäufung der gesamten Formänderung an den wenigen Bruchstellen auf. Kehrt sich bei fortschreitendem Abbau die Krümmung um, so können sich die klaffenden Risse nicht wieder schließen, weil sie durch Bruchstücke versperrt werden. Der Rückweg der Verformung wird also nicht durch das Schließen der ersten Risse ausgeglichen, es entstehen wieder neue Risse. Bei jeder folgenden Krümmung verschlechtert sich der Zustand von neuem. Der Bruch läßt sich auch nicht durch eine leichte Bewehrung verhindern. Legt man an einzelnen Stellen stärkere Rundstähle ein, verändert man nur die Lage der Risse, aber nicht ihr Ausmaß. Das Grundgesetz, daß die Schäden mit der Steifigkeit zunehmen, wenn keine Vollsicherung erreicht werden kann, läßt sich offenbar nicht umgehen. Es ist in Abschn. 2 ausführlich dargelegt, daß man sich davon frei machen muß, die Erreichung einer großen Steifigkeit als selbstverständlichen Vorzug zu betrachten. Außer dem gewohnten Widerstandsprinzip gibt es den umgekehrten Weg, um ein Bauwerk vor Schäden zu bewahren, und hierfür wurde der Ausdruck Ausweichprinzip geprägt. Die fugenlose Wand hat gegenüber der nachgiebigen Mauerwerkswand erhebliche Nachteile, sie ist für die Verwendung im Bergbaugebiet ungeeignet. Ausnahmen können nur bei schmalen und hohen Wänden gemacht werden, deren Steifigkeit zur Scheibenwirkung ausreicht. Anderenfalls ist jeder spröde Baustoff fehl am Platze, der nicht die erforderliche Zugfestigkeit besitzt.

Aus dem gleichen Grunde sind alle spröden *Wandverkleidungen* sehr nachteilig. Für die

Verblendung der Außenwände darf erstens kein großes Format verwendet werden, zweitens muß ein ausreichender Verband mit der Hintermauerung geschaffen werden. Besonders gefährlich ist eine Verblendung aus dünnen Schalen, die nur durch Anker gehalten wird und die sich daher leicht ablöst. Fällt die Verblendung nicht sogleich ab, dann vollenden eindringendes Wasser und Frost die Zerstörung. Das Herunterfallen der Verblendung kann gefährliche Folgen haben.

Auch im Innern der Bauwerke sind *Plattenverkleidungen*, hauptsächlich großformatige Platten aus Glas oder Keramik, stets gefährdet. Man könnte zweifellos den Umfang der Schäden verringern, wenn man einen weniger spröden Fugenmörtel entwickeln würde. Das ist durchaus möglich, aber bisher scheint dieser Weg zur Verminderung der Bergschäden keinen wirtschaftlichen Anreiz zu bieten. Der Grund, weshalb sich weder der Bauherr noch der Architekt um eine Verbesserung der Baustoffeigenschaften bemüht, ist wohl in der Unkenntnis der Sachlage zu suchen. Versuche zur Entwicklung eines Mörtels, der eine größere plastische Nachgiebigkeit besitzt, sind vor längerer Zeit an einem Materialprüfungsamt angelaufen, sie wurden aber wieder eingestellt, da kein wirtschaftliches Interesse hierfür vorlag. Für Kachelverkleidungen in Schwimmbecken, die also ständig mit Wasser in Berührung stehen, gibt es bereits einen Mörtel, der seine plastische Verformbarkeit beibehält.

Am günstigsten für die Belange des Bergbaues ist die heute bevorzugte *Gerippebauweise* im sogenannten Rasterstil. Die Auflösung der Wandflächen in ein System von Stielen und Riegeln erlaubt zweifellos im Bergbaugebiet auch größere Bauwerkslängen, als sie im reinen Mauerwerksbau zugelassen werden können. Die wunde Stelle der Wandausbildung ist nur der Anschluß der zwischen dem Raster liegenden Ausfachungen und Fenster. Diese Bauweise ist noch nicht alt, daher liegen dem Verfasser auch noch keine Ergebnisse hinsichtlich der bergbaulichen Einwirkung vor. Die Schäden in den Anschlußfugen werden auch vermutlich nicht sehr erheblich sein, weil die Flächen der Ausfachung nur wenige Quadratmeter groß sind. Es würde technisch auch kaum irgendwelche Schwierigkeiten bereiten, die fraglichen Fugen sofort beim Neubau so zu gestalten, daß die Formänderung in der Fassade nicht das Ausmaß von Schäden erreicht. Besonders gefährdet sind aber große Spiegelglasscheiben. Man sollte diese daher stets in einem Falz aus Gummi oder irgendwelchen Kunststoffen verlegen, die das Glas schützen.

Die lotrechte *Aussteifung der Decken* durch Balken und Unterzüge ist für den Verlauf der Bergschäden von geringer Bedeutung. Im allgemeinen ist die Querschnittshöhe und damit auch die vertikale Biegungssteifigkeit im Vergleich zum Krümmungshalbmesser der Baugrundverformung so gering, daß die Balken der Krümmung ohne erhebliche Spannungszunahme folgen können. Grundsätzlich sind Balken mit hohem Querschnitt ungünstiger als niedrige, außerdem ist es vorteilhaft, wenn sich die Krümmung möglichst gleichmäßig auf die gesamte Länge verteilt. Das spricht gegen eine Anordnung von Schrägen, welche die lotrechte Verbiegung in die mittleren Balkenabschnitte verlagern. Eckanschlüsse von großer Steifigkeit, die sowohl in den Ecken der Balken und Unterzüge als auch in den Kopfausbildungen der Pilzdecken vorkommen, beeinträchtigen die Nachgiebigkeit der Gesamtkonstruktion eines Bauwerkes und vergrößern den Gesamtumfang der Krümmungsschäden. Es sind die Bauarten und Querschnittsformen vorzuziehen, die sich am leichtesten und gleichmäßigsten der Gesamtverformung des Bauwerkes anpassen. Mit dieser Forderung kann zwar ein höherer Stahlverbrauch verknüpft sein, das trifft aber nur bedingt zu. Diese Überlegung soll vielmehr zu einer Bauweise führen, die sich den gegebenen Voraussetzungen im Bergbaugebiet anpaßt. Es ist zweckmäßig, Rahmenkonstruktionen zu vermeiden und die Aufnahme der Wind- und sonstigen Horizontallasten an einzelnen wenigen Stellen zu konzentrieren, an denen Wandscheiben angeordnet werden können. Damit erreicht man, daß alle Stützen schlanker bemessen und die steifen Eckausbildungen zwischen Stielen und Balken vermieden werden. Diese hier angeregte Bauart hat zusätzlich den Vorteil großer Wirtschaftlichkeit. In den meisten neueren Wettbewerben für Verwaltungshochhäuser und dergleichen wird offenbar doch nicht nur aus architektonischen Gründen, sondern auch wegen ihrer wirtschaftlichen Vorzüge die Konstruktion eines steifen Treppenhauses bevorzugt, welches das gesamte Bauwerk aussteift. Die Randstützen können dann sehr schmal gehalten und als Pendelstützen konstruiert werden. Dieses ist wiederum ein Beispiel, welches beweisen soll, daß die vom Verfasser geforderte Anpassung an die besonderen Verhältnisse im Bergbaurevier keineswegs immer eine Verteuerung zur Folge hat.

4.214 Die Ausbildung der Trennfugen

Sowohl die Bedeutung der völligen Bewegungsfreiheit jedes einzelnen Bauwerkes oder Bauwerksabschnittes als auch die grundsätzlichen Anforderungen an die Trennfugen sind in Abschn. 3, S. 72 ff., behandelt. Die praktische Nutzanwendung im städtischen Hochbau bietet zwar keinerlei Schwierigkeit, man begegnet aber immer wieder den gleichen Ausführungsfehlern, daher sollen an dieser Stelle noch einige Hinweise eingefügt werden.

Die *Lage* der Trennfugen hängt von der Festlegung der zulässigen Längenabmessung der Einzelbauwerke ab. Da sich ihre Grundflächen gegeneinander verdrehen können, vgl. S. 83, ist es nicht ratsam, mit einer Fuge einen Raum zu durchschneiden. Die Fuge muß also mit der Lage der Trennwände zusammenfallen, die als Doppelwände auszubilden sind. Aus der Forderung, daß die Fuge in einer Ebene durchgehen soll, ohne zu verspringen, folgt die Notwendigkeit, bei der Raumaufteilung die Lage der Fuge zu berücksichtigen. Im Innern des Gebäudes tritt die Fuge nur beim Durchschneiden der Flure in Erscheinung. Diese Führung der Fugen ist auch konstruktiv am besten zu lösen. Man scheut vielleicht zunächst die Mehrkosten der Doppelwände, die aber durch den Fortfall der Fugenabdeckung im Fußboden und in der Decke ausgeglichen werden. Die Bewegung in den Fugen erstreckt sich meistens über große Zeiträume. Wenn sich die Instandsetzungsarbeiten nicht nur auf den Flur, sondern auch auf die eigentlichen Wohnräume erstrecken, nehmen die Störungen zweifellos erheblich zu.

Bei der *Ausbildung* der Fugen gehen häufig die Ansichten des Architekten und des Bauingenieurs, der auf die bergbaulichen Belange achten soll, auseinander. Vom künstlerischen Standpunkt aus betrachtet mag es wünschenswert sein, daß man die Fugen äußerlich überhaupt nicht erkennen kann. Außerdem ist eine gute Ausbildung des Fugendetails eine Mehrarbeit, die sowohl die Planung als auch besonders die Bauüberwachung belastet, und die ausführende Baufirma muß geeignete Fachkräfte einsetzen, an denen es überall mangelt. Infolgedessen verzichtet man sehr häufig darauf, die Fugen auch in den Ansichtflächen folgerichtig auszubilden, besonders wenn die angesetzten Termine bereits überschritten sind. Wenn aber die Verblendung in den Außenwänden oder der Fliesenbelag in den Fußböden ohne Rücksicht auf die Fuge durchläuft, ist die Wirkung der Trennfuge und damit das Kernstück der „Bergschädensicherung" restlos in Frage gestellt. Es kommt doch darauf an, daß keine waagerechten Kräfte von einem Bauwerksabschnitt in den anderen übertragen werden können. Eine Mauerwerksverkleidung von 12 cm Stärke hat aber je Meter Fugenlänge 1200 cm² Querschnittsfläche, die nicht einmal bei einer Druckspannung von 50 kg/cm² mit Sicherheit zerbricht und somit 60 t Horizontalkraft übertragen kann.

Da die Ausbildung einer offenen Fuge mehr Arbeit macht als das Einlegen irgendwelcher Leichtplatten aus Holzwolle oder ähnlichen Baustoffen, begegnet man ständig letzterem Vorschlag. Es ist offenbar nicht allgemein bekannt, daß derartige Platten nur wenige Millimeter nachgeben und dann eine beachtliche Festigkeit haben. Die Bewegungen in den Fugen betragen aber das zehn- bis hundertfache des Maßes, um welches sich die Platten überhaupt zusammenpressen lassen.

Ferner ist auf die Fugenausbildung im Dachstuhl zu achten. Man kann wohl notfalls die Dachziegel über einer Fuge durchlegen, weil sie leicht ausweichen und sich schnell wieder neu verlegen lassen, aber der Dachstuhl selbst muß einschließlich der Dachlatten restlos getrennt werden. Die Dachlatten können durch ausziehbare Zwischenstücke aus Winkelstahl verbunden werden, die man einseitig befestigt.

Besondere Obacht verdient auch die Freihaltung der Fugen im Inneren des Bauwerkes. Es läßt sich wohl selten vermeiden, daß Stein- und Mörtelbrocken, Holzstücke der Schalung, Zementsäcke und ähnlicher Abfall in den Schlitz der Fugen zwischen die inneren Doppelwände fallen. Aus diesem Grunde ist es ratsam, am Fuß der Doppelwände im Keller zunächst Öffnungen freizulassen, um den Schutt wieder räumen zu können, und diese erst nach Fertigstellung des Baues wieder zu schließen, vgl. Abb. 88, S. 82.

4.215 Installation

An den Schäden in Hochbauten ist die Installation sowohl aktiv wie auch passiv beteiligt. Die Schwächung der tragenden Teile durch Schlitze und Unterbrechungen trägt *aktiv* zu der Schadensbildung bei und wurde schon früher erwähnt. Das nachträgliche Ausspitzen von Mauerwerk und Beton, vom Herausschweißen an Stahlteilen ganz zu schweigen, gehört zu den unerfreulichsten Begleiterscheinungen der heutigen Bauausführung auch außerhalb des Bergbaugebietes. In den USA leistet man sich nicht den Luxus dieser Tagelohnarbeiten, die zweifellos die Folge einer zu kurzfristigen und somit unvollkommenen Planung sind. Erfährt ein Bauwerk noch zusätzliche Formänderungen durch den Bergbau, so gehen schon die üblichen Folgeerscheinungen der Schwächung an der Konstruktion und die Arbeit des nachträglichen Verputzens zu Lasten des Bergbaues. Hauptsächlich bewirkt jeder Schlitz eine Unterbrechung der Steifigkeit des Bauwerkes und zieht alle Formänderungen in seiner Umgebung auf den an sich schon schwachen Punkt.

Durch die auftretenden Schäden sind die Installationen auch selbst *passiv* betroffen. Deshalb wurde bereits in Abschn. 4.13, S. 93 ff., die Forderung erhoben, die stärkeren Rohrleitungen frei zugänglich zu verlegen. In allen Hochbauten, die eine umfangreiche Installation benötigen, insbesondere in Krankenhäusern, Hotels usf., lohnt es sich, nicht nur für die auf- und abgehenden Hauptleitungen besondere Schächte vorzusehen, sondern auch die waagerechten Hauptstränge entweder frei im Keller oder in einem besonderen *Installationsraum* zu verlegen, der in gebückter Stellung begehbar ist. Dann ist eine Wiederinstandsetzung der Leitungen an jeder Stelle möglich. Daraus folgt das Bestreben, möglichst alle Leitungen oberhalb der Bodenplatte zu belassen. Wenn aber die Leitungen unterhalb der Bodenplatte liegen sollen, dann dürfen sie nicht im Erdreich eingegraben werden, sondern müssen frei in Rohrgräben verlegt werden, die durch Öffnungen in der Kellersohle zugänglich sind. Rohrgräben lassen sich sowohl in Mauerwerk als auch in Beton verhältnismäßig billig herstellen, sie sind durch eine Gleitfuge mit einer Papplage von der Bodenplatte abzutrennen. Verzichtet man auf diese Rohrgräben, so bedingt schon die Suche nach dem Schadensherd so große Nebenarbeiten, daß dagegen die Leitungsreparatur kaum mehr ins Gewicht fällt.

Auch ist darauf zu achten, daß das Steigungsverhältnis aller Leitungen mit freiem Gefälle wegen der etwaigen Gesamtschieflage des Baues um mindestens 1 % größer anzulegen ist, als es sonst gefordert wird.

Ein großer Gefahrenherd der Installation ist die *Trennfuge* zwischen zwei Bauwerksabschnitten. Es ist vorgekommen, daß ein Gebäude, das in baulicher Hinsicht allen Erfordernissen entsprach, bei einer Dehnung der Fugen um wenige Millimeter bereits einen schweren Wasserschaden erlitt. Danach stand das ganze Kellergeschoß unter Wasser, weil die Druckleitung in gerader Richtung durch beide Bauabschnitte ohne jede Schlaufe durchlief und riß. Die für das Bauwerk im Bergschadensfall vorgesehene Formänderung muß auch bei der Installation berücksichtigt werden. Die Installationsfirmen können ohne besonderen Hinweis nicht wissen, welchen Zweck irgendwelche Fugen haben. Mit der gleichen Unbekümmertheit, mit der sie die tragenden Konstruktionen anstemmen, legen die Monteure sonst die Leitungen in alle Hohlräume, die sie antreffen. Es soll sogar vorkommen, daß sie die mühevoll freigehaltenen Fugen nicht nur für die Verlegung der

Rohre verwenden, sondern sie sogar wieder mit Mörtel verfüllen und damit auch alle sonstigen, noch so kostspieligen baulichen Maßnahmen hinfällig machen.

Besondere Vorkehrungen verlangt die Anlage der *Fahrstühle*. Mit Rücksicht auf die etwaige Gesamtschiefstellung des Gebäudes, aber auch auf die sonstigen Formänderungen des ganzen Baukörpers müssen die Öffnungen in den Decken einen zusätzlichen Spielraum erhalten. Ferner dürfen die Spurlatten und Führungsschienen nicht fest durch Steinanker angeschlossen werden, sondern es muß die Möglichkeit geschaffen werden, sie nachzustellen. Ganz allgemein müssen auch bei allen sonstigen Einrichtungen, die keine Schieflage vertragen, alle Befestigungen nachstellbar ausgebildet sein.

4.216 Besondere Maßnahmen zur Vollsicherung einzelner Einrichtungen

Während die eigentlichen Bauwerke des städtischen Hochbaues aus wirtschaftlichen Gründen nur teilgesichert werden können, müssen — wenn auch selten — bestimmte Bauteile vollgesichert und sogar mit einer Hubvorrichtung ausgestattet werden. Zu diesen

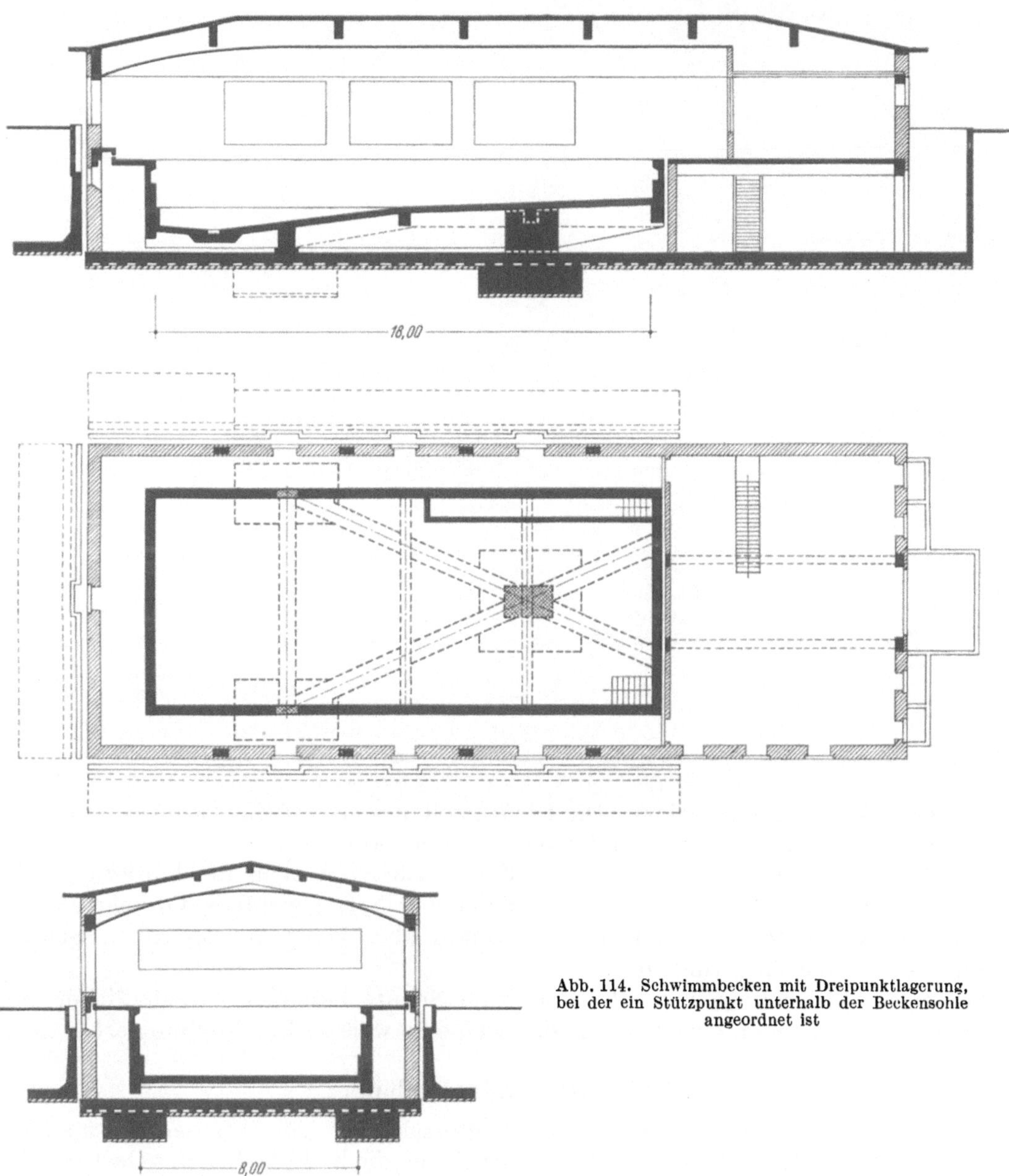

Abb. 114. Schwimmbecken mit Dreipunktlagerung, bei der ein Stützpunkt unterhalb der Beckensohle angeordnet ist

Ausnahmen gehören die Schwimmbecken in Badeanstalten. Die Forderung der Dichtigkeit allein läßt sich auch ohne eine durchgehend biegesteife Konstruktion des ganzen Beckens, also ohne eine Vollsicherung erfüllen. Es wird aber gleichzeitig eine waagerechte Lage seines Randes verlangt, da sich sonst die Höhenlage der Überlaufrinne und auch die genaue Sprunghöhe der Sprungbretter im Vergleich zum Wasserspiegel ändern. Daraus folgt die Notwendigkeit, das Becken in der Höhenlage leicht nachrichten zu können. Aus diesem Grunde wird es im Bergbaugebiet meist mit einer Dreipunktlagerung ausgestattet. Abb. 114 und Abb. 115 zeigen zwei verschiedene Ausführungen, die sich in der Lage

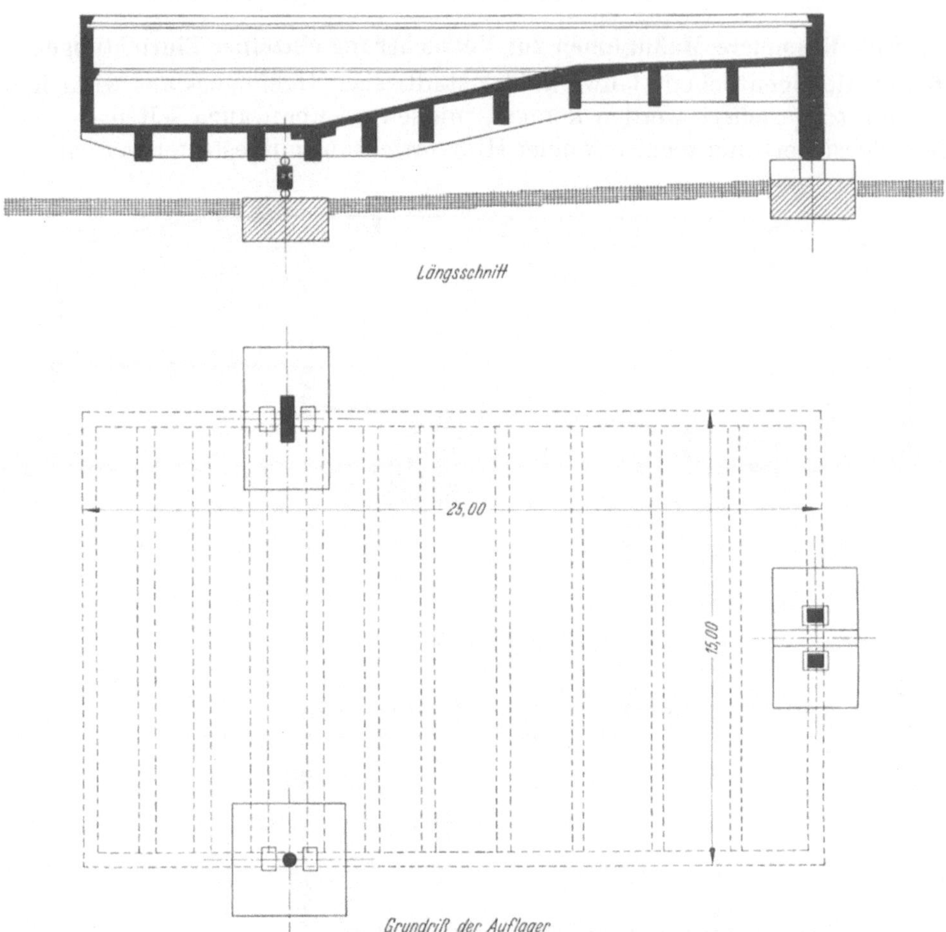

Abb. 115. Schwimmbecken mit Dreipunktlagerung, bei der alle drei Stützpunkte unter der Beckenwandung angeordnet sind

des Einzelauflagers unterscheiden. Die Dichtigkeit in den auf Zug beanspruchten Querschnitten läßt sich am sichersten mit Hilfe der Vorspannung erreichen. Die in Abb. 115 dargestellte Ausführung ist vorgespannt. Zusätzlich kann auch die Forderung gestellt werden, daß die an das Becken anschließenden Umläufe gleichfalls Vorkehrungen zum Heben und Ausrichten erhalten. Diese bereiten aber keine konstruktiven Schwierigkeiten, weil die Lasten gering sind.

    Sonstige Vollsicherungen im Hochbau zum Schutz besonders empfindlicher Gegenstände werden nur selten eingebaut, so daß sich eine weitere Beschreibung erübrigt.

4.22   Der Industriebau

    Die Aufgabenstellung im Industriebau unterscheidet sich von der des städtischen Hochbaues in mancherlei Hinsicht. Die Ansprüche an die Sichtflächen der Decken, Wände und Fußböden entsprechen meistens der Kleidung der Benutzer des Raumes. Je reinlicher die der Tätigkeit angepaßte Kleidung, um so schärfer ist der Maßstab für die Schäden. Das gilt genauso für den Hochbau wie für den Industriebau. Im Hochbau könnte man vom Theater bis zum Kohlenkeller eine Skala aufstellen, in der die Kosten für die Wand- und Fußbodenbekleidungen und damit auch die Reparaturkosten im Schadensfall gestaffelt sind. Diese Skala setzt sich im Industriebau fort, von dem feinmechanischen Betrieb und den anspruchsvollsten Arbeitsräumen der Nahrungsmittelindustrie über den feinen und groben Maschinenbetrieb, das Walzwerk, den Hüttenbetrieb bis zum Bergbau unter Tage.

Daran erkennt man wohl die Schwierigkeit, allgemeingültige Regeln aufzustellen, weil sie je nach den gestellten Ansprüchen starken Schwankungen unterworfen sind. Für die empfindlichen Arbeitsbedingungen der Nahrungsmittelindustrie und mancher chemischer Betriebe gelten ähnliche Voraussetzungen wie für Badeanstalten, Krankenhäuser, Festräume von Theatern, Museen usw. Auf derartige Bauten der Feinindustrie sind also die im vorhergehenden Abschnitt beschriebenen Maßnahmen mit entsprechenden Abweichungen anzuwenden.

Wenn in diesem Abschnitt schlechthin der Industriebau behandelt wird, so sind damit hauptsächlich die Bauten der *Schwerindustrie* gemeint. Hier haben die Wände und Dächer hauptsächlich die Funktion des Raumabschlusses gegen Regen, Wind und Staub und nur zu einem geringen Teil die des Schutzes gegen Kälte oder Wärme. Die Fußböden müssen den betrieblichen Erfordernissen entsprechen. Auf das Aussehen kommt es im Ernstfall bei schweren Bergschäden erst in zweiter oder dritter Linie an.

Im Gegensatz zum Hochbau ist nicht das Bauwerk selbst die Hauptsache, sondern die Produktion, d. h. der technische Betrieb. In vielen Werken kosten die Maschinen und Betriebseinrichtungen das Zehnfache der Baulichkeiten. Die Sicherung gegen die Folgen des Bergbaues muß daher viel mehr auf die Einrichtung als auf das Bauwerk ausgerichtet werden. Häufig liegt der Schwerpunkt der Aufgabe nicht einmal in den Kosten der Ausbesserung oder Ersatzbeschaffung der Maschinen, sondern in den mittelbaren Folgen ihres Ausfalles, d. h. in der *Betriebsunterbrechung* oder Stillegung, in dem Produktionsausfall und dem Weiterlaufen aller Verpflichtungen.

Damit greift die Aufgabe der Bergschadenkunde auf die Fachrichtungen des Maschinenbaues und der Elektrotechnik über und wird immer verwickelter. Es ist noch verhältnismäßig leicht abzuschätzen, wie hoch die Kosten einer baulichen Maßnahme zur Vollsicherung einer Maschine sind. Wenn aber gefordert wird, daß die Lagerbedingungen einer ganzen Maschineneinrichtung in einer Gesamtlänge von 50 Metern unverändert bleiben, dann können die Kosten für die Maßnahmen zur Schaffung eines steifen Unterbaues einen siebenstelligen Betrag erreichen. In dem Fall kommt man nicht umhin, in die Kostenvergleiche auch Konstruktionsänderungen der maschinellen Einrichtung einzubeziehen. Dieses Übergreifen der Aufgabe in verschiedene Bereiche verlangt dann von den Mitarbeitern an der Planung gleichzeitig erhebliche Kenntnisse des Maschinen-, Elektro- und Baufaches. Der Verfasser möchte sich hier aber auf die bauliche Seite der Aufgabe beschränken.

4.221 Hallen

Eine Halle besitzt meist ein Hauptschiff, an das sich an einer oder an beiden Seiten Nebenschiffe anschließen. Ist kein Hauptschiff vorhanden, sondern reihen sich mehrere gleichartige Schiffe aneinander, so ist es immer möglich, einzelne als Haupttragkonstruktion auszubilden. Zunächst soll eine einzelne Halle behandelt werden, deren Flur in Geländeoberkante liegt und die keine Geschoßdecken besitzt. Es können aber lotrechte Unterteilungen in Form von Trennwänden vorhanden sein. Der Grundriß hat meistens die Form eines langgestreckten Rechteckes, die Pfetten der Dachdecke sind in der Längsrichtung gespannt, die Dachbinder liegen in der Querrichtung. Je nach den Erfordernissen wird der Raum frei überspannt oder es sind Zwischenstützen vorhanden, die in der

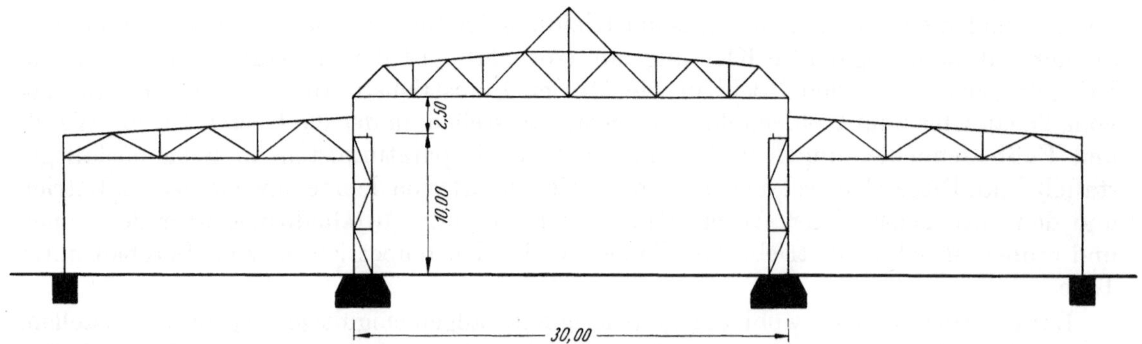

Abb. 116. Halle mit Fußeinspannung der Stiele

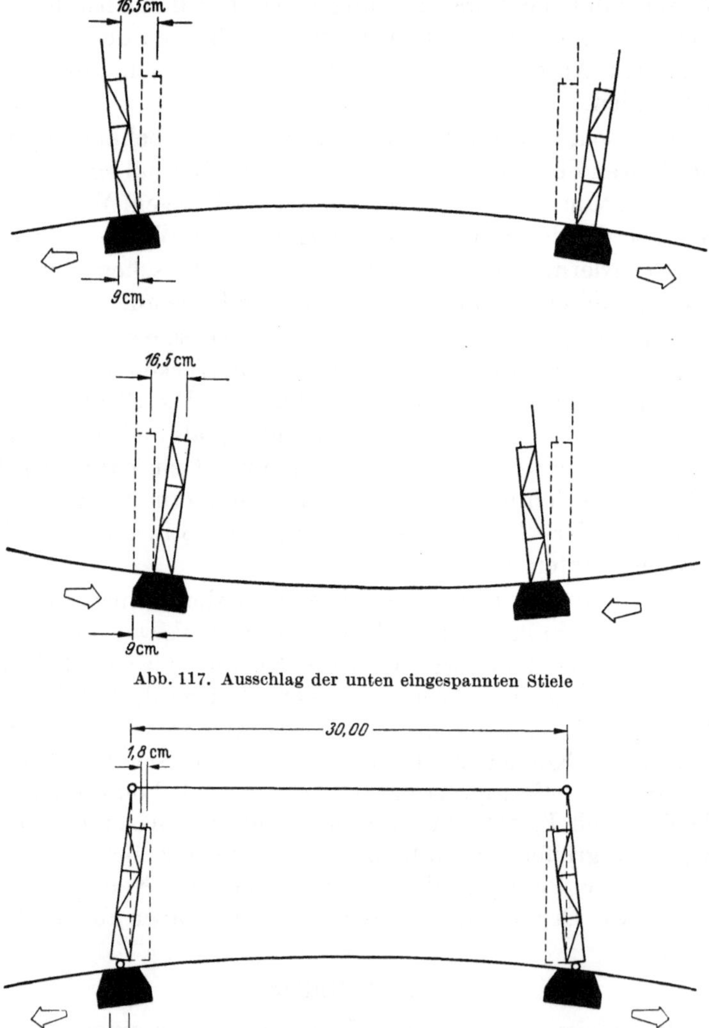

Abb. 117. Ausschlag der unten eingespannten Stiele

Abb. 118. Spuränderung der Kranbahn bei Abstandshaltung im Dach

Binderebene liegen. Später muß auch der Fall der Unterkellerung berücksichtigt werden, weil sich damit die Höhenlage der Stielfüße ändert.

In statischer Hinsicht ist die Konstruktion danach zu unterscheiden, wie die in der Dachebene angreifende Horizontalkraft aus Wind- und Kranlasten in die Fundamente weitergeleitet wird.

Bevor nun die statischen Systeme erörtert werden, die man im Bergbaugebiet verwenden kann, muß eine Konstruktionsart erwähnt werden, die für das Bergbaugebiet *völlig ungeeignet* ist. Leider ist das die gebräuchlichste Form, sie ist in Abb. 116 dargestellt. Die Horizontalkraft wird in jeder Binderachse von den Stielen übernommen und durch Einspannung in die Fundamente übertragen. Diese Bauart stammt aus dem Stahlbau und hat bei ruhendem Baugrund zwei Vorzüge. Erstens erleichtert sie die Montage, zweitens überläßt sie die Aufnahme des Windmomentes den Fundamenten, deren Kosten bei der Vergabe der Stahlkonstruktion meistens keine Beachtung finden. Die Mängel dieser Konstruktionsart im Bergbaugebiet sind hinreichend bekannt und bedürfen wohl lediglich eines kurzen Hinweises. Betrachtet man nur das Bauwerk selbst, so könnte man den Folgen der Längenänderung und der Krümmung der Bauwerkssohle in der Querrichtung dadurch entgehen, daß man die Binderauflager an der einen Seite des Daches durch ein Gleit- oder Rollenlager abtrennen würde. Die wichtigste Betriebseinrichtung einer Halle im Industriebau ist der *Kran*, und die Spurweite der Kranbahn ist am meisten durch waagerechte Verschiebungen gefährdet. Bei einer Dehnung des Baugrundes vergrößert sich der Abstand der Stützen schon im Fußpunkt, zusätzlich vergrößert sich aber ihr Abstand in der Höhe der Kranbahn durch die Schiefstellung der Stiele im Falle einer Krümmung der Bauwerkssohle. Um die Größenordnung dieser Abstandsänderung in Höhe der Kranbahn zu zeigen, soll diese an einem Beispiel ausgerechnet werden, vgl. Abb. 117. Es möge die Stützenentfernung 30 m und die Dehnung im Boden 6 mm/m betragen. Infolge der Dehnung erfahren die Fußpunkte der Kranstützen bereits eine Abstandsänderung von 18 cm. Krümmt sich nun der Boden mit einem Halbmesser von 2000 m, dann ergibt die Schiefstellung der Stiele in einer Kranbahnhöhe von 10 m einen zusätzlichen Ausschlag von 15 cm. Insgesamt verändert sich damit die Spurweite des Kranes um 33 cm. Die gleiche Ausrechnung mit umgekehrten Vorzeichen gilt für den Fall einer Verkürzung des Baugrundes in Verbindung mit einer muldenförmigen Krümmung der Sohle. Bei jeder Unterfahrung durch den Bergbau befindet sich die Halle abwechselnd im Sattel- und Muldenbereich. Somit beschreibt eine im Fundament eingespannte Stütze eine pendelnde Bewegung. Durch die Stützeneinspannung bekommt die Bodenverformung gleichsam einen Hebelarm, der den Pendelausschlag vergrößert. Für eine derartige Veränderung der Spurweite ist ein Kran nicht eingerichtet. Die meisten Kräne haben in ihren Laufrädern einen Spielraum bis zu 50 mm, bei einer größeren Änderung der Spurweite wird der Betrieb unterbrochen.

Folglich scheiden alle Konstruktionen der vorgenannten Art aus, bei denen selbst eine kleine Bewegung des Baugrundes mit Sicherheit die Krananlage außer Betrieb setzt.

In der Längsrichtung ist eine Kranbahn weniger empfindlich. Erstens werden die Motoren im allgemeinen so reichlich bemessen, daß sie eine geringe Steigung leicht bewältigen können. Zweitens kann ein Längsgefälle wohl den Betrieb stören, es führt aber selten zu einer absoluten Betriebsstillegung. Aus diesem Grunde kommt es bei der Wahl der Konstruktion in der Hauptsache auf deren Ausbildung in der Querrichtung an.

Da die Kranbahnen üblicherweise möglichst hoch angeordnet werden, kann man eine Änderung der Spurweite nur dadurch beschränken, daß man den Abstand der *Stiele*, auf die sich die Kranbahnen auflagern, *oben in der Dachebene unveränderlich hält.* Für die Wahl der Hallenkonstruktion ist dieses die wichtigste Forderung. Dann wirkt sich eine Abstandsänderung der Stielfüße nach dem Hebelgesetz in Höhe der Krankonsole nur zu einem geringen Teil aus. Liegt die Kranbahn in $^4/_5$ der Stielhöhe, so beträgt die Spuränderung nur $^1/_5$ der gegenseitigen Verschiebung der Füße, vgl. Abb. 118. In dem obigen Beispiel beträgt dann die Spuränderung 36 mm. Im allgemeinen reicht hierfür der Spielraum der Laufräder aus. Ist dagegen mit einer noch größeren Längenänderung des Baugrundes zu rechnen, so muß die Kranbahn auf den Konsolen seitlich verschoben werden. Hierbei handelt es sich nur um wenige Zentimeter und nicht um einen zehnmal so großen Betrag, wie er sich für die zuerst besprochene Konstruktion ergab.

Als Beispiel für das Aussehen eines Bergschadens an einer Stahlbauhalle, deren Stiele in der Querrichtung fest im Fundament eingespannt sind, werden in Abb. 119 und 120 zwei Aufnahmen gezeigt. Dieses Bauwerk wurde nicht einmal unmittelbar unterbaut, sondern lag am Rande eines Übertageabbaues, die Abbildungen zeigen aber die typische

Abb. 119

Abb. 120

Abb. 119 u. 120. Schäden an einem Stahlgerippebau mit unten eingespannten Stielen

Abb. 121. Zweigelenkrahmen

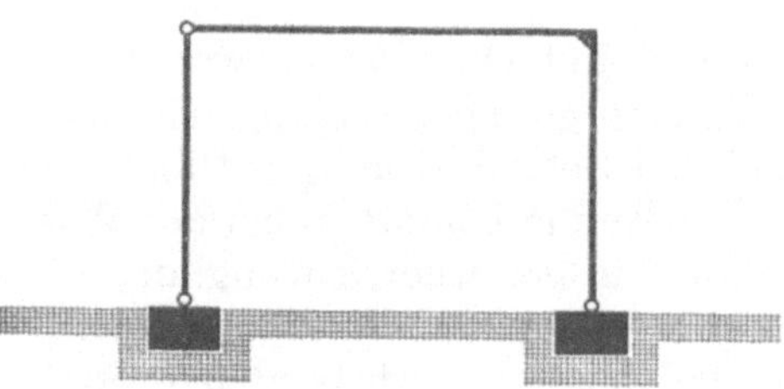

Abb. 122. Dreigelenkrahmen mit zwei Fußgelenken

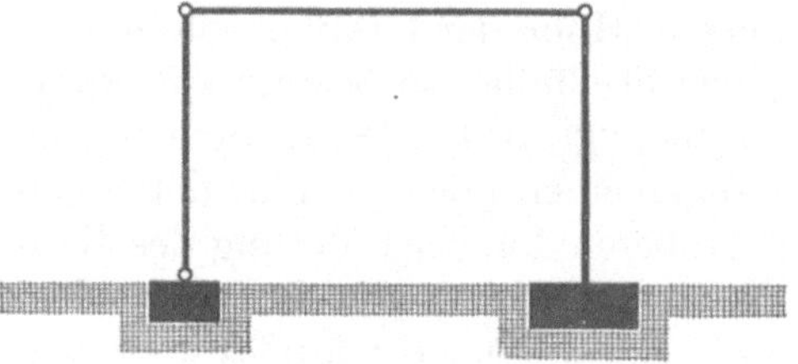

Abb. 123. Dreigelenkrahmen mit Fußeinspannung
eines Stieles

Drehbewegung und Seitenwanderung eines eingespannten Binderstieles.

Es gibt noch ein zweites Rahmensystem, welches sich nicht für das Bergbaugebiet eignet. Das ist der *Zweigelenkrahmen*, vgl. Abb. 121, der zwar in der Haltung der Kranspurweite günstig ist, aber bei einer Abstandsänderung der Fundamente in seiner Standsicherheit gefährdet wird.

Daraus folgt für die Hallenquerrichtung, daß ein statisch bestimmtes System gewählt werden muß, welches entweder Abb. 122 oder 123 entspricht. Beides sind Dreigelenkrahmen. An einem der vier Eckpunkte muß *eine* steife Ecke liegen. In Abb. 122 ist es eine *obere* Ecke zwischen dem Rahmenbinder und dem Stiel, die steif ausgebildet ist. Diese Konstruktion hat zwei Vorzüge. Die Stiele können im unteren Bereich schlank ausgebildet werden, beanspruchen also unten wenig Raum, und die Fundamente erhalten die kleinstmögliche Abmessung, weil am Stielfuß keine Momente übertragen werden. Der Nachteil ist die Verteuerung des Stahlbaues, die dadurch bedingt wird, daß die Momente durch die Stahlkonstruktion an der Ecke zwischen Stiel und Riegel aufgenommen werden. Ferner ist der Querschnitt des Stieles im oberen

Bereich, in dem gleichzeitig das größte Moment auftritt, durch das freizuhaltende Kranprofil eingeengt. In Abb. 123 ist die steife Ecke unten im Fundament eingespannt. Dann kann die Abmessung des Stieles oberhalb der Kranbahn klein gehalten werden, das Fundament unter dem eingespannten Stiel wird aber entsprechend größer und engt den freien Platz der Grundfläche ein, der häufig für die Maschinenfundamente usw. benötigt wird.

In konstruktiver Hinsicht sind damit die beiden Möglichkeiten der Queraussteifung einer Halle beschrieben. Es muß aber noch die Frage der Wirtschaftlichkeit geklärt werden. Hierbei sind vier Faktoren zu berücksichtigen.

1. Die Größe der Kranlasten. Bei *leichten* Kranen ist der Kranseitenschub entsprechend gering, die aufzunehmende Horizontalkraft tritt gegenüber den lotrechten Lasten zurück. Die gesamte Konstruktion kann schlank gehalten werden, die Aufnahme des Eckmomentes im oberen Teil des Stieles bereitet meistens keine Schwierigkeit. Kurz, der Mehraufwand im Aufgehenden ist unerheblich, und damit entfällt der Nachteil, welcher der Ausbildung des in Abb. 122 dargestellten Systems anhaftet. Bei *schweren* Kränen wird dagegen die aufgehende Konstruktion mit steifer Rahmenecke erheblich teurer als mit einer Fußeinspannung gemäß Abb. 123.

2. Die Beschaffenheit des Baugrundes. Beim Kostenvergleich muß zweifellos die Summe der Kosten für die aufgehende Konstruktion und für die Gründung zugrunde gelegt werden. Die Gründungskosten hängen zwar hauptsächlich von der Beschaffenheit des Baugrundes ab, andererseits bedingt die Standsicherheit eine bestimmte Mindestabmessung der Fundamentgrundfläche. Die Aufnahme des Einspannmomentes nach dem Rahmensystem der Abb. 123 verursacht eine Vergrößerung und damit auch eine Verteuerung der Fundamente. Bei schlechtem Baugrund kann der Aufwand für die Gründung die Mehrkosten in der aufgehenden Konstruktion des Rahmensystems ausgleichen, bei schwerem Kranbetrieb trifft dieses aber im allgemeinen nicht zu.

3. Der Raumbedarf im Innern der Halle. Es wurde zwar bisher nur die einschiffige Hallenform betrachtet, bei welcher der von den Stützenfundamenten beanspruchte Raum am Rande der Grundfläche liegt und daher meistens nicht für die Aufstellung von Maschinen benötigt wird. Anders verhält es sich mit den Fundamenten der inneren Stiele einer mehrschiffigen Halle, besonders wenn diese unterkellert ist. Häufig richtet sich der Achsabstand der Binder, d. h. die freie Spannweite der Dachkonstruktion und auch der Kranträger in der Längsrichtung nur danach, an welcher Stelle es überhaupt betrieblich möglich ist, die inneren Stiele anzuordnen. Z. B. betragen diese Spannweiten in den Ofenhallen der Stahlwerke etwa 40 m, weil die dazwischenliegenden Öfen diese Länge haben. Derartige Spannweiten von etwa 30 m in der Querrichtung und 40 m in der Längsrichtung führen bereits zu sehr schweren Konstruktionen, zumal wenn große Lasten von Kränen mit über 100 t Tragfähigkeit aufgenommen werden müssen. Soll dann eine eingespannte Stütze zwischen den Öfen gegründet werden, so beansprucht die Aufnahme des Einspannmomentes einen Mehrbedarf an Fundamentbreite von mehreren Metern. Um dieses Maß vergrößert sich zwangsläufig auch die Spannweite in der Längsrichtung und damit die *Gesamtlänge* der Halle. Der Raumbedarf der Fundamente kann also auch den Kostenvergleich sehr erheblich berühren.

4. Das Ausmaß der zu erwartenden Längenänderung und Krümmung des Baugrundes. Die Kosten einer Hallenkonstruktion erhöhen sich beträchtlich, wenn Vorkehrungen für eine spätere Nachrichtung der Stielfüße getroffen werden müssen. Diese Entscheidung hängt hauptsächlich davon ab, wie groß die Unregelmäßigkeit der Baugrundverformung sein kann, welche bei der Planung berücksichtigt werden muß. Es spricht aber auch die Empfindlichkeit der Halleneinrichtung mit. Die Höhe der Kosten für die zusätzlichen Vorkehrungen zum Nachrichten unterscheidet sich danach, ob nur eine *Hebung* der Stielfüße oder ob gleichzeitig auch eine waagerechte *Verschiebung* in einer oder womöglich in zwei Richtungen vorzusehen ist. Die konstruktive Ausbildung zum Heben ist bedeutend

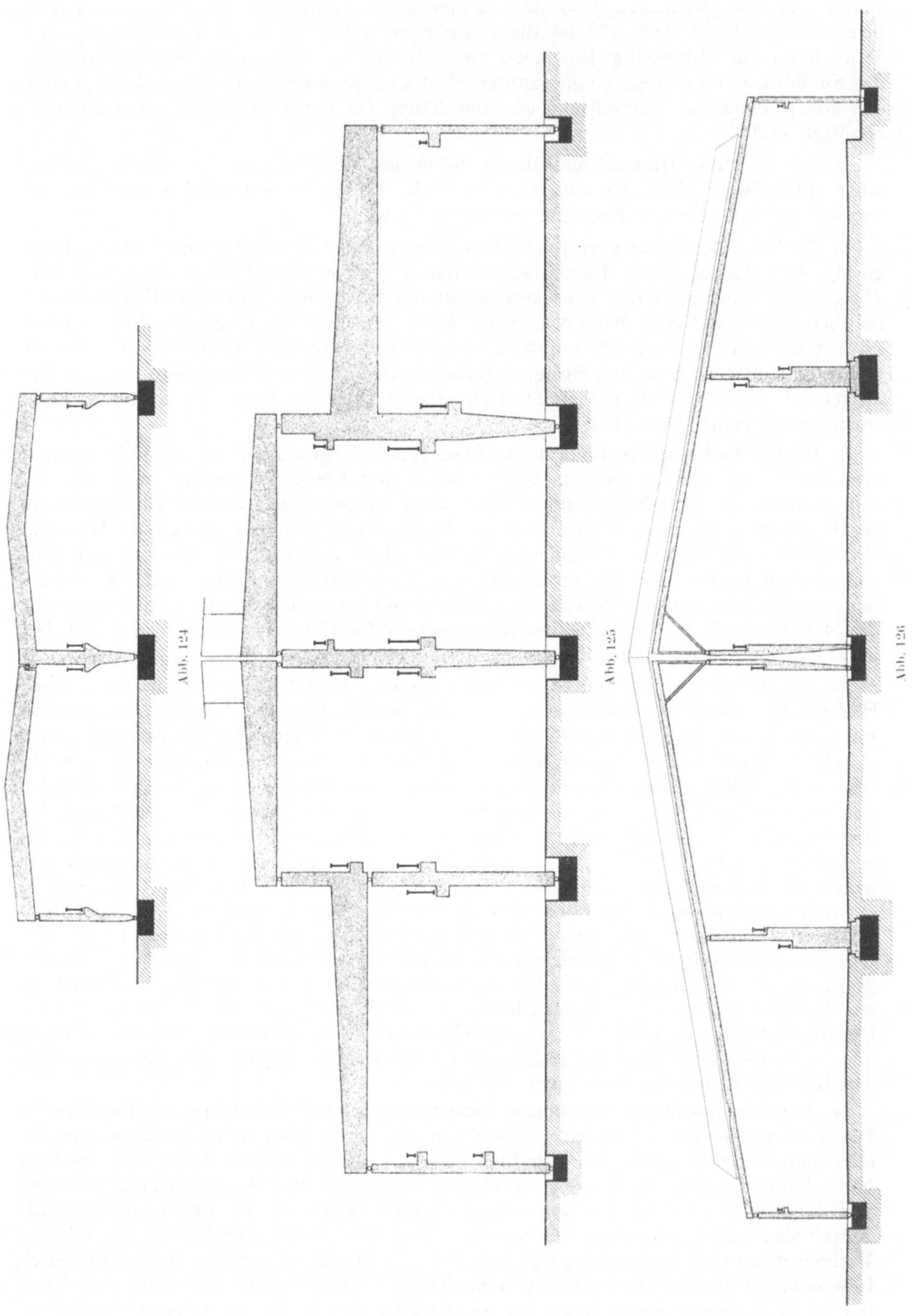
Abb. 124
Abb. 125
Abb. 126

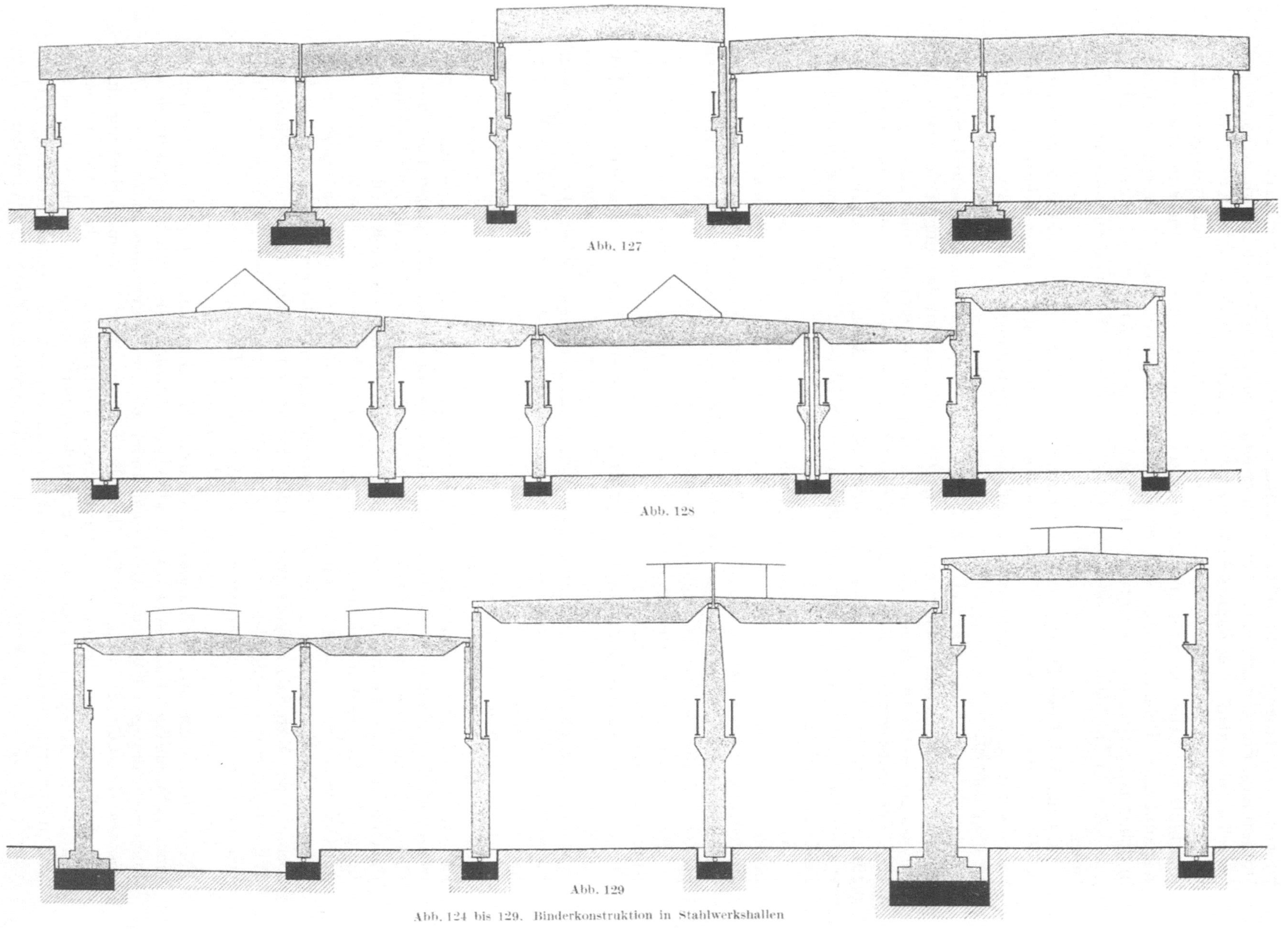

Abb. 127
Abb. 128
Abb. 129
Abb. 124 bis 129. Binderkonstruktion in Stahlwerkshallen

billiger als diejenige zur ein- oder zweiseitigen Verschiebung. Allein die Abdeckung des Hohlraumes, der zur schnellen Abwicklung eines seitlichen Versetzens als Arbeitsraum freigehalten werden muß, kann sehr teuer werden, wenn für den Hallenflur mit schweren Lasten gerechnet werden muß. Hierbei ist zu beachten, daß sich Stielfüße mit gelenkigem Anschluß wesentlich leichter ausrichten lassen als solche, die fest im Fundament eingespannt sind. Folglich eignet sich eine Ausbildung gemäß Abb. 123 besser für Fälle, in denen keine spätere Ausrichtung berücksichtigt zu werden braucht, während sich bei gelenkiger Fußausbildung Vorkehrungen zum Heben und Verschieben einfacher treffen lassen.

Mit der Wahl des Tragsystems sind noch nicht alle Fragen der Hallenausbildung in der *Querrichtung* behandelt. Wenn sich mehrere Hallen seitlich aneinanderreihen, kann die Gesamtabmessung so groß werden, daß eine Unterteilung in einzelne Abschnitte nicht zu umgehen ist.

Man kann sich die Planung wesentlich erleichtern, wenn man Verschiebungspläne zeichnet, aus denen sich die notwendigen Angaben für die Verschiebung in einer oder zwei Richtungen sowie für die lotrechte Ausrichtung jedes Fußpunktes eines Stieles ergeben. Eine der schwierigsten Entscheidungen betrifft hierbei die Frage, ob es im Einzelfall günstiger ist, die Kranbahnträger gesondert an ihren Auflagern auszurichten oder sie zusammen mit der ganzen Tragkonstruktion von Stielen und Bindern am Fußpunkt der Stiele anzuheben.

Aus dieser kurzen Betrachtung dürfte schon hervorgehen, wie schwer die Wirtschaftlichkeit der Systemwahl zu ermitteln ist. Zusätzlich muß auch eine Änderung der Betriebseinrichtung erwogen werden, die eine günstigere bauliche Gestaltung erlauben würde. Damit wird die Zahl der zu berücksichtigenden Faktoren des Kostenvergleichs immer größer, und die Planung benötigt noch mehr Zeit.

Es dürfte in diesem Zusammenhang interessant sein, wie das Ergebnis dieser Überlegungen in der Praxis aussieht. Daher sollen einige Systemskizzen von den Neubauten der Stahlindustrie aus letzter Zeit gezeigt werden, die vom Verfasser bearbeitet wurden, vgl. Abb. 124 bis 129. Die Unterschiede in der Systemwahl ergeben sich aus den oben erwähnten betrieblichen Voraussetzungen. Man kann aus der Mannigfaltigkeit der Systeme immerhin erkennen, daß sogar innerhalb eines Hallenquerschnittes die beiden Möglichkeiten der Ausführung nach Abb. 122 und 123 wechseln können.

Zu der Frage der Ausrichtbarkeit der Stielfüße ist noch folgendes zu bemerken. Sowohl im Stahl- als auch im Stahlbetonbau ist es wesentlich einfacher, die Vorkehrungen für eine *seitliche Verschiebung* auf eine Richtung zu beschränken. Dann genügt es auch, wenn sich die Gelenke nur um eine Achse drehen können. Linienkipplager und sonstige Gelenke für eine Drehung in einer Ebene sind wesentlich günstiger als alle Konstruktionen, die eine allseitige Drehung theoretisch in einem Punkt oder in einer Kugelkalotte ermöglichen. Bei den meisten Gelenken gibt es eine Hauptrichtung, in der eine Winkeldrehung am Ort des Gelenkes nicht zu umgehen ist. In der anderen Richtung kann aber im allgemeinen die Formänderung von der Elastizität oder notfalls von der plastischen Verformung des Materials aufgefangen werden. Die Hauptrichtung, in der ein Gelenk eine Winkelverdrehung ermöglichen soll, ergibt sich meistens aus den Angaben des Markscheiders über die zu erwartende Formänderung der Erdoberfläche.

Eine Verschiebung der Stielfüße in der *Längsrichtung* ist nur dann erforderlich, wenn keine Abstandshaltung der Fundamente durch Streifenbankette möglich ist. Im *Innern* einer mehrschiffigen Halle ist eine Verbindung der Stützenfundamente meistens betrieblich hinderlich, dagegen läßt sich die Längenänderung des Baugrundes unter den *Außenwänden* der Längsrichtung häufig ohne Behinderung der Betriebseinrichtung durch Streifenfundamente oder durch einen unteren Wandriegel ausschalten. Ein derartiger Wandriegel, der die Abstände der Außenstiele sichert, muß dann durch eine Gleitfuge von den Stützenfundamenten getrennt und in einer U-förmigen Vertiefung geführt werden, so daß er die waagerechten Auflagerdrücke aus der Windlast übernehmen kann, vgl. Abb. 130. Diese Lösung setzt aber wiederum voraus, daß die Stiele der Längswand nicht im Fundament eingespannt werden. Bei Kranbahnstützen, die gleichzeitig Hallenstützen sind, ist eine Fußeinspannung in den Außenwänden im allgemeinen zu vermeiden.

Ist eine solche Einspannung z. B. bei *einzelstehenden Kranbahnstützen* nicht zu umgehen, so muß die Auflagerung der Kranbahnträger nach allen drei Richtungen des Raumes nachstellbar sein, und zwar so, daß alle zu erwartenden Bewegungen des Auflagerpunktes ausgeglichen werden können.

Der Zweck dieser Betrachtung ist folgender: Die Fußausbildung für eine waagerechte Verschiebung schwer belasteter Stahlstützen ist meistens sehr teuer. Der Umstand, daß die technische Lösung keine Schwierigkeiten bereitet, verführt leicht zu einer unwirtschaftlichen Maßnahme. Zu den Kosten der Fußausbildung kommen später noch die Ausgaben für die Verschiebung, bei der zunächst meistens sonstige Einrichtungen wie Kabel und Leitungen ausgebaut und neu verlagert werden müssen. Eine Abstandshaltung der Fundamente, die eine Verschiebung der Stützenfüße überflüssig macht, ist häufig erheblich billiger.

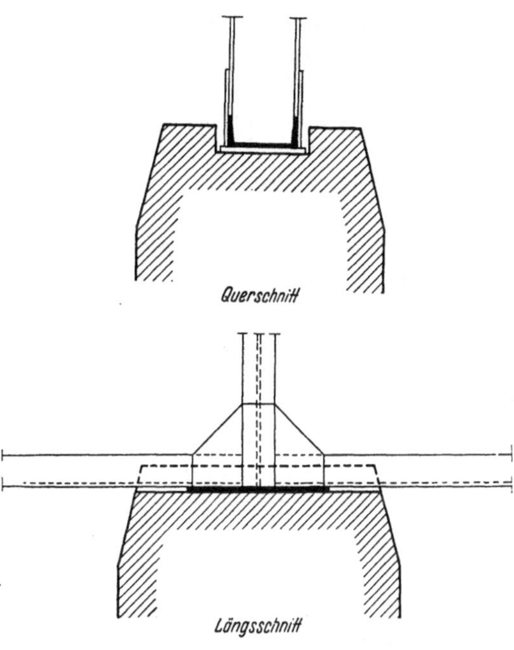

Abb. 130. Gleitlager des Fußriegels einer Stahlfachwerkwand

Bisher wurden nur die Querschnittsausbildungen besprochen, in denen die Horizontalkraft in der Ebene jedes Dachbinders aufgenommen wird. Dann entfällt auf jeden inneren Binder die größtmögliche Last aus den beiderseits angrenzenden Feldern und auf den Randbinder diejenige aus dem Randfeld. Bei wandernden Lasten (Kranen) wird also die gleiche Last, welche aber gleichzeitig nur an einer Stelle wirkt, für jeden Binder voll in Rechnung gestellt. Es gibt aber noch eine andere Möglichkeit. Diese besteht darin, die gesamten Horizontallasten durch eine Scheibe oder einen waagerechten Verband in der Dachebene zusammenzufassen und in die parallel zur Richtung der Horizontalkraft stehenden Außenwände zu leiten. Die Aufnahme einer Last in der Wandebene, die mit der Lastrichtung übereinstimmt, ist deshalb sehr wirtschaftlich, weil als Nutzhöhe die ganze Wandbreite zur Verfügung steht. Diese Konstruktion setzt voraus, daß an allen vier Seiten Wände stehen, daß die Länge der Halle keine Unterteilung durch Trennfugen erfordert, und daß keine Erweiterung der Halle in der Längsrichtung vorgesehen ist. Sind diese drei Bedingungen erfüllt, so ist dieses System wohl das wirtschaftlichste, welches sich genauso für das Bergbaugebiet wie für das Gelände mit ruhendem Baugrund eignet.

Die Maßnahmen zur Sicherung sind einfach und ziemlich billig. Die vier Wände erhalten Streifenfundamente, die den Abstand der Stielfüße in der Wandebene halten und an den Ecken voneinander getrennt sind. Die vier Eckstiele werden in zwei Teile gespalten, so daß jede Wand ihren eigenen Abschluß erhält. Die Fugen zwischen den Wandecken müssen einschließlich der Begrenzung der Streifenfundamente den notwendigen Spielraum für deren Wanderung infolge der Längenänderung des Baugrundes haben. Die Längenabmessungen, welche man bei dieser Konstruktion im Hinblick auf den Bergbau zulassen kann, richten sich aber nach dem Halbmesser der erwarteten Krümmung. Alle Einzelheiten sind in Abschn. 2, S. 66ff., besprochen.

Die vorstehend beschriebenen Lösungen gehen sämtlich von der Voraussetzung aus, daß eine Abstandshaltung aller Stützenfüße zum mindesten in der Querrichtung nicht möglich ist und daß die Hallenkonstruktion bei einer Längenänderung des Baugrundes beträchtliche Bewegungen erleidet. Daraus ergeben sich noch mehrere Folgerungen für die einzelnen Bauteile und auch für die Betriebseinrichtungen.

Die Ausbildung der *Dachdecke* muß sich nach den Erfordernissen der Hallenkonstruktion richten. Läßt diese Bewegungen im Dach zu, so dürfen beispielsweise keine Stegzementdielen ohne eine besondere Sicherung der Auflager im Flansch verlegt werden.

Die Befestigung von festen oder beweglichen Einrichtungen oder von Maschinen darf die baulichen Maßnahmen für die Bergschädensicherung (z. B. Trennfugen) nicht unwirksam machen, daher ist z. B. bei *Hallentoren* die Torführung unten, der notwendige lotrechte Spielraum oben anzuordnen, da bei oben aufgehängten Toren vielfach der zum Ausgleich von Senkungen vorgesehene Spielraum im Fußboden durch Verunreinigung unwirksam wird. Falttore von größerer Breite sind im allgemeinen nicht zu verwenden.

Sowohl bei Neubauten als auch besonders in bestehenden Anlagen, welche in den Einwirkungsbereich eines Abbaues gelangen, muß man Vorsorge treffen, daß ein *Kran* nicht durch ein Abspringen der Räder herunterfallen kann, zumal da hierbei Menschenleben gefährdet werden. Wenn die Konstruktion der Halle eine Spuränderung der Kranbahn zuläßt, bei der die Möglichkeit besteht, daß ein Kran herunterfällt, so muß man die Fachwerk- oder Vollwandträger des Kranes verlängern, so daß sie einen Überstand über die Kranschienen erhalten. Beim Neubau wird man aber bestrebt sein, eine Hallenkonstruktion zu wählen, bei der die Veränderung der Spurweite in erträglichen Grenzen bleibt.

Eine konstruktive Schwierigkeit bereitet stets der Anschluß der *Kranträger* beiderseits der Trennfuge. Es muß dort ein Zwischenstück angeordnet werden, das sich schnell ein- und ausbauen läßt, sobald sich die Fugenbreite geändert hat. Eine einwandfreie Lösung läßt sich nur erzielen, wenn die Fuge durch *Doppelstiele* begrenzt wird. Die Kranschiene kann in voller Länge mit geschweißten Stößen durchlaufen, sie darf dann aber nur an einem Punkt gehalten werden und muß im übrigen gleitend gelagert sein.

Wurde bisher angenommen, daß die Hallensohle unmittelbar auf dem Erdreich ruht, so muß noch kurz der Fall untersucht werden, daß die Halle ganz oder teilweise *unterkellert* ist. Befinden sich in der Halle schwere Maschinen, so benötigen diese meistens besondere Maschinenkeller, die aber im allgemeinen nur einen *Teil* der Hallengrundfläche bedecken. Dann ändert sich das Tragsystem gegenüber den früheren Ausführungen nur unwesentlich. Diejenigen Stützen, welche im Bereich eines Kellers zu gründen sind, können entweder bis zur Kellersohle heruntergeführt oder auf einem Fundamentsockel gelagert werden, der von den anschließenden Kellerwänden ausgesteift wird.

Ist die *gesamte* Hallenfläche unterkellert, so bietet sich die Kellerdecke zur Abstandshaltung der Stielfüße für die aufgehende Hallenkonstruktion an. Dann entfallen alle Schwierigkeiten, die mit der Längenänderung des Baugrundes zusammenhängen. Hallenkonstruktionen *mit einer Abstandshaltung* kommen auch in nichtunterkellerten Bauten vor, in denen eine Stahlbetonsohle betrieblich nicht stört. Das trifft nur dann zu, wenn der Verwendungszweck der Halle auch für später feststeht und somit die Notwendigkeit ausschaltet, spätere Veränderungen berücksichtigen zu müssen, bei denen neue Gründungsarbeiten erforderlich werden, deren Ausführung durch eine bewehrte Grundplatte behindert würde. Es gibt eine große Anzahl derartiger Bauwerke, besonders einschiffige Maschinenhäuser, deren betriebliche Einrichtung keinen grundlegenden Änderungen unterworfen ist. Häufig dient eine Halle auch nur zur Aufstellung kleiner Maschinen, die auf der Bodenfläche stehen und keiner besonderen Gründung bedürfen. Dann steht der *Anordnung einer schlaffen Platte* oder einer durchgehenden Kellerdecke zur Abstandshaltung der Stielfüße nichts im Wege. In diesem Fall kann die Rahmenkonstruktion der Hallenbinder auch statisch unbestimmt sein und aus Zweigelenkrahmen bestehen.

Die schlaffe Platte wird in Maschinengebäuden meist unter den Maschinenfundamenten durchgeführt. Eine Verbindung der Maschinenfundamente mit der aufgehenden Konstruktion ist aus Gründen der Schwingungsübertragung im allgemeinen abzulehnen. In der Bodenfuge findet dagegen keine Horizontalbewegung statt. Bei dünnen schlaffen

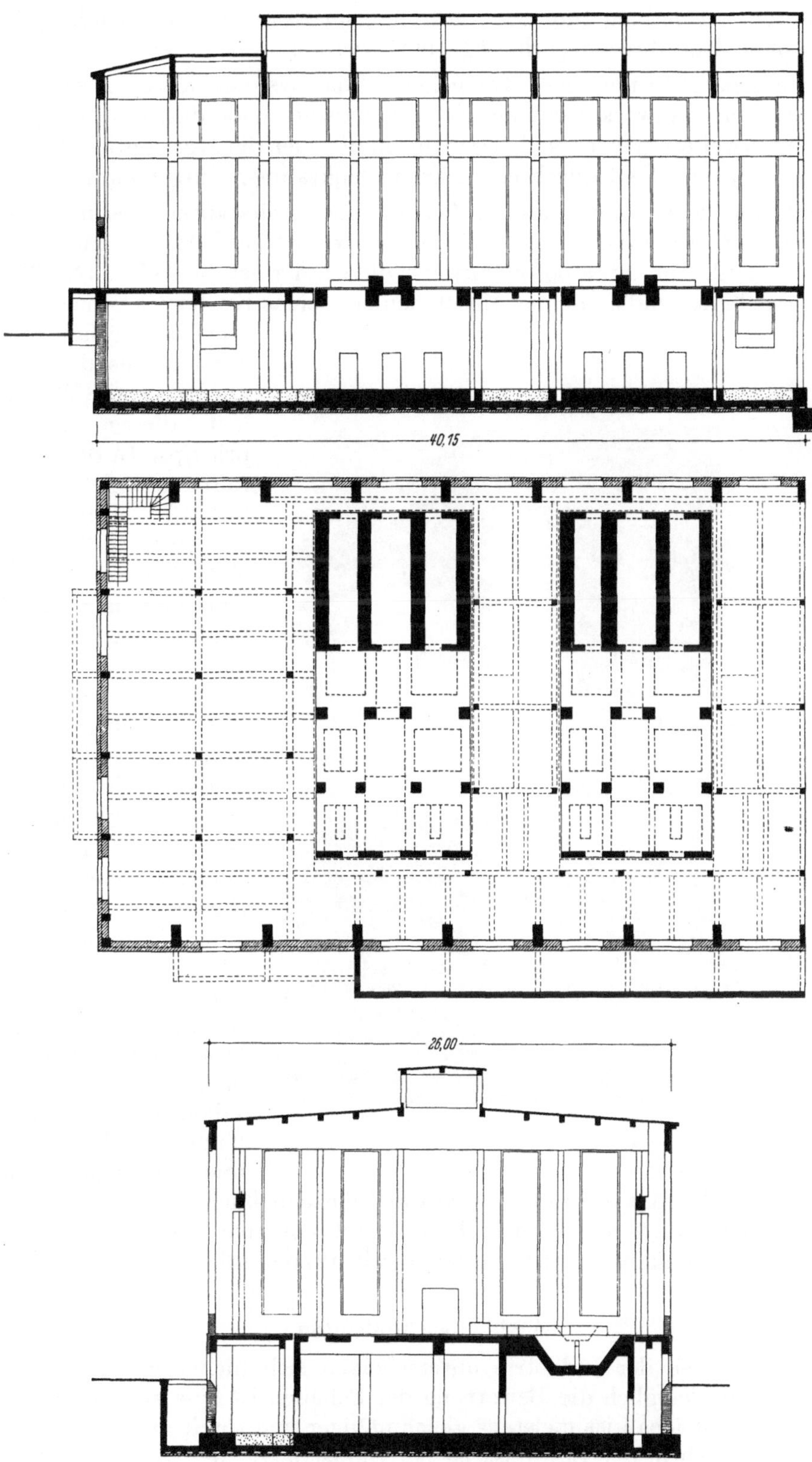

Abb. 131. Kompressorengebäude

Platten von 15 bis 30 cm Dicke kann auch keine Schwingungsübertragung stattfinden, sofern die Betriebsdrehzahl über 300 U/min liegt. Infolgedessen kann häufig eine schlaffe

Platte in fester Verbindung mit den Gründungsplatten der aufgehenden Maschinenfundamente ohne Unterbrechung durchgeführt werden.

Die Stahlbetonausführung eines Zweigelenkrahmensystems mit einer schlaffen Platte zeigt Abb. 131. Das Bauwerk stellt ein Kompressorengebäude dar, welches später in der Längsrichtung erweitert werden soll. Deshalb mußte hier die Horizontalkraft aus Wind- und Kranlast in jedem Feld durch einen Zweigelenkrahmen aufgenommen werden.

Noch wirtschaftlicher ist eine andere Lösung, die bereits vorher beschrieben war, bei der die gesamte Horizontalkraft, die auf die Dachebene entfällt, von zwei Endrahmen aufgenommen wird. Ein Stahlbetonbauwerk dieser Art ist in Abb. 132, 133 und 134 im Rohbau abgebildet und stellt das Maschinenhaus eines Kraftwerkes nach einem Entwurf des Verfassers dar. Man erkennt aus den Fotos wohl am besten die Wirtschaftlichkeit dieses Konstruktionsprinzips. In den beiden Endrahmen, welche die Horizontalkräfte aufnehmen, steht ein Querschnitt mit großer Nutzhöhe zur Verfügung, die Zwischenstiele in der Dachbinderebene können als Pendelstiele sehr schlank bemessen werden. Wegen der Abstandshaltung der Fußpunkte durch die schlaffe Platte war es hier nicht einmal notwendig, am Kopf- und Fußpunkt der schlanken Stiele ein besonderes Gelenk auszubilden. Die Stiele besitzen infolge ihrer Schlankheit eine ausreichende Nachgiebigkeit, welche die Ausbildung von Gelenken überflüssig macht. Trotz der geringen Abmessungen — die Mittelrahmen haben eine Stützweite von 23 m, eine Höhe von 27,6 m und eine Querschnittsbreite

Abb. 132

von nur 30 cm — beträgt der Bewehrungsanteil einschließlich der Zerrbewehrung 1,7 %, ohne Zerrbewehrung 1,3 % des Betons. Eine derart schlanke und damit auch elastisch nachgiebige Stahlbetonkonstruktion verlangt selbstverständlich eine ganz einwandfreie Ausführung.

4.222 Geschoßbauten

Die Geschoßbauten der Industrie unterscheiden sich nicht grundsätzlich vom allgemeinen Hochbau, lediglich die Bewertung der Schäden ist eine andere. Die Grundrißgestaltung im Industriebau ist meistens gleichmäßiger und somit günstiger als im städtischen Hochbau. Auch in der Bauweise ist ein Industriebau weniger durch den Bergbau gefährdet. Es werden fast ausschließlich Gerippebauten ausgeführt, obgleich diese Bauweise häufig weder technisch bedingt noch wirtschaftlich vorteilhaft ist. Sie hat aber den Vorteil, daß man leichter ändern und anbauen kann. Für den Bergbau ist dieser Sachverhalt nicht ungünstig, weil die Schäden in tragenden Mauerwerkswänden größer sind als in den Ausfachungen eines Gerippebaues. Danach sind die Voraussetzungen, nach denen man die Bauwerkslängen, d. h. die Abstände der Fugenunterteilungen, bestimmt, günstiger als im Hochbau. Es lassen sich hierfür aber keine allgemeingültigen Regeln aufstellen. Dienen die Wände nur als Raumabschluß, werden also keine großen ästhetischen Ansprüche an das Bauwerk gestellt, dann kann die Rücksicht auf die betriebstechnische Einrichtung den Ausschlag zugunsten einer größeren fugenlosen Frontlänge geben. Es ist auch die Umkehrung denkbar, daß die Betriebseinrichtung sehr empfindlich ist und eine enge Unterteilung in kleinere selbständige Bauabschnitte erfordert. Im Industriebau ist praktisch jeder Fall anders gelagert, man muß daher die Verhältnisse unter und über Tage bei jeder Planung erneut abwägen.

Daß die Anforderungen im Industriebau auch viel strenger als im Hochbau sein können, läßt sich schon an der Behandlung der Kellerräume zeigen. Im Hochbau läßt man in den Kellern im Falle einer Verkürzung des Baugrundes eine geringe Formänderung der Wände zu und begnügt sich damit, in den horizontalen Aussteifungsscheiben der Kellersohle und Kellerdecke die Kraft aufzunehmen. Im Industriebau kann es aber vorkommen, daß die Einrichtung keine Verformung auch von nur wenigen Millimetern verträgt. Ein derartiger Fall ist in Abbildung 135 skizziert. Es handelt sich um einen Pressen-

Abb. 133

Abb. 134

Abb. 132, 133 u. 134. Maschinenhaus eines Kraftwerkes im Rohbau
(Ausführung: Jacob Küppers)

kanal eines Preßwerkes, der U-förmig bis zu 7 m tief im Boden liegt. Um die waagerechte Erdlast aus einer Verkürzung des Baugrundes aufzunehmen, benötigt man für die frei aus dem Boden auskragenden Wände, die sich also oben nicht abstützen können, eine schwer bewehrte Stahlbetonkonstruktion von etwa 3 m Dicke. Das ist wiederum ein gutes Beispiel dafür, daß man zuallererst versuchen muß, der Last auszuweichen. Daraus folgt die ganz primitive Überlegung, daß man die Wände des Pressenkanals nur dadurch dem Erddruck entziehen kann, indem man seitliche Hohlräume schafft und den Keller um je ein Feld erweitert. Die Stützwand, die nunmehr unter den Außenwänden der aufgehenden Konstruktion liegt, kann dann ohne Rücksicht auf die Bergbaueinwirkung

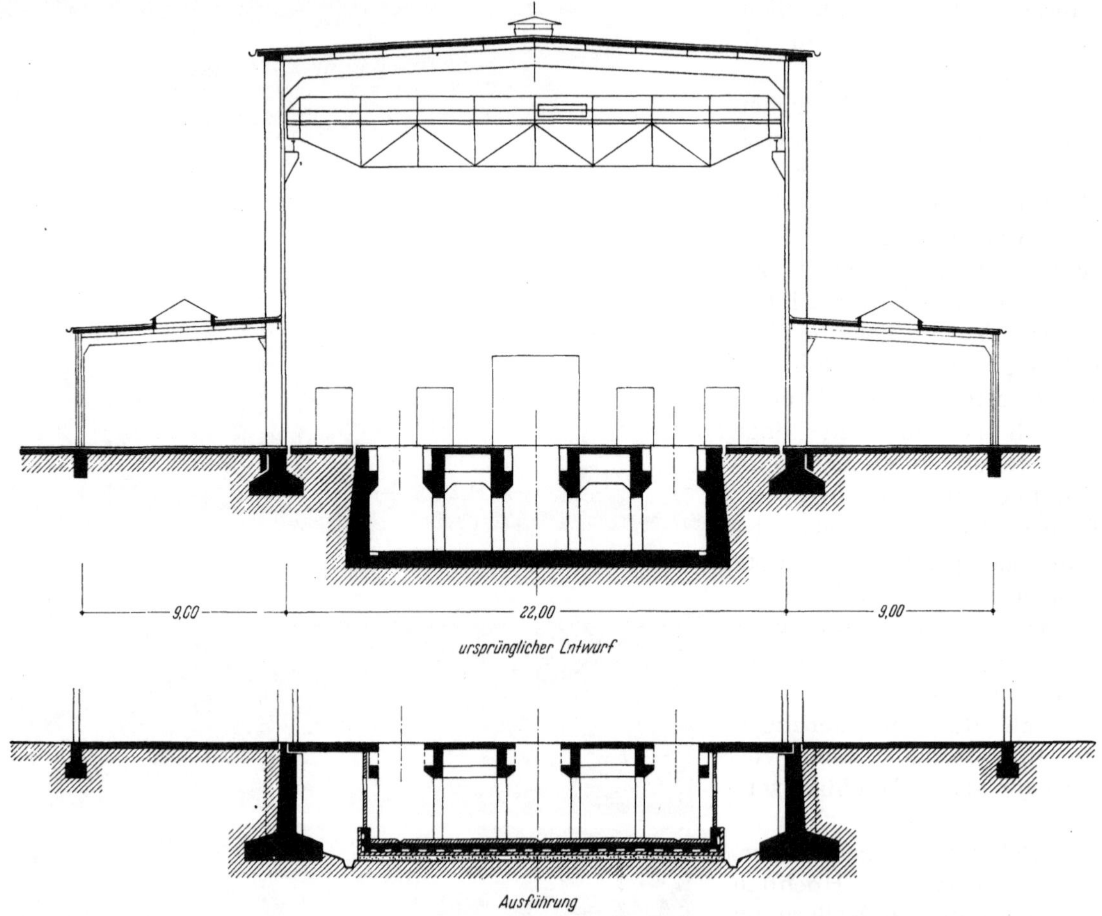

Abb. 135. Halle eines Preßwerkes

wie üblich bemessen werden. Verkürzt sich die Baugrundsohle, dann werden die beiden Stützwände um einige Zentimeter nach innen verschoben, ohne daß ein Schaden auftritt. Man könnte auch die Stützwände ganz fortfallen lassen. Dieser Vorschlag wurde nur deshalb abgelehnt, weil man nachträglich für die zusätzlichen Kellerräume eine gute Verwendung hatte. In Abb. 135 ist sowohl die ursprüngliche Planung als auch die spätere Ausführung dargestellt.

Es gibt im Industriebau eine große Anzahl von Bauwerken, die unmittelbar *über* den *Gleisanlagen* liegen, welche zur Beschickung oder Entladung gebraucht werden. Das sind die Bauten, die in Abschn. 2 und 3 (s. S. 61 u. 81) als *aufgeständert* bezeichnet wurden, weil sie höchstens in einer Richtung einen Wandabschluß im Erdgeschoß besitzen. Im übrigen besteht das Erdgeschoß nur aus den Stielen des Traggerippes. Hier kann man die Lösungen aus Abschn. 2 anwenden, die als Prinzipskizzen in Abb. 57 und 58, S. 63 gezeigt wurden. Ähnlich wie bei den Außenwänden der Hallenbauten lassen sich die

Stielfüße in der Längsrichtung parallel zu den Gleisen auf Streifenfundamenten gründen, die gleichzeitig eine Abstandssicherung bewirken. Diese Streifen können in der Querrichtung der Längenänderung des Baugrundes folgen. Dann beschränkt sich die Formänderung in der aufgehenden Konstruktion auf eine Winkelverdrehung am Kopf und Fuß der Erdgeschoßstiele. In Stahlbauten, deren Stiele häufig aus einem I-P-Profil bestehen, hat der Verfasser mehrfach die Achsrichtungen gegenüber der üblichen Ausführung vertauscht und den Steg in die Längsrichtung gelegt. Dann vereinfacht sich die Gelenkausbildung. Die Flansche am Fuß und am Kopf des Stieles können so weit eingesägt werden, wie es die gewünschte Verringerung des Trägheitsmomentes für die zu erwartende Winkeldrehung erfordert. Ein einfaches Einsägen der beiden Flansche kann zu einer Überbeanspruchung führen, weil dann die Biegung innerhalb der Breite des Sägeschnittes erfolgen muß. Sollen die Beanspruchungen mit Sicherheit im elastischen Bereich bleiben, dann muß der seitliche Einschnitt eine entsprechende Breite haben, wie sie in Abb. 136 dargestellt ist. Diese Schwächung an den Stielenden entspricht der dort auftretenden geringeren Beanspruchung. Ein Teil des Stielquerschnittes wird für den Knickbeiwert gebraucht, der für den mittleren Bereich des Stabes gilt, aber an seinen Enden entfällt. Eine derartige Maßnahme, die doch die „Konstruktion schwächt", stößt in der Praxis bzw. in den Werkstätten nicht immer auf Verständnis. Es empfiehlt sich daher, daß sich der Konstrukteur an Ort und Stelle von der tatsächlichen Durchführung

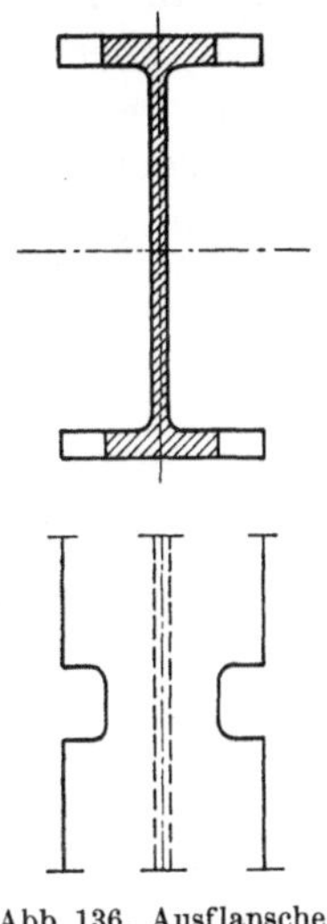

Abb. 136. Ausflanschen von I-P-Profilen

der angegebenen Maßnahmen überzeugt. Man sucht häufig auf der Baustelle vergeblich die in der Planung vorgesehenen freien Fugen. Die Erfahrung zeigt, wie selten zur Zeit noch auf der Baustelle selbst einfache Vorkehrungen zum Schutz gegen die Baugrundverformung verstanden werden.

4.23 Der Ingenieurbau

Unter dem Begriff „Ingenieurbau" sollen die Bauwerke zusammengefaßt werden, deren Form nicht gegeben, sondern vom Ingenieur entworfen und fast ausschließlich vom Zweck, d. h. von betrieblichen und wirtschaftlichen Umständen bestimmt wird. Ein Ingenieurbau im industriellen Sektor ist meistens ein Bestandteil der Betriebseinrichtung und hat nicht nur die Aufgabe, einen Raum zum Aufenthalt von Menschen oder zur Aufstellung von Gegenständen zu schaffen. Es geht bei der Berücksichtigung der Abbaueinwirkungen mehr um die Sicherheit der Produktion und damit um den Kern und nicht um ästhetische Mängel an der Schale. Diese Aufgabe ist für den Ingenieur sehr reizvoll, weil sie mit großer Verantwortung verbunden ist.

Es kann wohl niemand von dieser Schrift erwarten, eine Sammlung von Ausarbeitungen vorzufinden, in der alle Probleme verzeichnet sind, die in den einzelnen Industrien durch die Abbaueinwirkung des Bergbaues aufgeworfen werden. Hierzu wäre der Verfasser auch nicht in der Lage. Da in Bergbaugebieten neben dem Bergbau selbst sehr viele Betriebe der eisenschaffenden und -verarbeitenden Industrie ihren Standort haben, sollen einzelne Beispiele aus diesem Bereich herausgegriffen werden. Naturgemäß gehört ein großer Prozentsatz der gefährdeten Bauwerke zum Bergbau, weil sie zwangsläufig in der Nähe der Schächte und teilweise sogar in besonders ungünstiger Lage nahe am Rande eines Sicherheitspfeilers liegen. Hinzu kommt der Umstand, daß der Bergbau ständig weiterwandert und immer neue Bauwerke für den eigenen Betrieb errichten muß. Daher ist sein Anteil an der Vergabe von Neubauten verhältnismäßig größer als der aller standortgebundenen Werke. In der folgenden Darstellung werden die meisten Beispiele dem Aufgabenbereich des Bergbaues entnommen.

4.231 Gas- und Flüssigkeitsbehälter

Wenn mit einer Bewegung des Baugrundes zu rechnen ist, so stellt sich wohl jeder Konstrukteur eines Behälters zuerst die Frage, wie er es erreicht, ihn so zu konstruieren, daß er seine Dichtigkeit behält. Im Zeitalter des Stahles und Stahlbetons denkt man zunächst an möglichst steife Körper, die den Bewegungen gewachsen sind. Es mag abwegig klingen, aber dem Verfasser schwebte seit langem der Vorzug lederner Wassersäcke vor, wie sie von den Wüstenbewohnern seit Jahrtausenden benutzt werden und die sowohl praktischer als auch sicherer sind als jegliche Behälter aus sprödem Material. Diese Abschweifung erklärt am einfachsten die Grundidee, von welcher der Verfasser ausging,

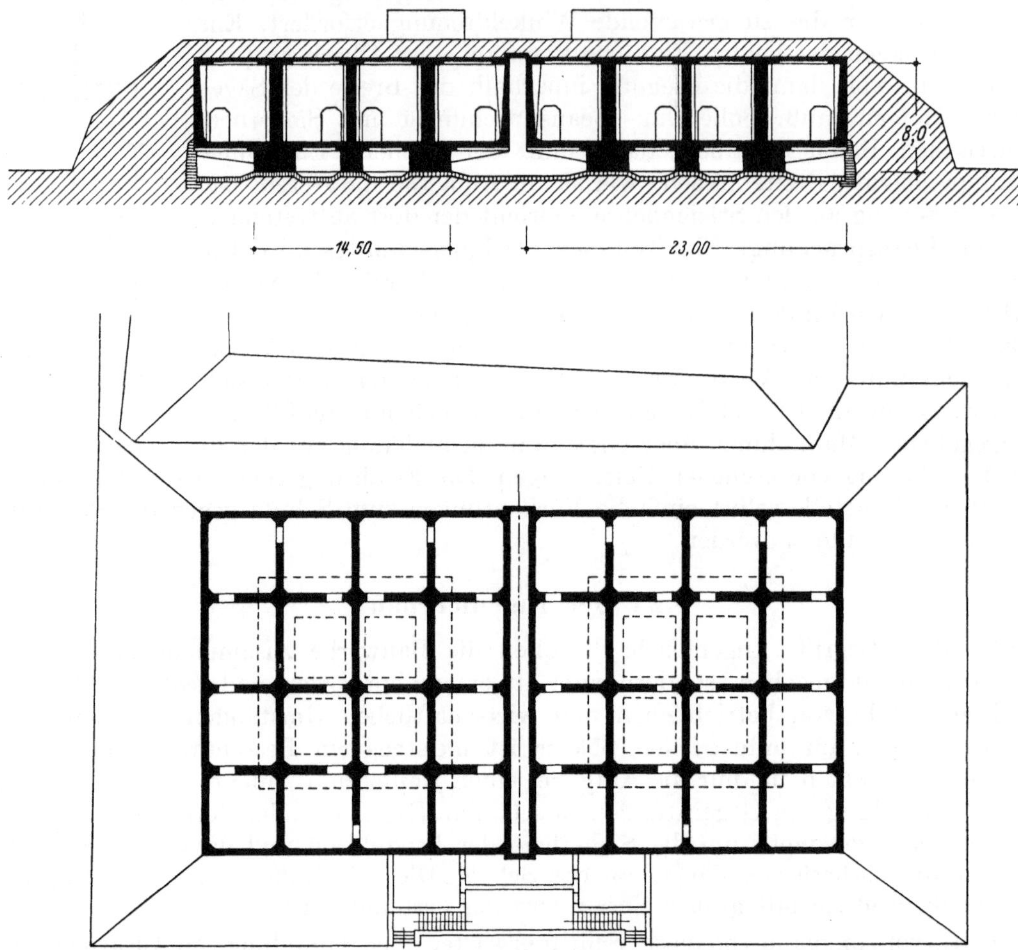

Abb. 137. Steife Vollsicherung eines Wasserbehälters (Entwurf und Ausführung: Wayss & Freytag)

als er allmählich die Entwicklung nachgiebiger Bauwerke einleitete und die Anwendung des Ausweichprinzips auf den Behälterbau ausdehnte.

Der erste größere Wasserbehälter, der aus dem Schrifttum der Bergschädensicherung bekannt ist, war der Behälter in Essen-Bredeney, den MAUTNER entworfen hat, vgl. Abb. 137. Er ist nach dem Widerstandsprinzip konstruiert und besteht aus einem Tragwerk von sich kreuzenden Stahlbetonscheiben, das auf einer Einflächenlagerung ruht. Zur Erhöhung der Bodenpressung ist die Grundplatte ausgespart.

Eine in sich biegungs- und verdrehungssteife Stahlbetonkonstruktion kann man entweder durch einen Rost steifer Scheiben oder durch ein räumlich gewölbtes Flächentragwerk erreichen. Zur Erzielung der Wasserdichtigkeit eignen sich am besten *kugel-* oder *paraboloidförmige* Kuppeln, weil sich dort die Zugkräfte, welche die Risse im Beton verursachen, am gleichmäßigsten verteilen und weil diese Bauform die größte Steifigkeit aufweist. Als Beispiel wird in Abb. 138 die Tasse eines Kaminkühlers gezeigt, deren Boden von einer nach unten gewölbten Kalotte gebildet wird. Der Fundamentkörper ist nach dem Stehaufmännchen-Prinzip geformt. Die gleiche Form der Tasse würde man heute mit viel geringerem Materialaufwand durch einen vorgespannten Zugring schaffen. Zum Schutz vor einer Absatzbildung im Baugrund wurde ein toniges Polster als Unterlage eingebracht.

Eine neuere Konstruktion eines biegungssteifen Kaminkühlerunterbaues, vgl. Abb. 139, verwendet einen nach unten gewölbten Tassenboden. Die am Rande auftretenden Ringzugkräfte der Kuppel werden durch die Schrägstellung der Tassenwände ausgeglichen. Als Grundfläche der Einflächenlagerung wurde eine Kreisringform gewählt. Die Röhre in der Mittelachse dient zum Einstieg, um später das

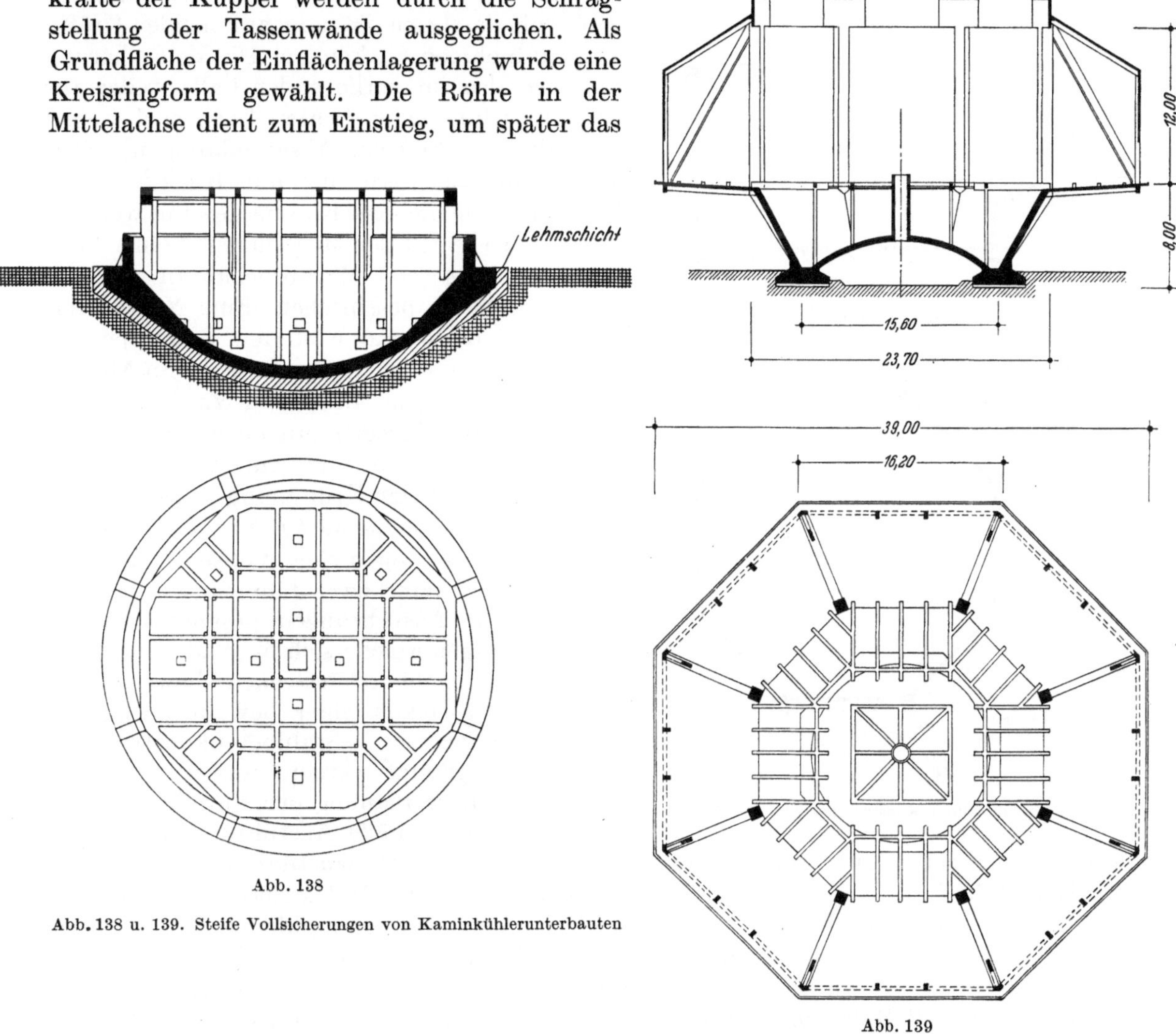

Abb. 138

Abb. 138 u. 139. Steife Vollsicherungen von Kaminkühlerunterbauten

Abb. 139

Bauwerk wieder geraderichten zu können. Dieser Vorgang ist so geplant, daß man an der höchstliegenden Stelle des kreisringförmigen Fundamentes einen Schlitz im Baugrund schafft, der zunächst mit Holz ausgesteift wird und der sich nach der Entfernung des Ausbaues allmählich unter dem Bodendruck zusammendrückt und dabei absenkt.

Nach der obigen Einleitung muß aber zunächst die Frage beantwortet werden, weshalb in diesem Falle überhaupt eine steife Konstruktion gewählt wurde, obgleich die nachfolgend beschriebene weiche Ausführung wesentlich billiger ist. Das hat beim obigen Beispiel nichts mit der Frage der Dichtigkeit zu tun. Ein weicher Unterbau setzt voraus, daß auch das aufgehende Bauwerk seiner Verformung folgen kann. Diese Bedingung war im vorliegenden Fall nicht erfüllt. Der Kamin besteht aus Stahlbetonwänden, die weniger unter den chemischen Angriffen der Kokereigase leiden als das übliche Stahlfachwerk mit hölzerner Verschalung. Ein dünner Stahlbetonkamin hat eine zu große Steifigkeit, um einer ungleichmäßigen Senkung der Stiele folgen zu können, er ist aber nicht steif genug, um zusammen mit der Tasse die dann anfallenden Kräfte aufnehmen zu können. Die Vollsicherung ist also im vorliegenden Falle weder zur Erzielung einer dichten Tasse noch wegen der Gefahr einer Absatzbildung im Baugrund, sondern nur mit Rücksicht auf die Steifigkeit des Kamins gewählt worden.

Die sonstigen Möglichkeiten einer *Vollsicherung* von Wasserbehältern sind in Abschn. 2 beschrieben. Eine Notwendigkeit, diese teuren steifen Baukörper zu bauen, besteht immer dann, wenn Absatzbildungen im Baugrund zu befürchten sind. Ist dagegen mit einer stetigen Absenkungskurve und einem erträglichen Grenzwert der Krümmung zu rechnen, so erfüllt auch eine *nachgiebige* Konstruktion alle Forderungen einer Vollsicherung. Die in den letzten zwei Jahrzehnten an zahlreichen Ausführungen gesammelten Erfahrungen, welche sich über alle deutschen Bergbaugebiete erstrecken, beweisen die Zuverlässigkeit einer bewußt nachgiebig konstruierten Stahlbetonkonstruktion. Vorausgesetzt werden müssen aber eine sorgfältige Planung der Einzelheiten und eine sachgemäße Ausführung. Diese Vorbedingungen gelten aber wohl für jede wasserdichte Stahlbetonausführung.

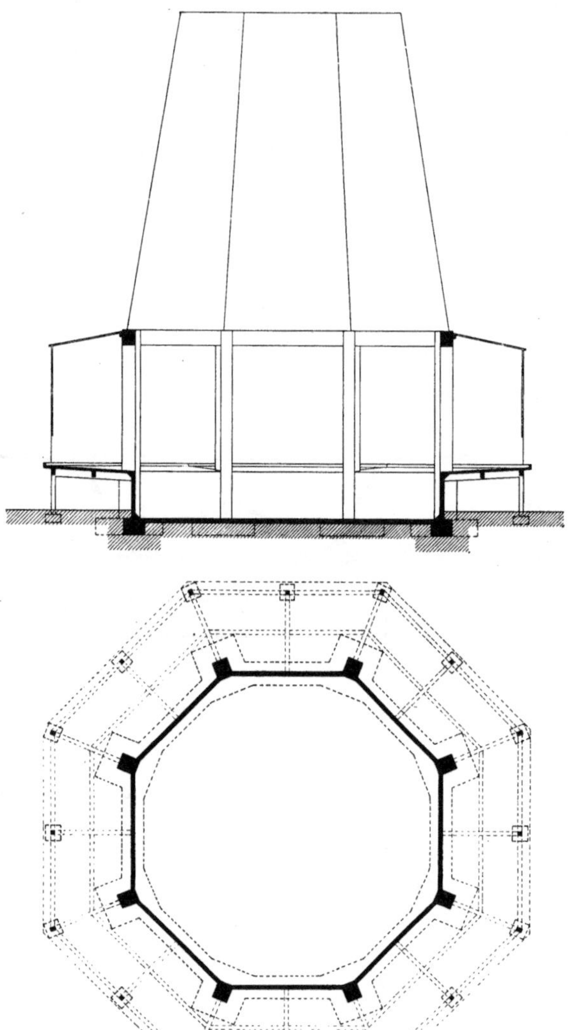

Abb. 140. Ältere Konstruktion eines Kaminkühlers

Der Bedarf an Wasserbehältern zur Speicherung ist im Industriegebiet verhältnismäßig gering, dagegen benötigt die Industrie laufend neue Kaminkühler, deren Tassen wohl zu den häufigsten Ausführungen von Wasserbehältern gehören. Die Form, die früher am meisten gewählt wurde, zeigt Abb. 140. Der eigentliche Kamin besteht aus Stahlfachwerk, das mit Holz oder Eternit verkleidet wird. Dieser Überbau ist sehr nachgiebig, lediglich die Tasse mit dem Tropfboden hat eine erhebliche Steifigkeit. Will man nun diese Tasse auch nachgiebig ausbilden, so muß zunächst die Frage geklärt werden, worin ihre Steifigkeit besteht, und wie man sie soweit verringern kann, daß die Tasse auch bei einer Bausohlenkrümmung von etwa 1000 m Halbmesser der Bewegung folgt und dicht bleibt. Der Sitz der Steifigkeit befindet sich in den räumlichen Ecken der aneinanderstoßenden Betonflächen. Diese Tatsache wird auch dadurch bestätigt, daß sich die Schäden an derartigen Kaminkühlern stets in den lotrechten Wänden, und zwar in der Hauptsache an den Knickpunkten der Wände zeigen. Das deutet bereits darauf hin, daß die Ursache in der Krümmung des Baugrundes zu suchen ist. Folglich muß man zunächst die Zahl der steifen Wandanschlüsse an die Beckensohle und den Tropfboden verringern, indem man die Beckenwand aus dem Innern nach außen verlegt. Dann besteht die Tasse nur noch aus einem durchgehenden ebenen Boden, welcher dünn genug bemessen werden kann, daß er der Krümmung ohne sichtbare Haarrisse folgt, und einem polygonal geknickten Wandabschluß. Ferner muß man die steife Verbindung möglichst an allen Schnittlinien

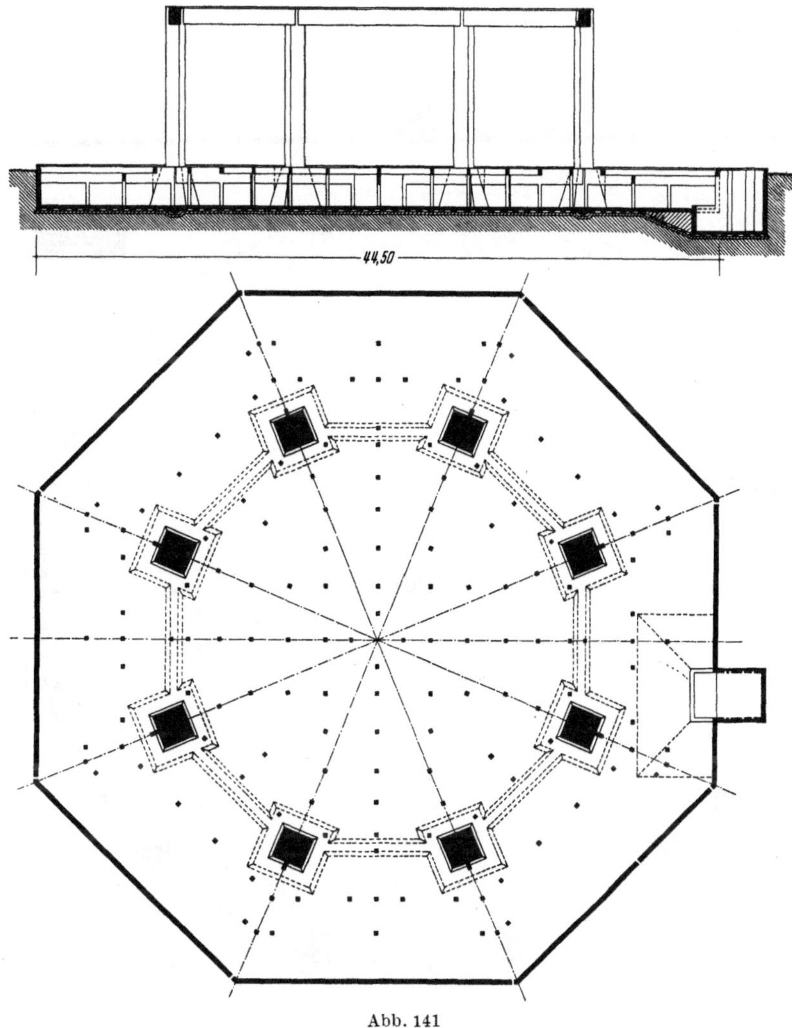

Abb. 141

lösen, in denen die Scheiben der Sohle und Wände winklig zusammenstoßen. In der waagerechten Schnittlinie von Sohle und Wand ist das schwer möglich, außerdem treten die Schäden fast ausschließlich in den Eckpunkten des Polygons, d. h. zwischen den lotrechten Wandabschnitten an deren Knickpunkten auf. Daraus folgt, daß man die Wände in den Ecken lotrecht aufschneiden und den Schlitz durch eine nachgiebige Verbindung wieder dichten muß. Bei einer Krümmung des Baugrundes entsteht dann lediglich in der Sohle, und zwar an ihrem Rande unterhalb jedes Wandschlitzes ein Knick, weil im Bereich der einzelnen Wandscheiben keine Krümmung möglich ist. Die Formänderung wird an die schwachen oder absichtlich geschwächten Stellen gelenkt. Der Drehwinkel des Knickes in der Sohle hängt einerseits vom Krümmungshalbmesser, andererseits von der Länge der zusammenhängenden Wandabschnitte ab. Damit in der Verlängerung der aufgeschnittenen Wandecken keine Undichtigkeit in der Sohle auftritt, wird der Betonquerschnitt hier sehr fein mit Rundstählen von geringem Durchmesser durchsetzt und möglichst dünn gehalten. Die Zahl der lotrechten Schlitze und damit die Länge der einzelnen Wandabschnitte wird nach den obigen Merkmalen bestimmt.

Das Aufschneiden der Wände hat noch einen recht beachtlichen weiteren Vorzug. Die Wand hat in lotrechter Richtung hauptsächlich eine Biegebeanspruchung, die Druckzone des Querschnittes dichtet sich selbsttätig ab. In waagerechter Richtung treten aber bei einer fugenlosen Ausführung Ringzugspannungen auf, es fehlt dann im lotrechten Schnitt die für die Dichtigkeit benötigte waagerechte Druckspannung aus der Biegung.

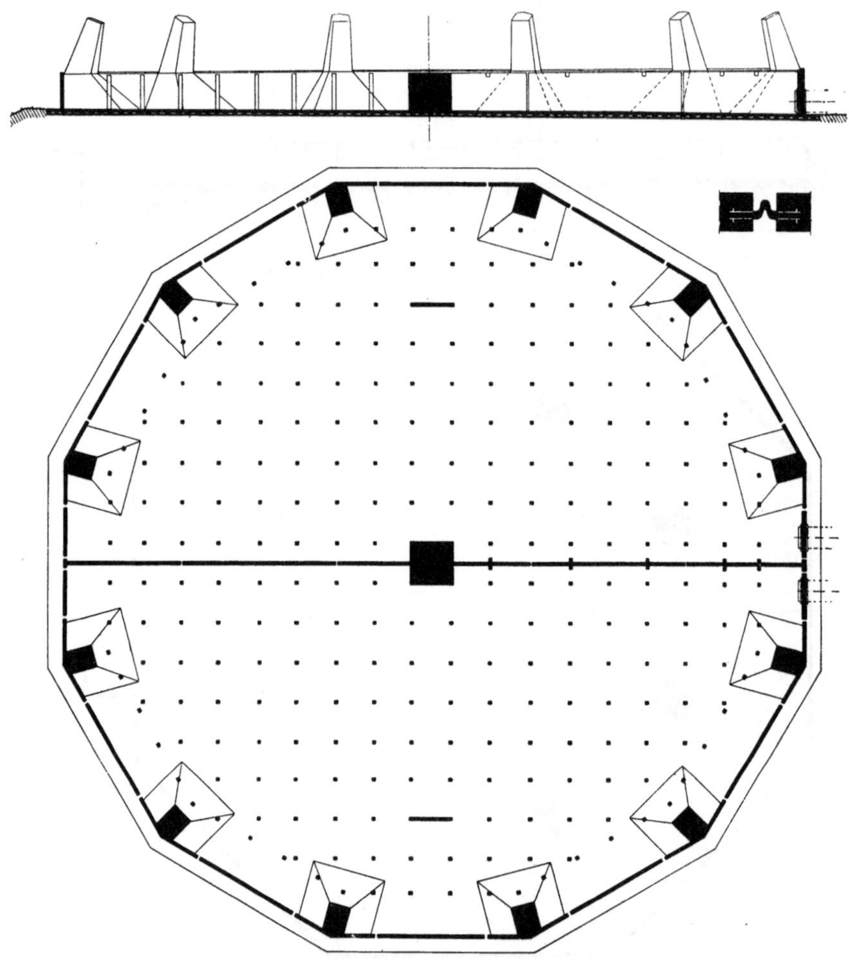

Abb. 142

Folglich bekommen die aufgeschnittenen Wände weniger leicht Zugrisse als die fugenlosen Wände. Es besteht bei Behältern ohne oberen Abschluß die Möglichkeit, die Wände entweder aus der Sohle frei auszukragen, oder sie nochmal am oberen Rand zu unterstützen. Bei geschlossenen Behältern ergibt sich die zweite Lösung von selbst. Ist der Behälter oben offen, so hängt die Wirtschaftlichkeit und auch die Zweckmäßigkeit des zu wählenden Systems von der Wandhöhe ab. Das untere Einspannmoment der Wand darf nicht zu groß werden, damit die Abmessungen in der Bodenplatte, welche das Moment übernehmen muß, klein gehalten werden können.

Die Sohle des Beckens muß gleichzeitig für Zerrung und Pressung bemessen werden. Sie darf nicht im Boden verzahnt sein, d. h. sie soll unten möglichst mit einer ebenen Fläche abschließen. Zu diesem Zweck müssen die sonst unterhalb der Tassensohle vorstehenden Einzelfundamente der Rahmenstiele vermieden und als Verbreiterung der Stielfüße in das Innere des Beckens verlegt werden.

Diese vom Verfasser entwickelte Konstruktion, die in gleicher Weise auf Wasserbehälter, Klärbecken, Eindicker, Rundkratzeranlagen und ähnliche Bauten anzuwenden ist, wird in Abb. 141 und 142 gezeigt. Abb. 141 stellt die ältere Ausführung einer Tasse mit einem rahmenförmigen Unterbau für den Kaminschlot dar. Die Fugendichtungen be-

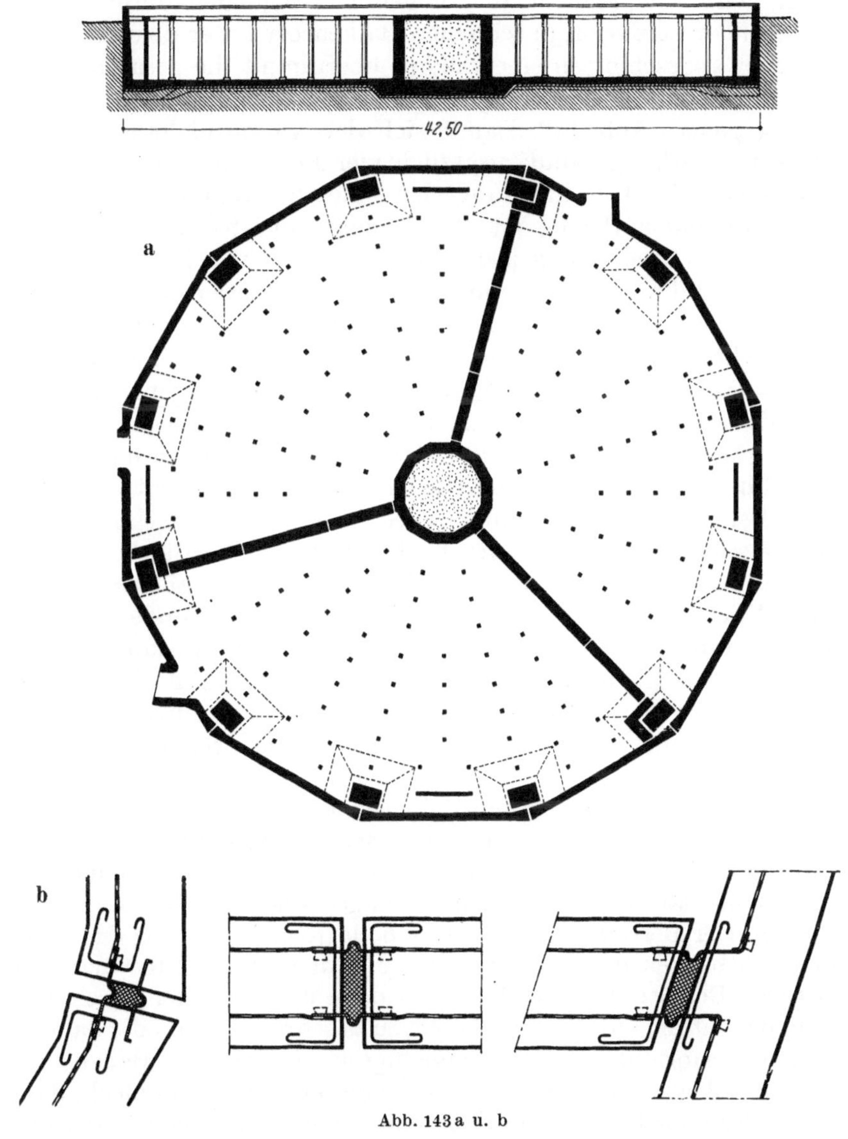

Abb. 143a u. b

Abb. 141, 142 u. 143. Nachgiebige Ausbildung von Kaminkühlerunterbauten

stehen aus zwei omegaförmig gefalteten Kupferblechen, deren Zwischenraum zur Fixierung ihrer Lage mit Bitumen vergossen wird. Eine dichtende Funktion ist der Bitumenverfüllung nicht zuzuschreiben, da sie fortgespült wird, wenn sie mit dem Wasser in Berührung kommt. Eine neuere Ausführung für eine hyperbolische Form des Schlotes zeigt Abb. 142.

Bei zyklisch-symmetrischen Bauwerken besteht die Möglichkeit, die gesamten Horizontalkräfte der aufgehenden Konstruktion an einer einzigen Stelle im Mittelpunkt des Grundrisses aufzunehmen und dort einen Mittelpfeiler anzuordnen, der unten im Baugrund eingespannt wird. Diese Lösung ist in vielen Fällen sogar sehr wirtschaftlich, da

9*

der Mittelpfeiler eine größere Breite und wegen seines größeren inneren Hebelarms der Kräfte einen geringeren Baustoffaufwand hat als eine Reihe von Einzelstützen. Hierbei ist auch zu berücksichtigen, daß jede Einzelstütze, die auf dem äußeren Umfang liegt, je nach der Windrichtung wechselnd beansprucht wird, während das Mittelfundament unabhängig von der Windrichtung stets voll ausgenutzt wird. Eine derartige Ausbildung der Tasse eines Kaminkühlers zeigt Abb. 143a. Die Stiele des aufgehenden Schlotes stehen auf schlanken Pendelstützen, die nur Vertikalkräfte übernehmen können. Der waagerechte Halt wird entsprechend der obigen Überlegung dadurch erreicht, daß die Fußpunkte der Stahlkonstruktion durch einen Balkenrost unter dem Rieseleinbau an ein festes Mittelauflager angeschlossen sind. Dieses übernimmt die gesamte Horizontalkraft des Windes und wird somit besser ausgenutzt als die vielen kleinen Einzelfundamente in der Ausführung gemäß Abb. 142. Damit sich der Kamin nicht um seine Mittelachse drehen kann (Flettnerwirkung), sind zusätzlich vier Pendelscheiben angeordnet worden. Die Abb. 143b zeigt die Aufschneidung der inneren Trennwände des Beckens. Im Schwerpunkt der Fundamentfläche ist das Fundament absichtlich im Baugrund verzahnt, weil hier keine Verschiebung zwischen Baugrund und Bauwerk stattfinden soll.

Sehr erschwert wird die Lösung, wenn zusätzlich die Forderung gestellt wird, daß ein großer Flüssigkeitsbehälter im Falle einer Schiefstellung angehoben und geradegerichtet werden muß. Das gilt z. B. für *Naß-Gasbehälter*, bei denen die Glocke in einen Wasserbehälter mit etwa 10 m hoher Füllung eintaucht. Die Anhebung eines derartigen Wasserbehälters würde die Abfangung einer Last des Behälterbodens von über 10 t/m² durch eine besondere biegesteife Platte und deren Hebungsvorrichtungen bedingen. Es soll nun eine Konstruktion besprochen werden, welche sich auf den früher entwickelten Gedankengängen aufbaut. Bei einer Geraderichtung eines Gasbehälters ist es nur notwendig, den äußeren Mantel anzuheben, aber nicht den hoch belasteten Behälterboden, dessen Schieflage gar nicht stört. Folglich liegt es nahe, den Mantel vom Boden abzutrennen und die Fuge durch eine vom Wasserdruck angepreßte und selbsttätig dichtende Manschette ähnlich wie bei einer Fahrradpumpe zu schließen. Die konstruktive Lösung, die eine doppelte Sicherung der Fugendichtigkeit vorsieht, zeigt Abb. 144. Es muß aber vermerkt werden, daß eine Ausführung dieser Art bisher noch nicht erfolgte, und daß sie patentrechtlich für die Fa. August Klönne, Dortmund, geschützt wurde, welche die Einzelheiten der Dichtung entwickelt hat.

Trocken-Gasbehälter haben ein wesentlich geringeres Gewicht als Naßbehälter und sind daher auch weniger schwierig zu gründen. Bei den früheren Ausführungen hat man meistens eine Hebevorrichtung vorgesehen, die auch den Behälterboden einbezog. Eine Schieflage des Bodens hat aber keinerlei nachteilige Folgen auf das Arbeiten der maschinellen Einrichtung. Der Betrieb verlangt nur eine lotrechte Führung des Hubdeckels und somit eine Nachrichtbarkeit der Behälterwand. Bei den letzten Entwürfen für die Gründung von trockenen Behältern ist der Verfasser dazu übergegangen, nach dem Ausweichprinzip die Hubvorrichtung auf die Wandstiele zu beschränken und die dabei im Behälterboden entstehende Verformung durch nachgiebige Gestaltung des Bodens auszugleichen. In der Regel besteht der untere Abschluß aus einem ebenen Bodenblech, das überall voll aufliegt. Der Mittelteil des Bodens kann auch ohne Hubmöglichkeit in der gleichen Weise ausgeführt werden. Der notwendige Ausgleich beim Ausrichten des äußeren Mantels wird dann dadurch erreicht, daß sich ein kreisringförmiger Randstreifen über einem Hohlraum frei trägt. Dieser Rand des Behälterbodens muß sich wie eine Membrane verhalten und erfährt eine geringe Verwindung beim Nachrichten der Wandstiele, die nach einer Schiefstellung des Behälters teils gehoben und teils abgesenkt werden müssen. Das Ausmaß des freiliegenden Randstreifens ergibt sich aus der Forderung, daß das Bodenblech nur um den Winkelbetrag gebogen werden darf, bei dem die zulässige Beanspruchung des Stahls nicht überschritten wird. Mit dieser Maßnahme wird demnach erreicht, daß nicht der gesamte Behälterboden als freigespannte Decke auf besonderen Stielen abgefangen wird, welche eine Geraderichtung in der ganzen Grundfläche ermöglichen. Zusätzliche Kosten aus der ungleichmäßigen Senkung des Baugrundes entstehen nur für die Ausbildung des Randstreifens vom Behälterboden und für die Hubvorrichtung unterhalb der Wandung.

Es bleibt noch die Frage zu beantworten, wie die Längenänderung des Baugrundes unschädlich zu machen ist, welche den Kreis, auf dem die Wandstiele stehen sollen, in eine etwa ellipsenartige Kurve zu verwandeln sucht. Diese waagerechte Verschiebung der

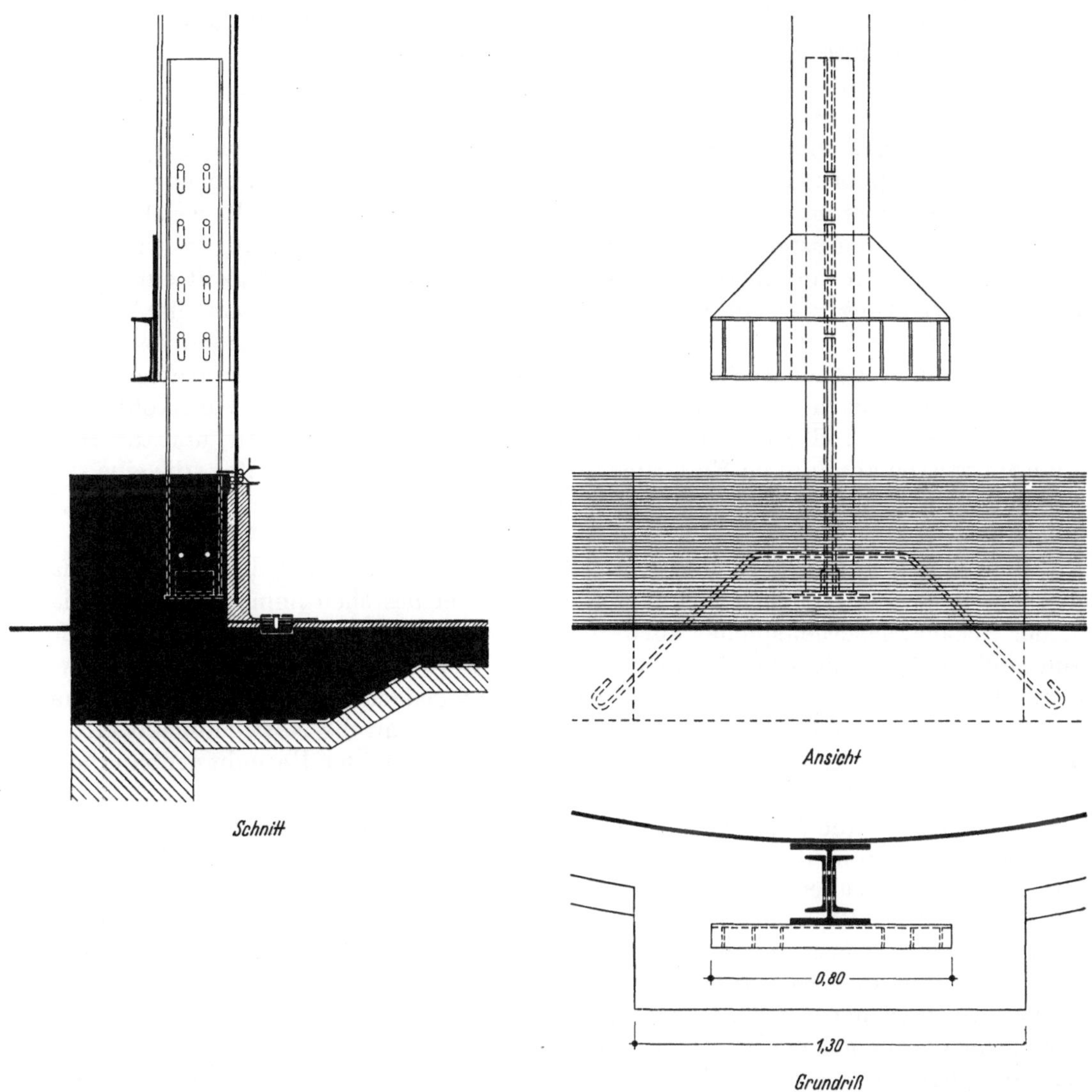

Abb. 144. Nachgiebige Verbindung zwischen Boden und Wandung eines Naßgasbehälters (Patent August Klönne)

Stielfundamente kann man entweder durch Anordnung einer durchgehenden schlaffen Platte verhindern, oder man gleicht sie dadurch aus, daß man oberhalb der Fundamente Pendelstützen einfügt und damit den unteren Rand des Behälters aufständert.

Besteht der Behälterboden aus einer freitragenden Stahlblechkuppel, so kann man sowohl auf eine Abstandshaltung durch die schlaffe Platte als auch auf ausweichende Zwischenglieder verzichten, dann muß man den Behälterrand gleitend auf Einzelfundamenten gründen, welche der Längenänderung des Baugrundes folgen. Die Stahlkonstruktion erhält somit die Aufgabe, die beim Gleitvorgang anfallende Reibung zu überwinden. Es gibt eine derartige Ausführung. Bei dieser reichte aber die Steifigkeit der Blechkuppel nicht aus, um die Reibungskräfte aufzunehmen, es mußte ein kreisrunder Fachwerkträger zur Randaussteifung eingebaut werden. Die Kosten der Randverstärkung waren von gleicher Größenordnung wie die einer schlaffen Platte.

Bei allen Gas- und Flüssigkeitsbehältern aus Stahlbeton muß der Konstrukteur beachten, daß die allgemein zugelassenen hohen Stahlspannungen nicht ausgenutzt werden können, da sonst die Dichtigkeit der Behälter gefährdet ist. Es muß in jedem Fall die auftretende Formänderung genau untersucht werden. Eine wesentliche Verbesserung bedeutet die Anwendung vorgespannter Konstruktionen, die aber erst in der letzten Zeit entwickelt worden sind. Es wurden bereits einige größere Bauwerke dieser Art in Vorspannbeton ausgeführt, u. a. auch Faulbehälter von Kläranlagen.

4.232 Türme und Gerüste

Bei Türmen muß man zunächst unterscheiden, ob es sich um biegungs- und verwindungssteife Baukörper, wie z. B. Kohlen- und Fördertürme mit durchgehenden Wandscheiben aus Stahlbeton, oder um nachgiebige Konstruktionen handelt, welche insbesondere nicht verwindungssteif sind. Ferner sind die Anforderungen an das Bauwerk im Bergschadensfall sehr verschieden. Teilweise besteht keine Notwendigkeit einer späteren Wiedergeraderichtung, das gilt besonders für *Kohlentürme*. Auch wenn die Möglichkeit zur Geraderichtung durch entsprechende Vorkehrungen geschaffen worden war, ist selten hiervon Gebrauch gemacht. Die Forderung, Kohlentürme mit einer Hebemöglichkeit zu versehen, bedeutet im allgemeinen eine unnötige Mehrausgabe. Bei Kokskohlentürmen muß nur das freie Profil für den Füllwagen reichlich gewählt werden, und die Bunkerschnauzen müssen am unteren Ende auswechselbare Verschlüsse erhalten, die eine spätere Angleichung des Füllwagengleises an die Höhenlage der anschließenden Koksofenbatterien ermöglichen.

Anders verhält es sich mit den *Fördertürmen*. Sind diese nicht durch einen Schachtsicherheitspfeiler der Abbaueinwirkung entzogen, oder bestehen immerhin Zweifel daran, daß der Schachtsicherheitspfeiler auch später respektiert wird, so ist Vorsicht geboten. Dann muß ein Turm nicht nur Vorkehrungen zum Geraderichten erhalten, unter gewissen Umständen muß auch an eine seitliche Verschiebung gedacht werden. Wenn die Schachtachse infolge einer Gebirgsbewegung gekrümmt wird, kann die Notwendigkeit eintreten, daß die Lage des Seiles und damit der Turmachse in Höhe der Rasenhängebank aus der Mitte der Schachtöffnung seitlich verschoben werden soll.

Sehr wichtig ist die Frage, ob für kurze Zeit eine ungleichmäßige Senkung der vier Eckstiele zugelassen wird, welche durch Anhebung einer Ecke wieder ausgeglichen werden kann. Das geschieht aber erst zu einem Zeitpunkt, nachdem der Schaden eingetreten und erkannt worden ist. Bei allen Projekten, welche der Verfasser bearbeitet hat, wurde dieses Ansinnen abgelehnt, sich mit einer nachträglichen Ausrichtung abzufinden. Es ist auch verständlich, daß an der wichtigsten und empfindlichsten Stelle der gesamten Förderung keinerlei Konzessionen gemacht werden. Dagegen läßt man im allgemeinen zu, daß der Förderturm vorübergehend als Ganzes eine geringe Schiefstellung erfährt. Unter diesen Voraussetzungen muß also der Turm entweder so steif sein, daß er auch bei Ausfall eines Auflagers auf drei Beinen stehen kann, ohne sich dabei zu verwinden. Oder es muß ein biegungs- und verwindungssteifes Fundament geschaffen werden, welches die Möglichkeit einer ungleichmäßigen Stützensenkung ausschaltet. Es besteht wohl kein Zweifel darüber, daß es grundsätzlich wirtschaftlicher ist, die hohen Scheiben des Turmes zu diesem Zweck auszunutzen, als ein besonderes Fundament von immerhin begrenzter Konstruktionshöhe mit dieser Aufgabe zu betrauen. Um den hiermit verbundenen Kostenaufwand zu veranschaulichen, soll erwähnt werden, daß große Fördertürme eine Grundfläche von 400 bis 600 qm, eine Höhe von 70 bis 80 m und ein Gewicht von 10000 bis 16000 t haben.

Aus Gründen der Steifigkeit des Gesamtbaukörpers, die im Bergschadensfall notwendig ist, wurden die letzten drei Stahlbetonfördertürme mit durchgehenden Stahlbetonwänden konstruiert, die bis zum Maschinenraum keine Öffnungen besitzen, mit

Hebung

Da nach Hebung das Bauwerk auf Pressen steht, wirken diese als Pendelstützen. Daher

1. Sicherung gegen Kippen in Längsrichtung bei A und in Querrichtung bei B notwendig.

   Vorhandener Spielraum ursprünglich je 280 mm. Nach Verschiebung in Quer- oder Längsrichtung kann der Zwischenraum min. 80 mm bzw. max. 480 mm betragen. Zur Verringerung der Reibung beim Heben werden 80 mm durch 2×20 mm Stahlplatten und Rollen aus Rundeisen $\varnothing$ 40 mm ausgefüllt. Die restlichen 200 mm werden mit Harthölzern verkeilt.

2. Aufstellung der Hubpressen (500 t Tragkraft) in C und Hebung an wahrscheinlich 3 Ecken (max. 300 mm). Um etwa 20 mm überheben zwecks Einbringung des Futters.

3. Einschiebung des Futters aus Stahlplatten, Ablassen der Hubpressen in C, Entfernung der Rollenlager in A und B sowie der Hubpressen in C.

System

Quer- (Längs-) Verschiebung

(Eingeklammerte Bezeichnungen gelten für die Längsverschiebung)

4. Wiederholung der Vorgänge 1 und 2, jedoch alle 4 Ecken etwa 60 mm heben.
5. Einlegen der Stahlrollen $\varnothing$ 40 mm, je Ecke 105 lfd. m, senkrecht zur Verschiebungsrichtung sowie Ablassen und Ausbauen der Pressen in C.
6. In den Punkten D (E u. F) an jedem Eckpunkt je 1 (2) Presse (50 t Tragkr.) horizontal einsetzen; 2 [4 (E)] zum Drücken und 2 [4 (F)] zum Bremsen.
7. Ausbau sämtlicher Rollen in A und B.
8. Betätigung der Pressen in D (E u. F), max. Verschiebung 200 mm.
9. Vorgang wie unter 1.
10. Horizontale Pressen ausbauen.
11. Aufstellung der Hubpressen in C und Hebung an allen 4 Ecken um etwa 20 mm.
12. Entfernung der Rollen, Ablassen des Turmes, Entfernung der Rollenlager in A und B sowie der Hubpressen in C.

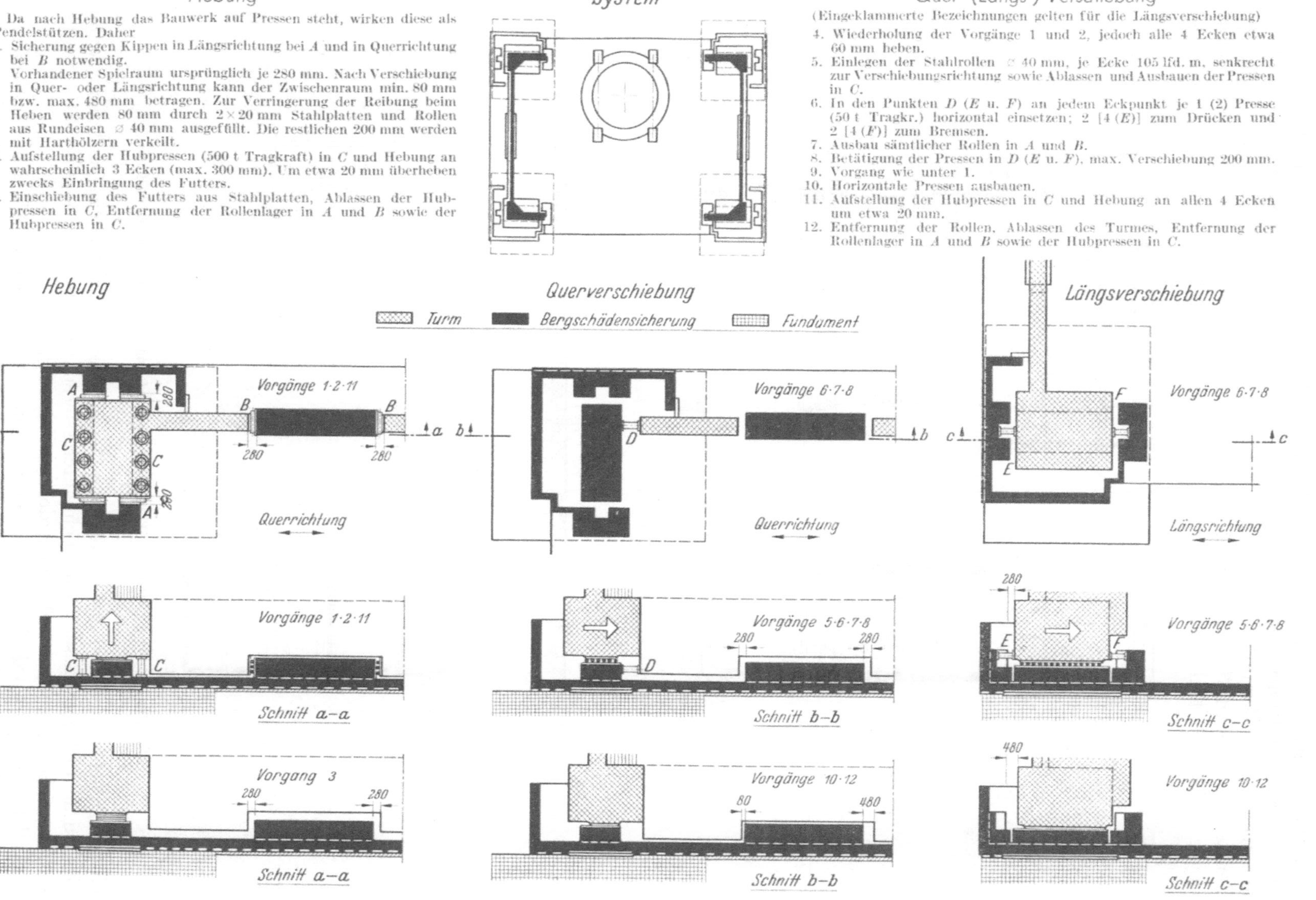

Abb. 145. Hebungskonstruktion eines Stahlbeton-Förderturms

Ausnahme kleiner Unterbrechungen für die Lüfter. Der erste von den vier großen Türmen, die im Steinkohlenbergbau innerhalb des Bundesgebietes errichtet und deren Baukonstruktion vom Verfasser entworfen wurde, zeigt noch eine Fassade mit durchlaufenden Fenstern, wie sie im Stahlbau üblich ist. Die Wände der letzten drei Stahlbetonfördertürme sind unterhalb der Maschinenbühne völlig geschlossen. Eine fensterlose Außenwand

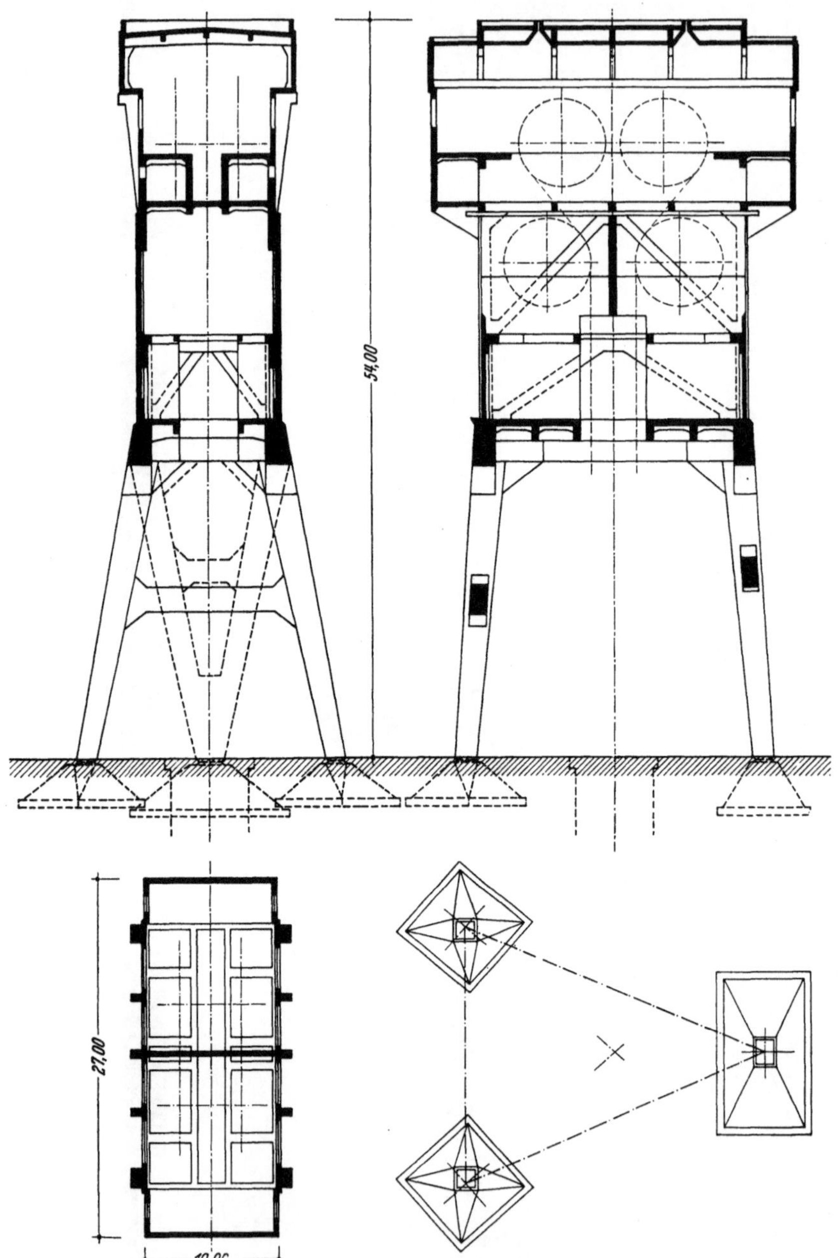

Abb. 146. Dreibeiniger Stahlbeton-Förderturm (Entwurf und Ausführung: Franz Schlüter)

hat zusätzlich den Vorteil geringerer Bau- und Unterhaltungskosten. Die Konstruktion der Türme dürfte an dieser Stelle nicht interessieren, es wird daher in Abb. 145 nur die Hebevorrichtung eines Stahlbetonförderturms gezeigt.

In früherer Zeit wurde der große Innenraum eines Förderturms noch nicht für Magazinräume und für die Unterbringung der elektrischen Einrichtung ausgenutzt. Im unteren Teil benötigte das Bauwerk dann keinen Raumabschluß. Damit war auch die Möglichkeit gegeben, von der Rechteckform abzuweichen. Im Jahre 1926 hat erstmalig SCHLÜTER den Gedanken einer *Dreipunktlagerung* eines Stahlbetonturmes auf einer holländischen Anlage verwirklicht, vgl. Abb. 146.

Die Form eines dreibeinigen Bockes und damit eine ideale Dreipunktlagerung besitzen auch die üblichen *stählernen Fördergerüste*, auf deren Seilscheiben die Förderseile zum Fördermaschinenhaus umgelenkt werden. Das erste Bein ist das Führungsgerüst der Förderkörbe, auf das sich die beiden Schrägstreben auflegen. Ist ein Schachtsicherheitspfeiler vorhanden, so bedarf das Fördergerüst keiner Bergschädensicherung. Anderenfalls muß die Möglichkeit einer gegenseitigen Verschiebung der drei Auflager beachtet werden. Die Schrägstreben sind meist untereinander durch Verbände zu einer Fachwerkscheibe vereinigt. Die beiden Schrägstrebenfundamente dürfen ihren gegenseitigen Abstand nicht verändern, weil sonst die zwischen ihnen liegenden Verbände abreißen oder ausknicken. Die Strebenfüße müssen daher im Bergschadensfall miteinander verbunden werden, vgl. Ab-

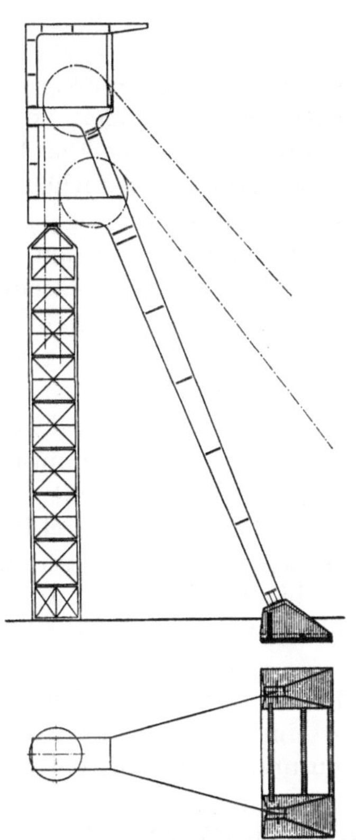

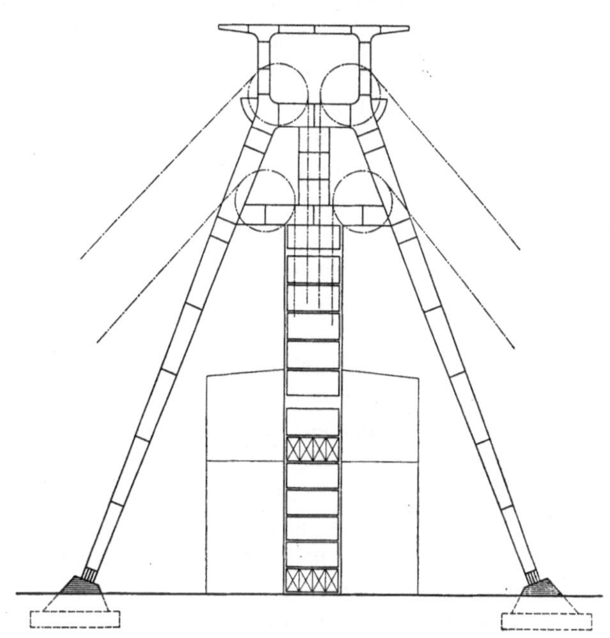

Abb. 147. Dreibeiniges stählernes Fördergerüst   Abb. 148. Vierbeiniges stählernes Fördergerüst

bildung 147. Würde man die Streben ohne Verbände für die gesamte Länge knicksicher bemessen, so könnte diese Abstandshaltung entfallen.

Eine Längenänderung zwischen den Schrägstrebenfundamenten und der Schachtröhre, auf der das Führungsgerüst aufruht, schadet einem Fördergerüst nicht, sofern die Köpfe der Schrägstreben gelenkig oder nachgiebig an das Führungsgerüst angeschlossen werden.

Die *doppelseitigen*, vierbeinigen *Fördergerüste* sind in ähnlicher Weise zu sichern, vgl. Abb. 148. Falls die Strebenpaare durch Riegel oder Diagonalen ausgesteift sind, muß auf beiden Seiten die gleiche Abstandssicherung getroffen werden, wie sie in Abb. 147 dargestellt ist. Die geringe Verwindung, die ein vierbeiniges Bockgerüst erfahren kann, ist für ein Stabwerk wegen seiner elastischen Nachgiebigkeit völlig unbedenklich. Auch bereitet erforderlichenfalls eine nachträgliche Ausrichtung an den Fußpunkten der Stahlkonstruktion technisch keine Schwierigkeit.

4.233 Maschinenfundamente

Die Veränderung der Lagerungsbedingungen von Maschinen infolge der Verformung des Baugrundes und der Fundamentkörper gehört zu den schwierigsten Fragen, die erst zu einem geringen Teil untersucht worden sind. Es ist bereits darauf hingewiesen, wie sehr die Aufgabe erschwert wird, sobald sich mehrere Fachrichtungen an ihrer Lösung beteiligen müssen. Lediglich wenn die Voraussetzung getroffen wird, daß überhaupt keine Änderung in der Lagerung einer Maschine stattfinden darf, liegt die Bearbeitung ausschließlich in der Hand des Bauingenieurs. Dieser Fall ist bei einer Reihe von Maschinen zweifellos gegeben und soll auch zuerst untersucht werden.

Die summarische Forderung, daß überhaupt keine Formänderung im Fundament stattfinden darf, ist in dieser krassen Form nicht zu erfüllen, weder im Bergbaugebiet noch außerhalb. Es muß also im Einzelfall zunächst festgestellt werden, welche Beträge für die Änderung der Maschinenauflager in den drei Koordinatenrichtungen zugelassen werden. Eine der empfindlichsten Maschinen ist zweifellos die Turbine. Eine Angabe, die dem Verfasser häufig gemacht wurde, lautete, daß lotrechte Abweichungen von nur $^1/_{300}$ mm zulässig seien. Gemeint ist mit dieser Angabe die Auflagerung des Maschinenrahmens in der Tischplatte des Fundamentes. Das Fundament gehört bekanntlich nicht zum Lieferungsumfang der Maschine, es muß also vom Bauherrn „zur Verfügung gestellt" werden. Wenn die obige Forderung an die Ausbildung des Fundamentes zu den Lieferungsbedingungen gehören würde, so wäre damit juristisch jede Garantie der Maschinenfirma ausgeschaltet. Daß die Angelegenheit also nicht in dieser Weise gehandhabt wird, versteht sich von selbst. Nun lautet für den Bauingenieur die Frage, welche Unterschiede in der Höhenlage der 6 oder 8 Fundamentstiele oder welche Abweichungen von dem ursprünglichen Planum des Maschinenrahmens darf das Fundament erleiden. Für eine Größenordnung von einigen μ lohnt es sich nicht, überhaupt mit einer Ausrechnung der Formänderung anzufangen. Bei einer Stahlbetonausführung lassen sich nicht einmal die Materialkonstanten so sicher bestimmen, um eine so genaue Berechnung durchführen zu können. Man kann höchstens angeben, wie groß die Durchbiegung eines Stahlbeton-Gründungskörpers von bestimmter Höhe und Länge bei beliebiger Krümmung des Baugrundes wird. Die geringste Durchbiegung einer Stahlbetonkonstruktion erzielt man bei Anwendung des Vorspannverfahrens.

Der letzte Ausweg zur Ausschaltung jeglicher Bergschäden ist eine statisch bestimmte Dreipunktlagerung, bei der aber die Schwingungsverhältnisse im Fundament zu berücksichtigen sind. Es wurden in letzter Zeit zwei große Turbinenfundamente mit einer Dreipunktlagerung ausgeführt.

Die Schwierigkeiten, die bei der Gründung empfindlicher Maschinen auftreten, erklären sich wie folgt. Der Bauingenieur ist gewohnt, ein Tragwerk so zu bemessen, daß die Kräfte aufgenommen werden. Die Aufgabe, den Verlauf der Formänderung eines Bauwerkes genauer zu untersuchen, taucht wohl in Verbindung mit einzelnen Bauteilen, weitgespannten Decken und Brücken jeder Art auf. Beim Belastungsfall der Krümmung des Baugrundes muß aber die Formänderung der Maschinenfundamente — auch bei gedrungenen Körpern und Querschnittshöhen von mehreren Metern — bis zur Berührung mit dem Maschinenrahmen verfolgt werden. Mit derartig schwierigen Berechnungen der Formänderung eines ganzen Baukörpers befaßt sich der Baustatiker im allgemeinen nicht. Welche Bedeutung eine Vollsicherung von Maschinen haben kann, zeigen Abb. 149 und 150, in denen die Folgen einer Absatzbildung im Baugrund an einem Maschinenhaus zu sehen sind.

Die Ausführungen der Maschinenfundamente unterscheiden sich in der Hauptsache nach der Voraussetzung, ob im Bergschadensfalle eine Geraderichtung in die Horizontallage, d. h. nur eine senkrechte Bewegung, oder ob gleichzeitig auch die Einhaltung der Lage im Grundriß, d. h. eine seitliche Verschiebung verlangt wird. Besteht nur die Notwendigkeit, daß das Fundament selbst seine ursprüngliche Form behält, ist also die Maschine von der absoluten Neigung des Fundamentes unabhängig, wie z. B. eine Schiffsmaschine, so wählt man meistens eine Flächengründung. Eine der ersten Ausführungen der Vollsicherung einer langgestreckten Maschine, und zwar eines Ilgner-Umformers aus dem Jahre 1929, zeigt Abb. 151. Es ist ein Entwurf von MAUTNER. Da der Fundamentkörper im Verhältnis zu seiner Breite sehr lang ist, eignet sich für seine Gründung am besten eine Zweiflächenlagerung. Zu beachten ist nur das Maß der Formänderung infolge einer Verdrehung bei schräg gerichteter Krümmung, die eine Lagerung übereck auslöst.

Ähnlich ist auch die Konstruktion eines kastenförmigen Gründungskörpers, der als Unterbau einer Koksofenbatterie dient. Im allgemeinen bedarf eine derartige Anlage keinerVollsicherung, wie bereits auf S. 44 erläutert wurde. Lediglich in dem Fall, daß entweder treppenförmige Absätze im Baugrund auftreten können oder daß die zu erwartenden Senkungsunterschiede zu groß für den Betrieb der Ausdruckmaschine sind, ist eine Vollsicherung einer Koksofenanlage notwendig. In Abb. 49, S. 57, ist der Entwurf des Verfassers für einen derartigen Unterbau dargestellt, der schon mehrmals in gleicher Art ausgeführt worden ist. Zum Schutz der Wannen, die zur Anlage einer hydraulischen Flächenhebung gehören, sind die Grundplatten der beiden Flächenauflager durch eine schlaffe Platte in ihrem Abstand gesichert.

Abb. 149

Abb. 150

Abb. 149 u. 150. Schäden in einem Maschinenhaus

Bei einer Zweiflächenlagerung kann sich ein steifer Fundamentkörper in der Überecklage zwar nur um einen bestimmten Betrag verdrehen, welcher seiner Verdrehungssteifigkeit entspricht. Dieses Maß, um welches ein Eckpunkt von der Ebene der drei anderen Eckpunkte abweicht, beträgt aber bei größeren Abmessungen der Fundamentflächen immerhin einige Zentimeter. Die Aufnahme der Verdrehung durch entsprechende Bemessung, welche beachtliche Kosten verursacht, ist überflüssig, wenn die auftretende Krümmung keinen

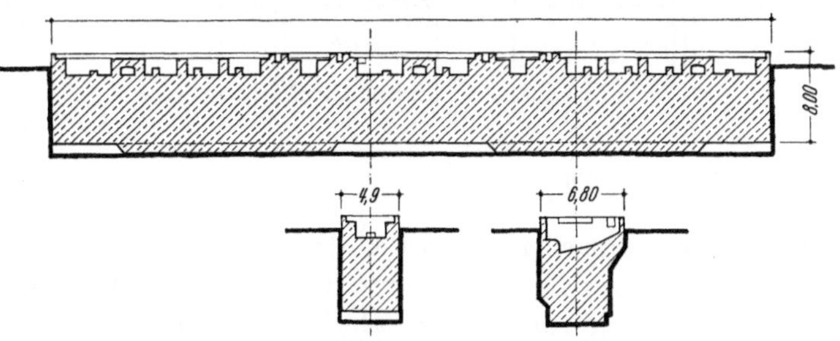

Abb. 151. Fundament eines Ilgner-Umformers (Entwurf und Ausführung: Wayss & Freytag)

größeren Senkungsunterschied in den vier Eckpunkten ergibt, als ihn die Verdrehungssteifigkeit des Baukörpers verhindern kann.

Diese — an sich selbstverständliche — Überlegung hat große praktische Bedeutung. Es kommt gar nicht selten vor, daß an der Erdoberfläche nur eine geringe Krümmung erwartet wird. Wenn der Krümmungshalbmesser vom Markscheider mit einem Betrag von mehreren Kilometern, d. h. sehr günstig angesetzt wird, kann man auf eine Verdrehungssteifigkeit des Bauwerkes verzichten und eine Vierpunkt- oder Vierflächenlagerung wählen. Man kann aber diese vier Auflager zur Sicherheit so ausbilden, daß man sie später in ihrer Höhenlage nachrichten kann. Wird nur eine lotrechte Ausrichtung zur Wiederherstellung der Horizontallage verlangt, so können Flächenlager vorgesehen werden. Als Beispiel wird ein Ventilatorfundament in Abb. 152 gezeigt, das für eine hydraulische Flächenhebung eingerichtet ist.

Es bedeutet eine erhebliche Erschwerung der Lösung, wenn zusätzlich verlangt wird, daß auch eine etwaige waagerechte Verschiebung oder Verdrehung eines Maschinen-

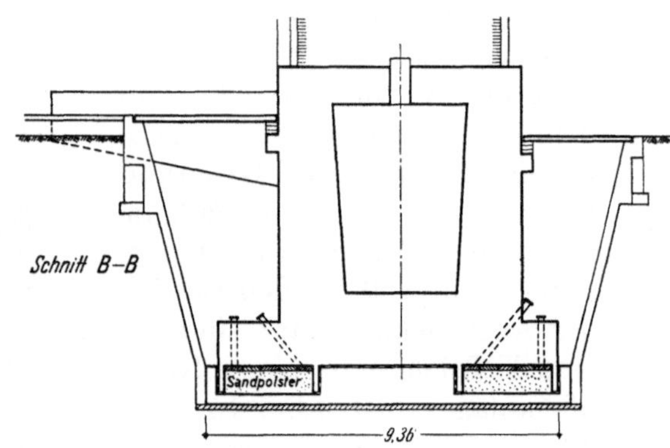

Abb. 152. Ventilatorfundament

fundamentes wieder berichtigt werden muß. Dann ist die an sich meist billigere *Flächen*lagerung ungeeignet, und man muß eine *Dreipunkt*lagerung wählen, um ohne längere Betriebsunterbrechung sowohl eine Hebung als auch eine waagerechte Verschiebung durchführen zu können. Eine der ersten Ausführungen dieser Art zeigt Abb. 153, welche vom Verfasser für eine Gruppe von Schwelöfen auf einer Kokerei im Saargebiet entworfen wurde. Die Hebungskonstruktion ist verhältnismäßig einfach. Infolge der geringen Gewichte werden keine besonderen stählernen Auflager benötigt, da die Auflagerfläche der Balken zur Druckübertragung ausreicht. Man hebt jedes Lager zunächst an und gleicht die Höhenunterschiede durch Futterbleche aus. Anschließend kann man rechtwinklig zur gewünschten Bewegungsrichtung Rundstähle als Rollen einlegen und dann die gleichen Pressen waagerecht wirken lassen. Als Ansatzpunkte für die waagerechte Verschiebung dienen die seitlichen Höcker, vgl. Abb. 153. Nachdem die seitliche Ausrichtung durchgeführt ist, muß das Fundament nochmal angehoben werden, damit die Rundstahlrollen wieder entfernt werden können.

Schwieriger gestaltet sich die gleiche Aufgabe, wenn der Fundamentkörper große Abmessungen hat und mit seiner Maschinenlast sehr viel wiegt. Dann muß für die Druckübertragung eine besondere Stahlgußkonstruktion entwickelt werden, die zusammen mit der ortsfest eingebauten hydraulischen Hebungsanlage in den Aufgabenbereich des Maschinenbaues fällt. Derartige kostspielige Konstruktionen werden aber selten verlangt.

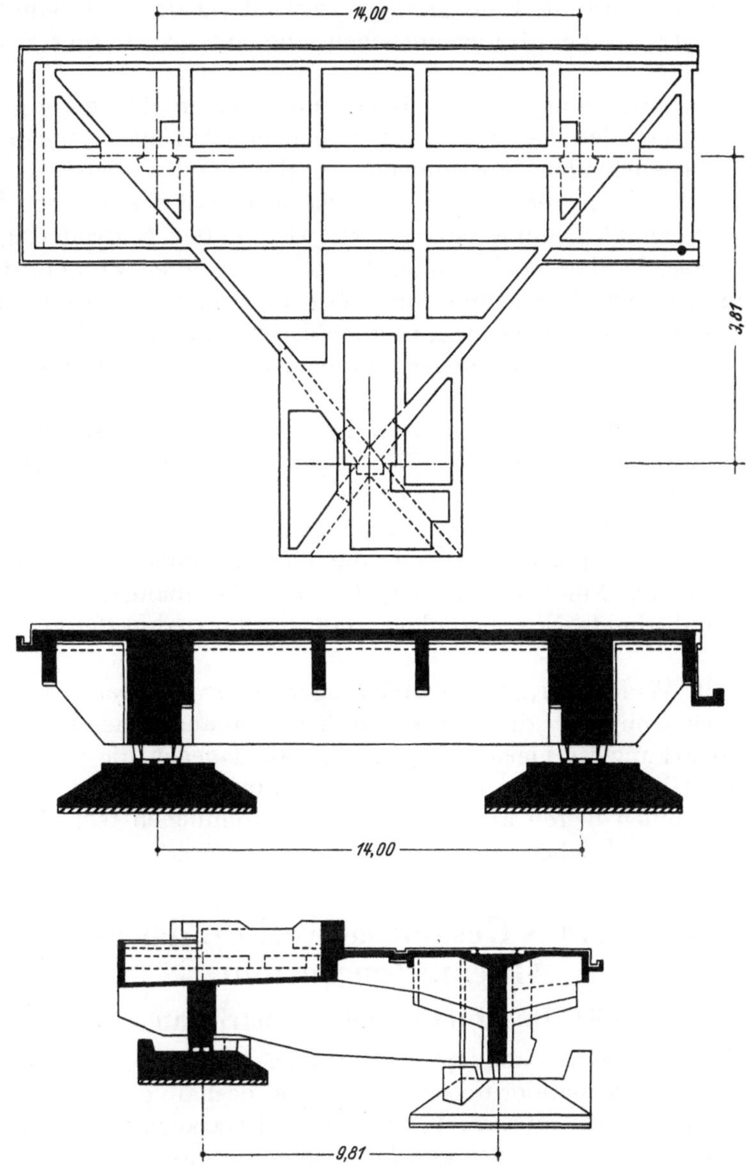

Abb. 153. Schwelofenunterbau

Dem Verfasser ist diese Aufgabe erst zweimal bei der Aufstellung eines Fertiggerüstes für eine Walzenstraße gestellt worden. Eine genauere Beschreibung würde zu weit führen. Die Hauptschwierigkeit der Konstruktion liegt, wie bereits erwähnt, in der Berücksichtigung der elastischen Formänderung des Fundamentkörpers und nicht in der Aufnahme der Kräfte. Die Mehrzahl der Maschinenfundamente hat eine Einflächenlagerung, die bei kleinerer Grundfläche ausreicht.

4.234 Brücken

Für eine Tragkonstruktion der Fahrbahn scheiden alle Gewölbekonstruktionen aus, wie bereits in Abschn. 4.213, S. 103, begründet wurde. Auch statisch bestimmte Dreigelenkbögen sind deshalb unbrauchbar, weil die Winkelverdrehung im Mittelgelenk einen Knick in der Neigung der Fahrbahn erzeugt, der den Verkehr stören würde. Als Tragwerk für die Fahrbahn werden je nach der Spannweite fast ausschließlich nur Platten oder aufgelöste Trägersysteme verwandt. Eine geringe Verwindung der Fahrbahntafel kann im allgemeinen unbeachtet bleiben. Im wesentlichen sind nur drei Forderungen zu berücksichtigen.

Erstens muß die Längenänderung des Baugrundes voll in Rechnung gestellt werden. Alle Auflagerbänke, besonders die an den verschieblichen Auflagern, müssen so groß sein, daß sie für die zu erwartenden Bewegungen des Baugrundes ausreichen. Die meisten Schäden an den Widerlagern werden dadurch ausgelöst, daß der seitliche Spielraum der Fahrbahntafel nicht genügt. Dann entstehen Scherrisse in den Endwiderlagern unterhalb der Fahrbahnauflager. Es darf noch einmal darauf hingewiesen werden, daß in den Bewegungsfugen nur wirkliche Hohlräume ihren Zweck erfüllen. Auch ein Bitumenverguß ist an bestimmte Wärmegrade gebunden, es gibt bisher kein Material, welches sich jahrzehntelang unabhängig von der jeweiligen Temperatur beliebig zusammendrücken oder ausquetschen läßt.

Zweitens muß die Fahrbahntafel so konstruiert sein, daß eine spätere Hebung möglich ist. Bei Straßen wird zwar zuweilen *im Notfall* ein größeres Gefälle zugelassen, so daß eine Hebung der Brücke nicht notwendig ist. Eisenbahnen lassen aber nur sehr geringe Änderungen in ihrer Höhenlage zu. Kanäle sind naturgemäß restlos an den gegebenen Wasserstand gebunden. Eine Änderung des Wasserspiegels würde die Neuanlage einer Staustufe bedingen. Für alle Brücken, die über Eisenbahnen und Kanäle führen, besteht somit die unbedingte Notwendigkeit, daß die Fahrbahntafel angehoben werden kann.

Drittens sind alle Widerlager, Pfeiler und Flügelmauern in ihrer Gründung und auch im aufgehenden Querschnitt für die späteren Höhenlagen ausreichend zu bemessen. Eine nachträgliche Verstärkung ist meistens so teuer, daß dagegen die zusätzlichen Kosten einer vorsorglichen Überbemessung beim Neubau kaum ins Gewicht fallen.

Alle diese Maßnahmen bieten aber keine außergewöhnlichen technischen Schwierigkeiten, die hier näher beschrieben werden müßten.

4.3 Das Gefüge eines Gesamtbauwerkes, das aus mehreren Abschnitten besteht

4.31 Im Hoch- und Industriebau

Schon beim *Einzelwohnhaus* können verschiedene Baukörper aneinanderstoßen, die sich in ihrer Steifigkeit voneinander unterscheiden und deshalb gesondert als selbständige Baukörper abgetrennt werden müssen. Vorbauten und Garagen sind im allgemeinen dadurch gefährdet, daß sie nicht in der gleichen Tiefe wie das eigentliche Wohnhaus gegründet werden. Hierüber ist bereits alles Wesentliche im Zusammenhang mit der Teilunterkellerung ausgeführt. Besonders häufig treten Schäden dort auf, wo eine Pergola oder eine Gartenmauer ohne Trennfuge mit dem Hause verbunden werden. Derartige Anschlüsse reißen immer wieder ab, solange sich der Baugrund bewegt. Die Kosten für die Instandsetzung mögen noch so gering sein, aber es ist doch ein ärgerlicher Zustand, den man leicht vermeiden kann. Unverständlich ist nur die Beharrlichkeit, mit der die Risse, nachdem sie einmal aufgetreten sind, immer wieder ausgebessert werden. Es ist ratsamer, die Ursache der Schäden zu beseitigen und die notwendige Trennfuge nachzuholen. Eine Pergola mit gemauerten Bögen gehört übrigens überhaupt nicht in das Bergbaugebiet.

Größere Bauwerke des Hochbaues müssen in einzelne Abschnitte unterteilt werden. Über die Länge der Einzelabschnitte ist bereits in Abschn. 3.11, S. 77ff., berichtet, einen guten Anhalt gewähren auch die Richtlinien, die im Abschn. 5.0 beigefügt sind. In den meisten Fällen ergibt sich die Lage der Trennfugen fast von selbst, wenn sich das Gebäude aus einzelnen Baukörpern von verschiedener Höhe zusammensetzt. Als Beispiel ist in Abb. 154 der Grundriß einer größeren Schule wiedergegeben, die sich einfach unterteilen läßt. Ferner ist in den Abb. 155 bis 158 die Schnittführung beim Neubau einer Krankenanstalt dargestellt. Abb. 155 zeigt den Gesamtgrundriß der nach dem Kriege wiederaufgebauten Anlage. In Abb. 156 sind die Kellergrundrisse der Medizinischen Klinik dargestellt, deren Querschnitt aus Abb. 157 hervorgeht. Dieses Bauwerk ist durch fünf Schnitte in sechs einzelne Abschnitte unterteilt worden. Abb. 158 zeigt die Unterteilung des Verbindungsganges. Im wesentlichen kommt es darauf an, daß die Fugen einschließlich der Installation folgerichtig ausgeführt werden, und daß nicht nachträglich doch wieder irgendwo die Hohlräume verfüllt, zubetoniert oder starr verkleidet werden.

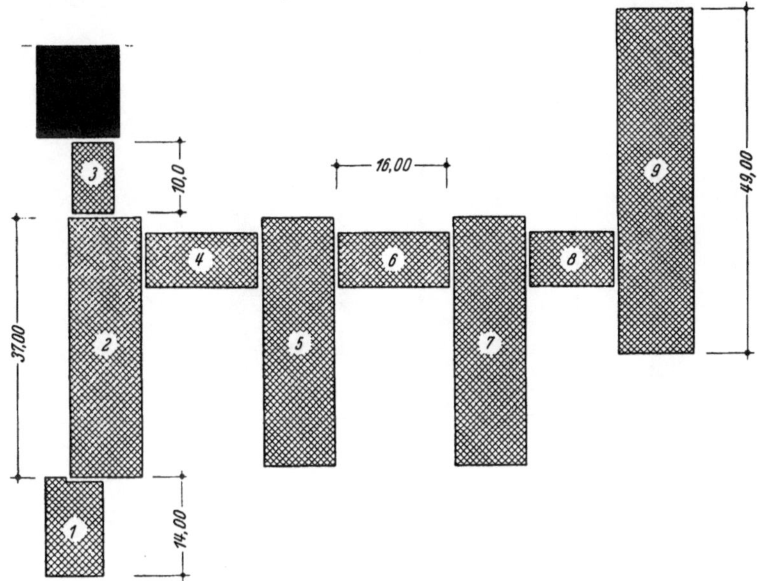

Abb. 154. Zerlegung eines Schulgebäudes in einzelne Abschnitte

Auf die Wichtigkeit der Abtrennung von Bandbrücken, Laufstegen, Zwischenbühnen usf. im *Industriebau* ist in Abschn. 3, S. 75, hingewiesen. Die Trennfugen zwischen den einzelnen Baukörpern oder -abschnitten bedingen stets *Doppelstützen*, weil sonst die Bewegungsfreiheit in der Fuge nicht ausreicht. Es treten anderenfalls Zwängungsspannungen auf. Im Stahlbau wird häufig versucht, ein Gleitlager durch Anordnung von Langlöchern zu erreichen. Nach einigen Jahren hat sich dann der Rost eingefressen, so daß sich die Verbindung nicht wieder löst. Auch im Stahlbetonbau darf man nicht das Endfeld eines Gebäudes in der Giebelwand des Nachbarbauwerkes „gleitend" auflagern, weil dadurch fast immer die gegenseitige Bewegung der einzelnen Bauabschnitte behindert oder unterbunden wird.

Jede Trennfuge muß so ausgebildet werden, daß sich die benachbarten Bauabschnitte nach jeder Baugrundbewegung völlig frei in ihrer neuen Lage einspielen können.

Zu diesem Zweck müssen auch in allen Kranbahnen zwischen den Doppelstützen an der Fuge kurze Koppelträger eingefügt werden, die man jederzeit wieder ausbauen und durch kürzere oder längere Stücke ersetzen kann. Ohne Doppelstützen ist eine schnelle Auswechslung nicht möglich.

Die Ausbildung der Trennfugen im Hallen- und Geschoßbau wurde bereits in Abschnitt 4.221, S. 111ff., ausführlich erörtert.

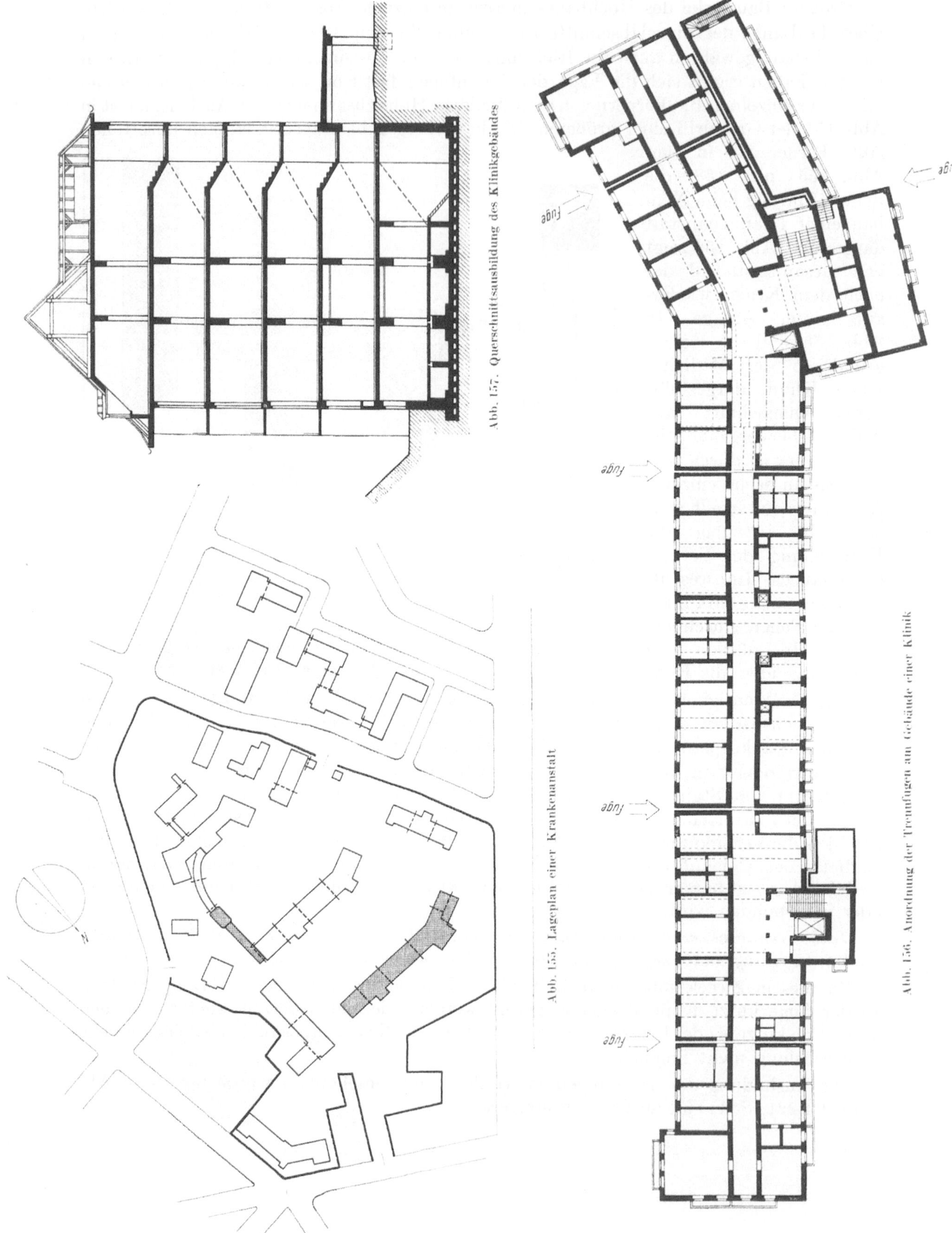

Abb. 157. Querschnittsausbildung des Klinikgebäudes

Abb. 155. Lageplan einer Krankenanstalt

Abb. 156. Anordnung der Trennfugen am Gebäude einer Klinik

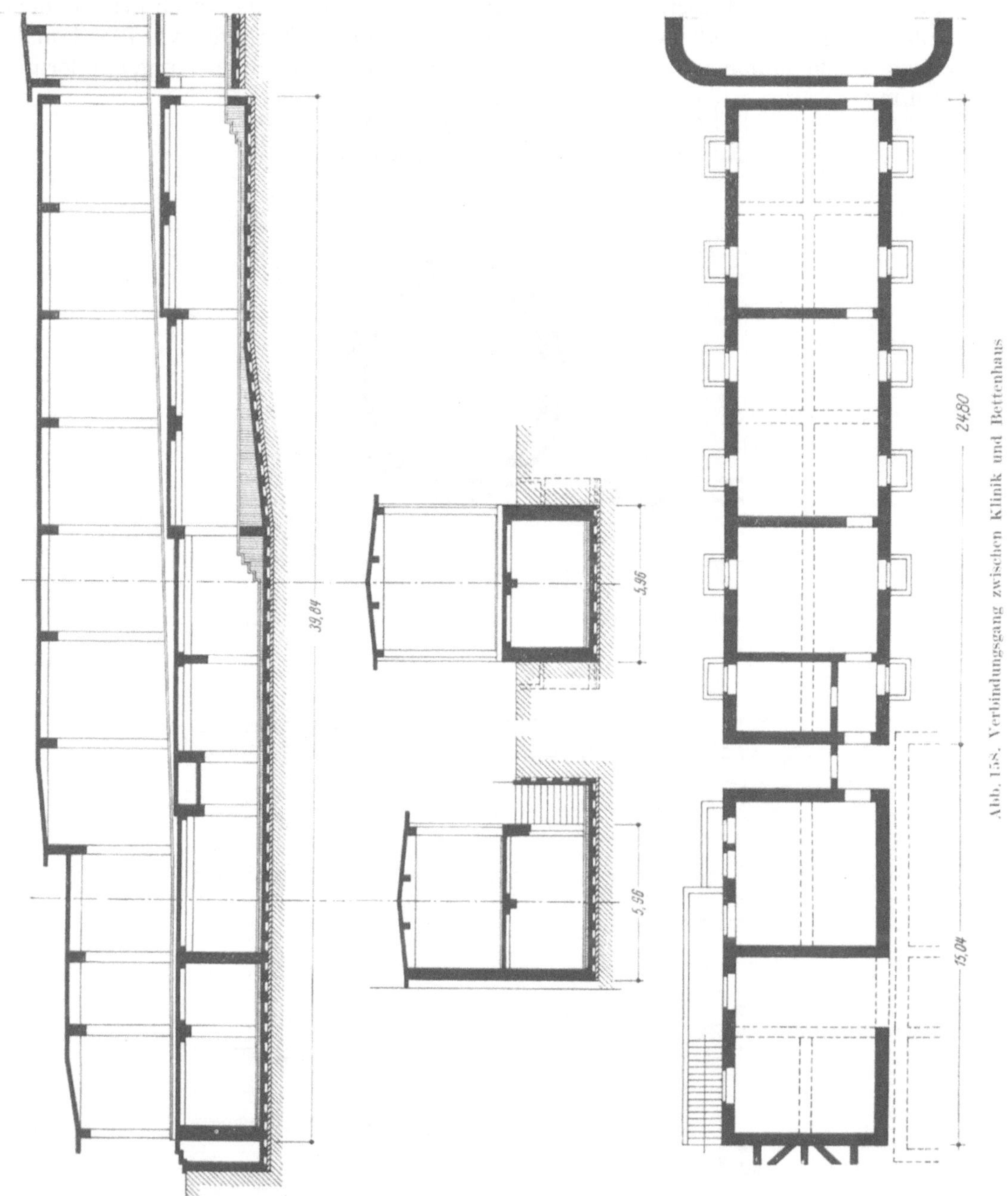

4.32 Im Ingenieurbau

Während im Hochbau die Anwendungen des Ausweichprinzips erst in jüngster Zeit entwickelt wurden, gibt es im Ingenieurbau schon seit dreißig Jahren derartige Lösungen, die eine Kette von vollgesicherten Einzelabschnitten darstellen. Zu jener Zeit kannte man nur steife Vollsicherungen. Zwei interessante ältere Konstruktionen sind in den Abb. 159 und 160 wiedergegeben. Abb. 159 zeigt einen *Düker*, der sich aus einzelnen Abschnitten von nur 1,25 m Breite zusammensetzt. Infolge dieser engen Unterteilung kann sich die Rohrleitung wie eine Raupe jeder Verformung des Baugrundes anpassen.

In Abb. 160 ist eine 400 m lange Erzhochbahn dargestellt, die aus Einzelteilen von 10,20 m Länge besteht und noch heute in Betrieb ist. Jeder einzelne Abschnitt hat eine Einflächenlagerung mit verkleinerter Grundfläche. Die Fugenabstände wurden damals sehr reichlich angenommen und betragen 50 cm, das entspricht einer Längenänderung von 47 mm/m.

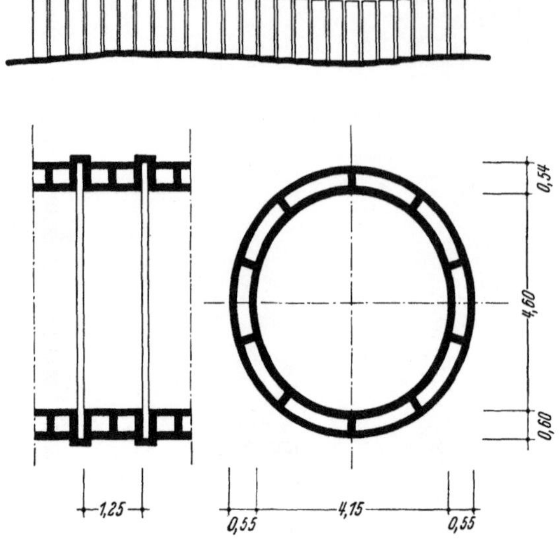

Abb. 159. Emscherdurchlaß (Entwurf und Ausführung: Dyckerhoff & Widmann)

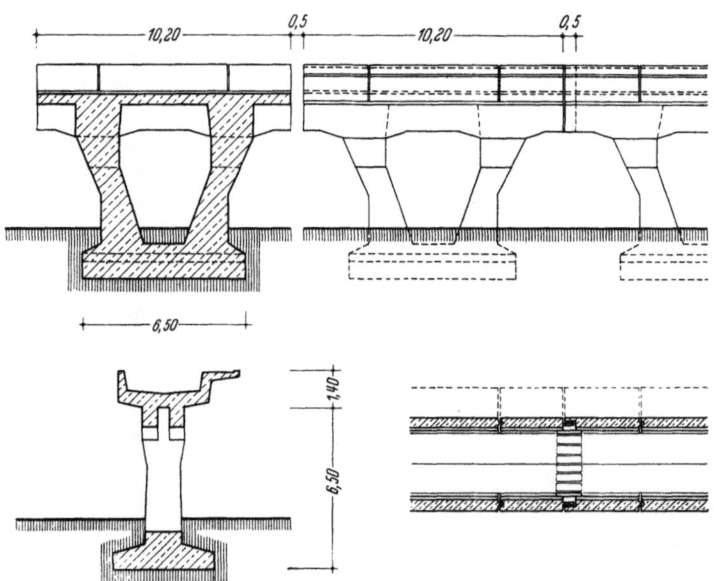

Abb. 160. Erzhochbahn (Entwurf und Ausführung: Wayss & Freytag)

Im Ingenieurbau kann man zur Verbindung der einzelnen Baukörper alle Auflagerverbindungen, wie Rollenlager, Drehgelenke mit Bolzen oder Auflagerschwellen, Pendelstiele in lotrechter und waagerechter Richtung usf., verwenden. Es dürfte überflüssig sein, hierfür Anwendungsbeispiele zu zeigen, da es sich nur um allgemein bekannte Konstruktionsformen handelt. Lediglich zur Veranschaulichung der Verbindung verschiedenartiger Baukörper sind in Abb. 161 und 162 die Trennung der Bauwerksabschnitte und die Querschnittsausbildung eines Kraftwerkes dargestellt.

Aus diesen kurzen Hinweisen dürfte immerhin hervorgehen, daß die Beschäftigung mit der Bergschadenkunde den Bauingenieur vor neue und interessante Aufgaben stellt.

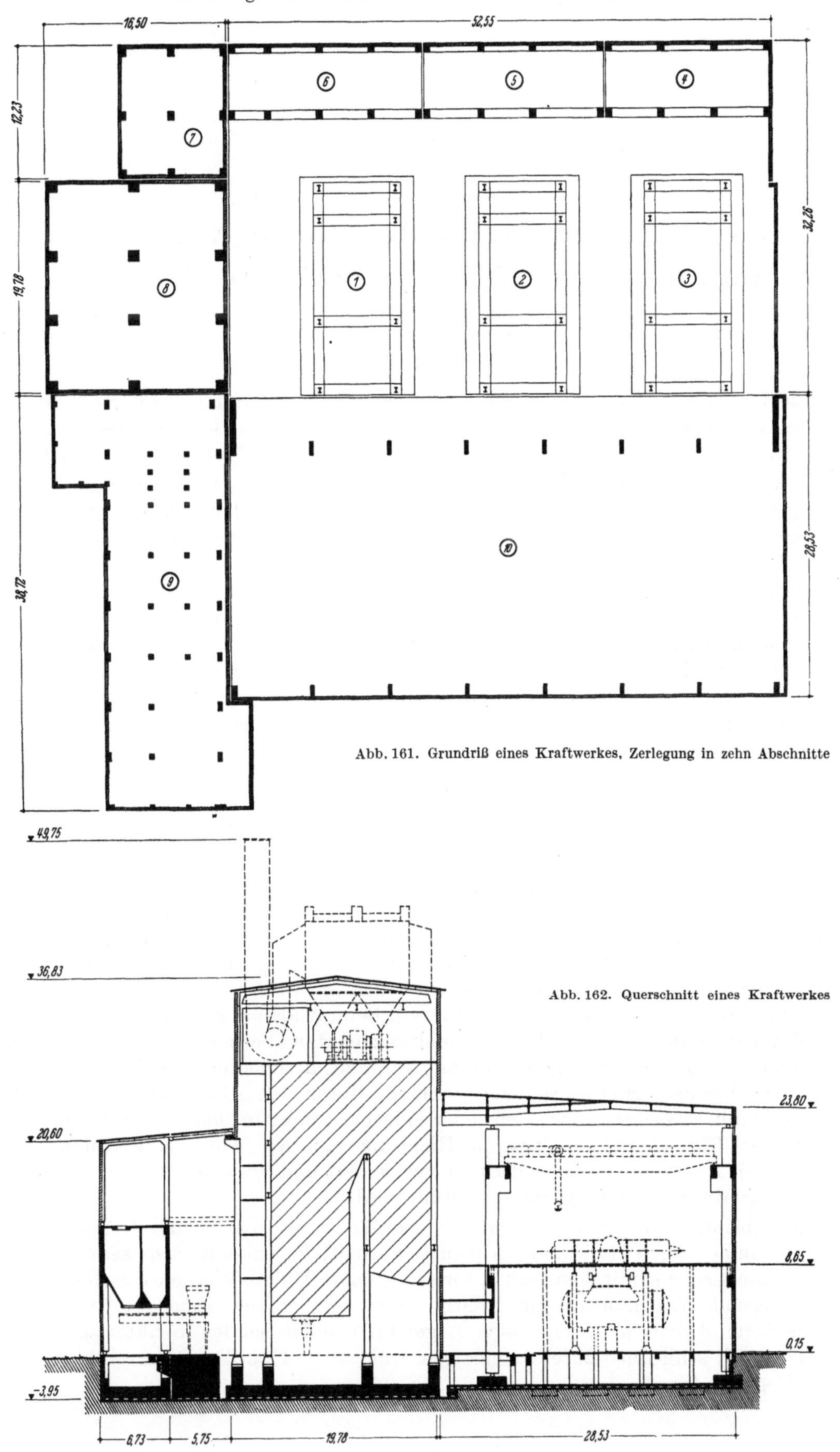

Abb. 161. Grundriß eines Kraftwerkes, Zerlegung in zehn Abschnitte

Abb. 162. Querschnitt eines Kraftwerkes

5.0 Richtlinien für die Ausführung von Bauten im Einflußbereich des untertägigen Bergbaus

Fassung April 1953

Vorbemerkung

Diese Richtlinien gelten im wesentlichen für den *Flöz-* und *Lagerbergbau*, besonders den Steinkohlenbergbau. Sie können aber auch bei anderen Bergbauarten angewendet werden, wenn hierbei die Bewegungen im Gebirge in ähnlicher Weise vor sich gehen.

Die Beachtung dieser Richtlinien ist in gleicher Weise von Vorteil für den Bauherrn und den Bergbautreibenden. Nach der derzeitigen Rechtslage kann der Bergbautreibende aber frei entscheiden, ob er diese Richtlinien befolgen oder ihre Empfehlungen im einzelnen über- oder unterschreiten will. Wünscht der Bauherr, daß der Bergbautreibende die Mehrkosten erstatten soll, die aus der Durchführung dieser Richtlinien entstehen, so muß der Bauherr vor Baubeginn die schriftliche Zustimmung des Bergbautreibenden zu den beabsichtigten Maßnahmen und den daraus entstehenden Kosten einholen. Um spätere Schwierigkeiten zu vermeiden, sollte der Bauherr möglichst frühzeitig, und zwar schon während des Vorentwurfs, mit dem Bergbautreibenden wegen der zu ergreifenden Maßnahmen Fühlung nehmen. Spätestens sollte das aber geschehen, bevor die Einzelheiten des Entwurfs festgelegt werden.

5.1 Bergbau und Baugrund

Die beim Bergbau unter Tage entstehenden Hohlräume im Erdinnern bleiben zwar unter günstigen Umständen (z. B. beim Teilabbau unter Belassen von Tragrippen in der Lagerstätte) offen, ohne daß die Tagesoberfläche beeinflußt wird. Wenn jedoch größere zusammenhängende Hohlräume geschaffen werden, wie z. B. beim Steinkohlenbergbau, so brechen und sinken die Gebirgsschichten über der Lagerstätte im allgemeinen ein. Bei oberflächennahem Abbau kann sich der Bruch bis an die Tagesoberfläche fortsetzen und dort zur Bildung von Tagesbrüchen führen. Beim Abbau in größerer Teufe und immer bei bildsamem Deckgebirge brechen die Gebirgsschichten aber nur bis zu einer begrenzten Höhe über der abgebauten Lagerstätte ein, während die höheren Schichten in der Regel bruchlos nachsinken. Hierbei schließen sich die durch den Abbau entstandenen Hohlräume allmählich wieder, wobei sich jeder einzelne Punkt im hangenden Gebirgskörper und an der Tagesoberfläche etwa in Richtung auf den Abbauschwerpunkt bewegt (s. Abb. 163). Das Absinken kann dadurch verkleinert und gemildert werden, daß der Abbauhohlraum durch Versatz wieder ausgefüllt wird.

Beim Absinken verformt sich die Erdoberfläche zu einer in der Regel flachtellerförmigen Mulde, deren Rand dem Abbau vorauseilt. Es entsteht also keine örtlich gebundene, sondern eine mit dem Abbau fortschreitende Mulde. Werden verschiedene übereinanderliegende Lagerstätten gleichzeitig oder nacheinander abgebaut, so überlagern sich die beim Abbau jeder einzelnen Lagerstätte entstehenden Senkungsmulden und vereinigen sich schließlich zu einer einzigen Mulde. Die Oberfläche der Mulden verläuft in der Regel stetig.

Die Bewegung in der Senkungsmulde läßt sich in einen lotrechten und einen waagerechten Beitrag zerlegen. In lotrechter Richtung treten nur Senkungen auf, deren Maß vom Rande der Mulde zur Mitte zunimmt. In waagerechter Richtung entstehen im Randgebiet der Senkungsmulde, wo der Krümmungsmittelpunkt der Senkungskurve unten liegt, Dehnungen und Zerrungen des Bodens. Im Innern der Mulde, wo der Krümmungsmittelpunkt oben liegt, entstehen dann Stauchungen und Pressungen (s. Abb. 163). Beim Fortschreiten des Abbaus wandern mit den Senkungsmulden auch die Zonen der Zerrungen und Pressungen.

Die Größe und Art der Verformung der Tagesoberfläche hängt von der Größe der beim Abbau geschaffenen Hohlräume, der Teufe, der Art der überlagernden Gebirgsschichten und der Dichte des eingebrachten Versatzes ab. Je größer die abgebaute Fläche ist und je tiefer der Abbau umgeht, um so größer wird der Umfang der Senkungsmulde und um so weiter greift sie über die Abbaufläche hinaus, aber um so geringer sind die Bodenverformungen, bezogen auf die Flächeneinheit.

Je bildsamer die Gebirgsschichten sind, desto leichter und gleichmäßiger verformen sie sich. Je spröder sie sind, um so leichter entsteht eine unstetige Senkungsmulde. In solchen Fällen können an der Tagesoberfläche treppen- oder terrassenförmige Abtreppungen, Spalten und Bruchzonen entstehen. Gebiete mit derartigen Erscheinungen sind für eine Bebauung ungeeignet. Befindet sich an

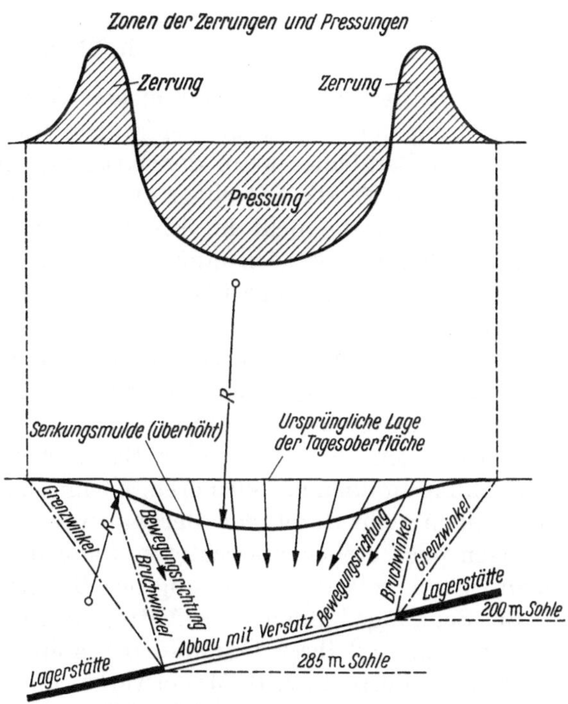

Abb. 163. Bewegungen des Gebirges beim Abbau

der Tagesoberfläche als Deckgebirge eine Bodenschicht mit geringem inneren Reibungswinkel, z. B. weicher Ton oder stark wasserhaltiger Feinsand mit tonigen oder schluffigen Beimengungen, so paßt sich diese der Verformung leichter an und verringert die Wirkung der durch den Abbau ausgelösten Kräfte.

Die Dauer der Einwirkung eines Abbaues ist verschieden. In kürzerer oder längerer Zeit nach der Beendigung des Abbaues tritt wieder eine Beruhigung der Tagesoberfläche ein.

5.2 Lastannahmen

5.21 Allgemeines

Die bergbaulichen Einwirkungen (vgl. Abschn. 5.1) können ein Bauwerk gleichzeitig absenken, schief stellen, verbiegen und zerren oder pressen, wobei Zerrungen und Pressungen einander ablösen können. Diese Einwirkungen können sich wiederholen, wenn mehrere Flöze nacheinander abgebaut werden. Die hierdurch im Bauwerk entstehenden Kräfte müssen bei seiner Ausbildung und Bemessung berücksichtigt werden. Da ihre Größe für den Einzelfall nicht genau vorausbestimmt werden kann, sind nachstehend Rechnungswerte angegeben, die für die Bemessung zugrunde zu legen sind, soweit nicht im Einzelfall ungünstigere Werte vorgeschrieben werden müssen. Wenn keine anderen Auskünfte seitens des Bergbautreibenden vorliegen, muß bei der Konstruktion der Bauwerke sowohl der Fall der Sattellage (s. Abb. 163, Zerrungszonen) als auch der Fall der Muldenlage (s. Abb. 163, Pressungszone) zugrunde gelegt werden.

5.22 Kräfte aus der Schiefstellung des Bauwerks

Ist ein Bauwerk nicht hinreichend durch genügend steife Wände in zwei etwa senkrecht zueinanderstehenden Richtungen ausgesteift, so muß es neben etwaigen anderen waagerechten Kräften auch für die Aufnahme einer beliebig gerichteten waagerechten Kraft bemessen werden, deren Größe zu 1% aller über dem betrachteten waagerechten Schnitt angreifenden lotrechten Lasten anzunehmen ist. Der Angriffspunkt dieser Kraft ist im Schwerpunkt der anfallenden lotrechten Lasten anzunehmen.

5.23 Biegekräfte

Der *kleinste* Krümmungshalbmesser R von Senkungsmulden ist etwa 500 m. Für die Abschätzung der ungleichen Senkungen und lotrechten Verbiegungen eines Bauwerkes infolge des Bergbaues kann der Krümmungshalbmesser R der Senkungsmulde im allgemeinen aber für die Sattellage zu 2000 m und für die Muldenlage zu 5000 m angenommen werden, wenn nicht im Einzelfall auf Grund des Abbauvorganges ein geringeres Maß angenommen werden muß. Es ist zu beachten, daß der Mittelpunkt dieser Krümmung bei der Muldenlage über und bei der Sattellage unter der Gründungssohle liegt (s. Abb. 163).

Betrachtet man nur den auf eine Gebäudelänge entfallenden Teil einer Senkungskurve, so kann man ihn mit hinreichender Genauigkeit durch einen Kreis oder eine Parabel ersetzen. Die Größe der lotrechten Verbiegung wächst etwa mit dem Quadrat der Grundrißabmessungen des betreffenden Bauwerkes oder Bauwerkteiles.

Senkungsmulden mit kleinerem Krümmungshalbmesser als oben angegeben, werden im allgemeinen nicht durch den Bergbau verursacht, sondern sind meist die Folge ungleichförmigen oder örtlich überlasteten Baugrundes (vgl. DIN 1054: Gründungen — Richtlinien für die zulässige Belastung des Baugrundes).

Bei Senkungsmulden ohne Abtreppungen kommt es nur bei biegesteifen Baukörpern vor, daß ein Teil ihrer Grundkörper hohl liegt. Bei Abtreppungen kann das auch bei anderen Baukörpern, z. B. Mauerwerks- und Gerippebauten, vorkommen. Die Größe der hierbei entstehenden freien Stützweite oder Kraglänge hängt ab vom Grade der Eigensteifigkeit des Bauwerks und von der Festigkeit des Bodens.

Sind Abtreppungen zu erwarten, so kann man ihren schädlichen Auswirkungen dadurch begegnen, daß man das Bauwerk durch besonders eng liegende Fugen sehr stark unterteilt (Abschn. 5.443) oder eine sehr nachgiebige Bauart wählt (Abschn. 5.441) und eine schmiegsame Bettungsschicht einbaut (vgl. a. Abschn. 5.72) oder eine Vollsicherung anwendet (Abschn. 5.7).

Die Biegebeanspruchung, die durch Hohlliegen von Grundkörpern infolge von Abtreppungen zu erwarten ist, ist für Grenzfälle zu untersuchen, und zwar sowohl für die Hauptachsen als auch für eine Beanspruchung des Bauwerkes über Eck (vgl. a. Abschn. 5.72).

5.24 Waagerechte Zerrungs- und Pressungskräfte

Die im Boden auftretenden waagerechten Zerrungs- und Pressungskräfte werden auf das Bauwerk übertragen (s. Abb. 164) durch

a) *Reibung* an der Unterfläche der Grundkörper und an allen sonstigen vom Erdreich berührten Außenflächen und

b) *Erddruck* an den jeweiligen Stirnseiten der vom Erdreich berührten Bauteile.

Diese Kräfte gefährden die Bauwerke meistens wesentlich mehr als die Senkungsunterschiede (Abschn. 5.23).

Die auf das Bauwerk übergehenden *Reibung*skräfte R sind mit dem Reibungsbeiwert $\mathrm{tg}\,\varrho = \frac{2}{3}$ zu ermitteln. Hierbei sind an der Unterseite der Grundkörper alle lotrechten Auflagerkräfte A zu berücksichtigen, an den Seitenflächen der Erddruck $E = \gamma \cdot \dfrac{h^2}{2} \cdot \mathrm{tg}^2$

$\left(45° - \dfrac{\varrho}{2}\right)$ und etwaige waagerechte Auflagerkräfte. Verzahnungen im Baugrund durch Pumpensümpfe, Becherwerks- und Aufzuggruben u. dgl. sind besonders zu berücksichtigen. Wind- und Schneelast und kurzfristig auftretende Verkehrslasten, z. B. Lasten,

die von Kranen gehoben werden oder nur beim Zusammenbau auftreten, brauchen bei der Ermittlung der Reibungskraft nicht, die in DIN 1055, Bl. 3, Abschn. 6, festgesetzten gleichmäßig verteilten Verkehrslasten im allgemeinen nur mit einem Viertel ihres Wertes, bei Warenhäusern, Fabriken und Werkstätten nur zur Hälfte in Rechnung gestellt zu werden, während sie bei Büchereien, Archiven, Aktenräumen und anderen Lagerräumen, besonders in Lagerhäusern, in voller Höhe berücksichtigt werden müssen.

Der an der jeweiligen Stirnseite des Bauwerks wirkende *Erdwiderstand* E_p ist mit Rücksicht auf die Kohäsion anzunehmen zu

$$E_p = \gamma \cdot h^2 \cdot tg^2\left(45° + \frac{\varrho}{2}\right).$$

Eine Abweichung von den oben angegebenen Reibungs- und Erddruckkräften ist nur dann zulässig, wenn von einer anerkannten Versuchsanstalt entsprechende Nachweise geführt werden oder wenn durch besondere Maßnahmen sichergestellt wird, daß nur geringere Kräfte vom Boden her in das Bauwerk übertragen werden.

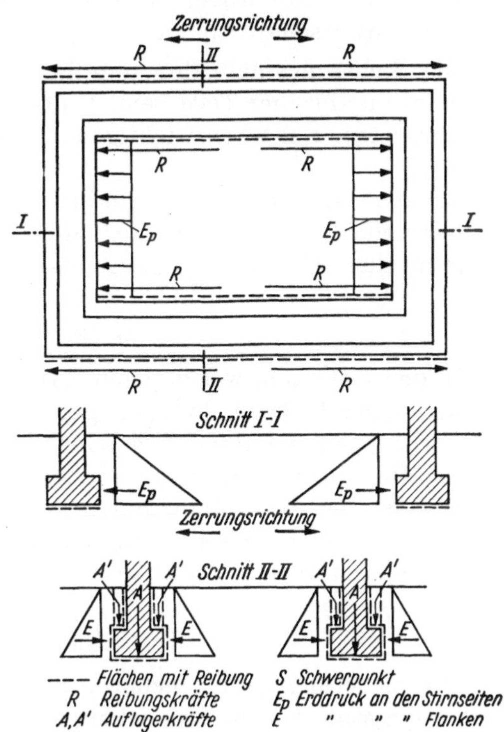

Abb. 164. Zerrungskräfte am Bauwerk

Der Reibungsbeiwert $tg\,\varrho = \dfrac{2}{3}$ schließt die Wirkung der etwa zwischen Baugrund und Bauwerk wirkenden Haftspannung ein. Bei sehr leichten Bauwerken, z. B. Rohrleitungen im Erdreich, Fahrbahnplatten, Gartenmauern usw., die von bindigem Boden berührt werden, müssen die Haftspannungen besonders berücksichtigt werden, und zwar im allgemeinen mit einem Betrag von 1 t/m² der Berührungsfläche.

5.25 Richtung und Grenzwerte der Kräfte

Bei der Bemessung der Bauwerke ist davon auszugehen, daß alle vom Bergbau herrührenden Kräfte in jeder beliebigen Richtung wirken und daß an jeder Stelle des Bauwerks Zerrungen und Pressungen, Sattellage und Muldenlage auftreten können. Für die Ausbildung und Bemessung jedes einzelnen Bauteiles ist ferner zu beachten, daß der Höchstwert seiner überhaupt möglichen Belastung und Beanspruchung durch die Festigkeit des schwächsten Bauteiles bestimmt wird, der sich zwischen dem Angriffspunkt der Kräfte nach Abschn. 5.23 und 5.24 und dem untersuchten Bauteil befindet. Mauerwerkswände übertragen z. B. senkrecht zur Wandebene wegen ihrer geringen Biegesteifigkeit nur geringe Kräfte, während in Richtung der Wandebene erhebliche Kräfte weitergeleitet werden können.

5.3 Grad der Bergschädensicherung
5.31 Allgemeines

Schädliche Einwirkungen des Bergbaues auf die Bauwerke können außer durch bergbauliche Maßnahmen und durch Maßnahmen der Raumordnung und des Städtebaues durch vorbeugende *bauliche* Maßnahmen eingeschränkt oder vermieden werden (Bergschädensicherung). Notwendigkeit und Umfang dieser baulichen Maßnahmen richten sich nach

a) der Größe und Art der zu erwartenden Bodenverformung,
b) der Bauart, Größe, Form und Empfindlichkeit des geplanten Bauwerkes,
c) der Wirtschaftlichkeit.

Die Sicherungsmaßnahmen müssen die Standsicherheit und Betriebssicherheit des Bauwerks und seiner Teile beim Eintreten von bergbaulichen Einwirkungen ausreichend gewährleisten. Bei lebenswichtigen Anlagen muß die Betriebssicherheit ständig erhalten bleiben.

Bei der Wahl der vorbeugenden baulichen Maßnahmen sind drei Sicherungsstufen zu unterscheiden, von denen die Stufen 1 und 2 Teilsicherungen sind, weil sie Bergschäden nicht in allen Fällen vollständig ausschließen können.

5.32 Sicherungsstufe 1

In den Gebieten, welche nach Auffassung des Bergbautreibenden durch bergbauliche Einwirkungen bedroht sind, genügen im allgemeinen die in Abschn. 5.4 und 5.5 festgelegten vorbeugenden Maßnahmen, sofern der Bergbautreibende keine weitergehenden Sicherungen für erforderlich hält (vgl. Abschn. 5.31).

Soweit über diese Maßnahmen hinaus für besondere Bauwerke oder im Bereich geologisch oder abbautechnisch ungünstiger Verhältnisse im Einzelfalle weitere Sicherungsmaßnahmen notwendig sind, kommen die Sicherungsstufen 2 und 3 in Betracht.

5.33 Sicherungsstufe 2

Zur Sicherungsstufe 2 gehören alle Fälle, in denen die allgemeinen Maßnahmen der Sicherungsstufe 1 nicht ausreichen, z. B. wegen besonderer Empfindlichkeit des betreffenden Bauwerkes gegen die Einwirkungen des Bergbaues, in denen aber eine Vollsicherung gemäß Stufe 3 nicht gefordert werden muß. In Stufe 2 kommen weitere zusätzliche bauliche Maßnahmen nach Abschn. 5.6 in Betracht.

5.34 Sicherungsstufe 3

Sie erfordert eine Vollsicherung, die ein Bauwerk vor jeglicher schädlichen Verformung infolge bergbaulicher Einwirkungen schützt. Diese Bedingung wird auch erfüllt, wenn ein Bauwerk in mehrere selbständige, vollgesicherte Abschnitte aufgelöst wird und die gegenseitige Bewegung der Einzelabschnitte keinen nennenswerten Schaden verursacht. Die Vollsicherung kommt nur für solche Bauwerke in Betracht, die sich wegen ihrer Bauart für die Vollsicherung besonders eignen (Abschn. 5.7).

5.4 Allgemeine Gesichtspunkte für die Anordnung und Ausbildung der Bauwerke

5.41 Planung und Anordnung der Bauwerke

5.411 Wahl des Bauplatzes

Bei der Wahl des Baugeländes innerhalb der von der Raumordnung und der städtebaulichen Planung hierfür vorgesehenen Räume sind, besonders wenn es sich um die Planung größerer Bauvorhaben handelt, die geologischen Verhältnisse (z. B. Gips-, Salz- und Anhydritvorkommen) und die zu erwartenden, durch den Abbau bedingten Verformungen des Baugrundes zu beachten. Diese sind rechtzeitig vom Bergbautreibenden unter Vorlage der allgemeinen Planungsunterlagen vor Inangriffnahme der genauen Bauzeichnungen zu erfragen. Bei wichtigen und umfangreichen Bauvorhaben empfiehlt es sich, unter verschiedenen zur Wahl stehenden Bauplätzen — ausreichende Tragfähigkeit vorausgesetzt — den mit weicherem Baugrund zu bevorzugen und daher zunächst die Eigenschaften des Baugrundes an den in Betracht kommenden Bauplätzen durch Bohrungen oder Schürfgruben eingehend gemäß DIN 1054 zu untersuchen.

5.412 Lage der Hauptachsen

Da die Senkungsunterschiede, besonders aber die waagerechten Bewegungen des Bodens in Richtung des Streichens der Flöze vom Bergbau leichter beeinflußt werden können als in Richtung des Einfallens, sollen die größeren Grundrißabmessungen eines Bauwerks, ferner die Gleis- und Krananlagen möglichst gleichlaufend zur Streichrichtung der Flöze angeordnet werden (vgl. Abb. 165), wenn nicht im Einzelfall mit Rücksicht auf die geologischen Verhältnisse oder die bereits feststehende Abbaurichtung eine andere Stellung zweckmäßig ist.

5.413 Gestalt und Größe

Es sind einfache Baukörper mit möglichst geringer Gliederung anzustreben. An-, Vor-und Verbindungsbauten, wie Garagen und Pförtnerwohnungen sowie Verbindungsflügel, müssen möglichst vermieden werden. Lassen sich diese in besonderen Fällen nicht vermeiden, so sind sie stets durch ausreichend breite Fugen (vgl. Abschn. 5.443) vollkommen vom Hauptbauwerk zu trennen. Das gleiche gilt für Einfriedigungsmauern.

Die Schäden wachsen mit der Größe der Grundrißabmessungen jedes Einzelbauwerkes oder Bauwerkteiles. Im Bergsenkungsgebiet sind daher höhere Bauten mit kleiner Grundfläche den flacheren und breiteren Bauwerken vorzuziehen. Alle Bauwerke im Bergsenkungsgebiet, die nicht entweder eine hinreichende eigene Biegesteifigkeit im Sinne einer

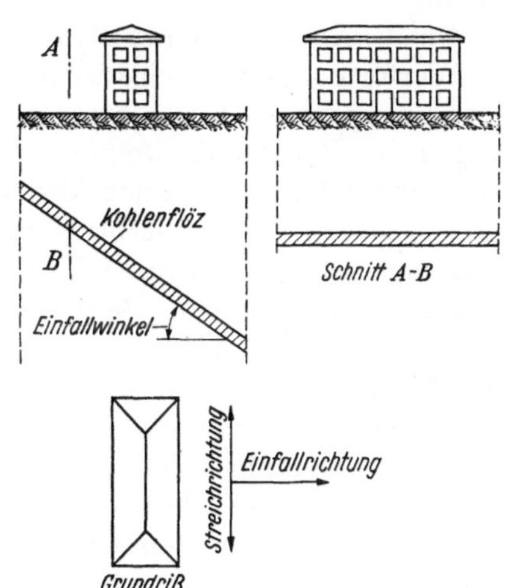

Abb. 165. Zweckmäßige Anordnung eines Gebäudes zur Einfall- und Streichrichtung eines Kohlenflözes

Vollsicherung (Abschn. 5.7) oder eine statisch bestimmte Lagerung besitzen, sollen daher im allgemeinen nicht länger oder breiter als 30 m, höchstens aber 35 m lang und breit sein, oder sie sind in höchstens diesen Abständen durch Fugen (vgl. Abschn. 5.443) in selbständige Abschnitte zu zerlegen. Bei Stahlgerippebauten können größere Längen bis zu 50 m zugelassen werden. Andere Ausnahmen sind nur unter Beachtung der für die Sicherungsstufe 2 vorgeschriebenen Sicherungsmaßnahmen zulässig. An den Trennfugen von Wohn-, Büro- und ähnlichen Gebäuden muß *jeder Gebäudeteil* eine *eigene Abschlußwand* haben, ebenso dort, wo ein solches Gebäude an ein bestehendes Gebäude nachträglich angebaut wird[1].

5.42 Gründung

Im allgemeinen ist selbst auf weicheren, jedoch ausreichend tragfähigen Bodenschichten eine Flachgründung trotz der größeren Eigensetzung einer Tiefgründung vorzuziehen, da diese eine ungünstige Verzahnung im Boden bildet. Alle Forderungen, die auch im bergbaufreien Gebiet bei ungleichmäßigen Setzungen nach DIN 1054 zu erfüllen sind, haben im Bergsenkungsgebiet erhöhte Bedeutung.

---

[1] In der Baupolizeiverordnung des Verbandspräsidenten für den Siedlungsverband Ruhrkohlenbezirk vom 24. 12. 38 ist übrigens auch darauf verwiesen worden, daß gemeinsame Brandmauern nur dann zuzulassen sind, wenn Bodenverhältnisse und Bauart in statischer Hinsicht genügend Sicherheit bieten. Werden die an die Brandmauern angrenzenden Bauwerke nicht gleichzeitig errichtet, bieten die im Bergbaugebiet vorherrschenden Bodenverhältnisse diese Sicherheit im allgemeinen nicht. Der Baugrund enthält meist tonige Bestandteile und erfährt durch die zusätzliche Belastung des nachträglich aufgeführten Bauwerkes eine entsprechende Setzung, welche somit den unmittelbaren Anbau an eine bestehende Brandmauer nach der genannten Verordnung nicht zuläßt.

5.43 Bauart und Baustoffe

Die Bauart jedes Bauwerkes muß den besonderen Beanspruchungen angepaßt sein, die durch den Bergbau entstehen. Auch die gewählten Baustoffe müssen diesen Beanspruchungen gewachsen sein. Bei neuen Baustoffen und Bauarten ist daher die Eignung für ihre Verwendung im Bergbaugebiet stets besonders eingehend zu prüfen.

5.44 Ausgleich der Bewegungen des Baugrundes beim Bauwerk

5.441 Ausgleich der lotrechten Verbiegung des Baugrundes

Betrachtet man die schädlichen Folgen der durch den Abbau verursachten Krümmung der ursprünglichen Gründungsfläche, so muß man zwei Arten von Bauwerken unterscheiden.

Zur *ersten* Art gehören Bauwerke, die an sich biege- und verwindungssteif sind, aber nur Verformungen im elastischen Bereich ertragen und bei stärkeren Verformungen an ihrer schwächsten Stelle brechen. Will man derartige Bauwerke gegen die schädlichen Folgen der Baugrundkrümmung sichern, so muß man sie statisch bestimmt lagern oder als Ganzes oder in einzelnen Abschnitten so steif machen, daß sie etwa entstehende Freilagen (Abschn. 5.23) überbrücken können, ohne zu reißen. Dann erhält man eine Vollsicherung gemäß Abschn. 5.7.

Zur *zweiten* Art von Bauwerken gehören diejenigen, die keine erhebliche Steifigkeit gegen lotrechte Verbiegungen besitzen, wie Mauerwerksbauten und Gerippebauten aller Art. Bei Bauwerken ohne große Eigensteifigkeit nehmen die Schäden mit abnehmender Steifigkeit ab. Daher empfiehlt es sich, derartige Bauwerke möglichst weich, d. h. elastisch oder plastisch nachgiebig auszubilden, so daß sie lotrechten Verformungen des Baugrundes folgen können, ohne den Zusammenhang zu verlieren. Dieses erreicht man durch Wahl zäher, nicht spröder Baustoffe, die das Bauwerk auch bei Überbeanspruchungen durch Zerrungen oder Krümmungen zusammenhalten. Daher ist z. B. ein bewehrter Beton dem unbewehrten stets vorzuziehen. Ferner sind bei allen auf Biegung beanspruchten Bauteilen möglichst geringe Nutzhöhen (geringe Trägheitsmomente) anzustreben. Nützlich sind auch Stahleinlagen im Mauerwerk, weil sie den Baukörper zusammenhalten, ohne ihn biegesteif zu machen. Jegliche Bewehrung verteilt eine auftretende Dehnung auf eine größere Strecke und mildert die Schäden beträchtlich. Diese Maßnahmen führen zur Teilsicherung gemäß Abschn. 5.31.

Am ungünstigsten gegenüber einer Krümmung verhalten sich solche Bauwerke, die weder ausreichend steif noch ausreichend nachgiebig sind.

5.442 Berücksichtigung der Zerrungen und Pressungen des Baugrundes

Die Zerrungen und Pressungen des Baugrundes sind möglichst durch längsverschiebliche Lagerung des Bauwerks oder der Bauteile, u. U. auch durch Anordnung von Gelenken unschädlich zu machen. Wo dies, wie beim Mauerwerksbau, nicht möglich ist, ist der Schaden durch geeignete Maßnahmen auf einen möglichst geringen Teil des Bauwerks, z. B. das Kellermauerwerk, zu beschränken.

Ist das Bauwerk oder der Bauteil nicht statisch bestimmt gelagert, so sind alle Grundkörper, deren gegenseitige Lage durch das Bauwerk festgehalten wird, an den Unterflächen durch eine Papplage oder gleichwertige Maßnahmen vom Erdreich zu trennen, um die Größe der auf das Bauwerk übergehenden Längskräfte zu begrenzen.

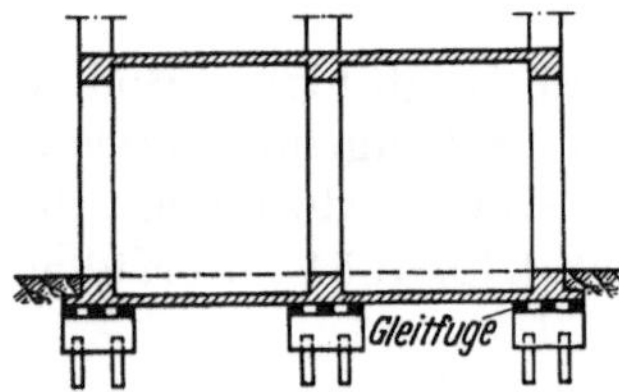

Abb. 166. Trennung von Pfahlgründung und Bauwerk durch Gleitfuge

Zwischen einer Tiefgründung und dem Bauwerk ist eine Gleitfuge (s. Abb. 166) anzuordnen. Hierbei ist zu berücksichtigen, daß die Grundkörper sich gegen das Bauwerk verschieben, das Bauwerk also den dabei auftretenden Beanspruchungen durch waagerechte Reibungskräfte und ausmittig angreifende Stützkräfte gewachsen sein muß.

Rahmen. deren Stiele auf Einzelgrundkörpern stehen (z. B. nach Abb. 167), sind zu vermeiden. Sie müssen statisch bestimmt gelagert werden (Abb. 168), oder es muß der Abstand ihrer Fußpunkte durch eine zug- und druckfeste Verbindung gleichgehalten werden (Abb. 169). Die Abstandssicherung ist bei größeren Abständen der Grundkörper wegen der großen aufzunehmenden Reibungs- und Erddruckkräfte meist unwirtschaftlich. In solchen Fällen sind Zweigelenkrahmen durch Dreigelenkrahmen mit Pendelstützen oder Pendelwänden (Abb. 170) zu ersetzen.

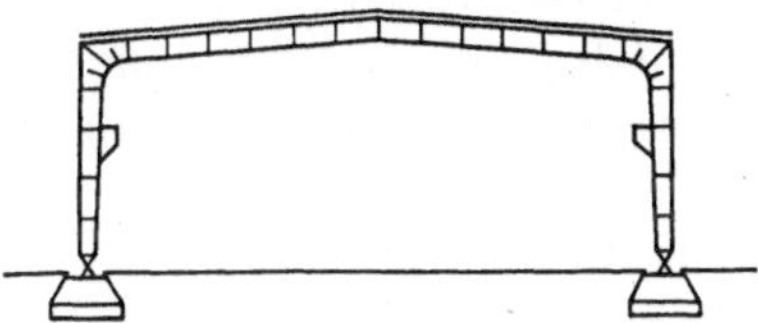

Abb. 167. Zweigelenkrahmen mit Einzelgrundkörpern (falsch)

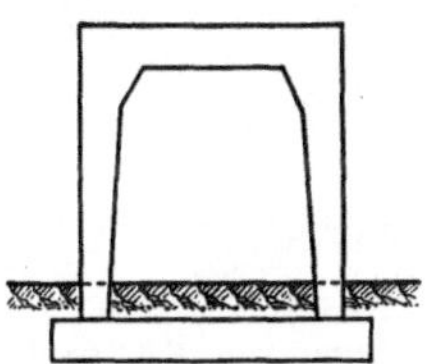

Abb. 169. Rahmen auf Streifengrundkörper mit Zerrungssicherung (richtig)

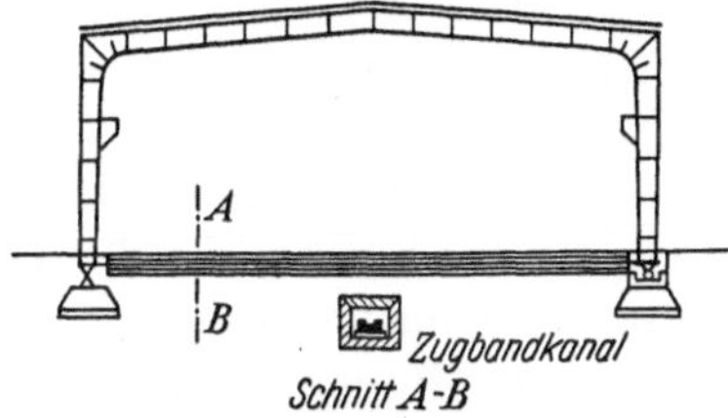

Abb. 168. Zweigelenkbogen mit Zugband, statisch bestimmt gelagert (richtig)

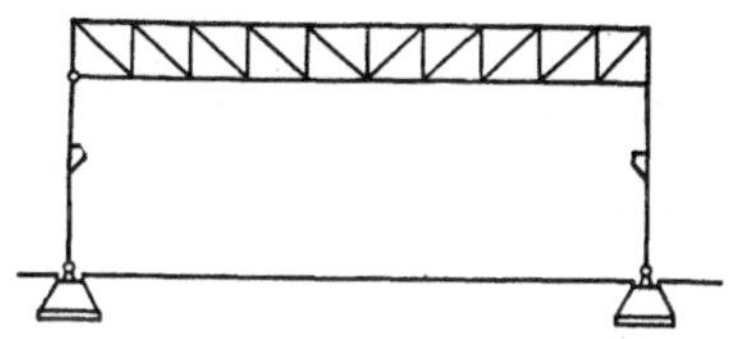

Abb. 170. Dreigelenkrahmen (richtig)

5.443 Abstand der Bauwerke und Fugenbreite (Gebäudespalte)

Benachbarte Bauwerke sind in solchem Abstand voneinander anzuordnen, daß sie sich bei auftretenden Pressungen des Baugrundes oder bei Schiefstellungen der Gebäude nicht gegenseitig beschädigen. Breite und bauliche Ausbildung dieser Abstände und der in Abschn. 5.413 bei Gebäuden mit großer Ausdehnung geforderten Trennfugen (Gebäudespalten) sind so zu wählen, daß die Größe der auf ein Bauwerk oder einen Bauwerksabschnitt entfallenden Zerrungs- und Pressungskräfte begrenzt wird und sich die beiderseits der Fuge anschließenden Bauteile bei Schiefstellung während der Muldenlage der Bauwerke (Abschn. 5.23) nicht berühren.

Die erforderliche Gesamtbreite der Trennfugen (Gebäudeabstand) ist

$$a = a_1 + a_2.$$

Der Anteil a_1 berücksichtigt Zerrungen und Pressungen, der Anteil a_2 Schiefstellungen.

Zur Begrenzung der Zerrungskräfte allein genügt die Anordnung einer Trennfuge mit $a_1 = 0$.

Soll ein durch Fugen abgetrennter Teil eines Bauwerks von allen außerhalb seiner Grundfläche auftretenden Pressungen frei gehalten werden, so muß

$$a_1 = 10 \text{ cm} + \frac{c}{200}$$

sein, wenn der Bergbautreibende nichts anderes angibt. Dabei ist c bei Anordnungen nach Abb. 172 gleich dem Schwerpunktabstand der beiderseits der Fuge (Gebäudespalte) liegenden Bauwerke oder Bauwerksteile, bei Anordnung nach Abb. 171 gleich dem Mittenabstand der festen Auflager.

Können das Bauwerk oder seine Grundkörper auch die Pressung aufnehmen, die unter anschließenden Bauwerken oder Bauabschnitten entstehen, so kann $a_1 = 0$ sein (Abb. 173). Derartige Anordnungen sind in der Regel nur bei einer Gesamtlänge der aneinanderstoßenden Bauwerke bis zu 60 m oder höchstens 100 m möglich. Bei größeren Längen besteht die Gefahr, daß die Bauteile, die die Pressungen aufzunehmen haben, ausknicken oder ausbeulen.

Der Anteil a_2 der Fugenbreite (Gebäudespalte), der die Schiefstellung berücksichtigt, ist

$$a_2 = \frac{l_1 + l_2}{2} \cdot \frac{h}{R}.$$

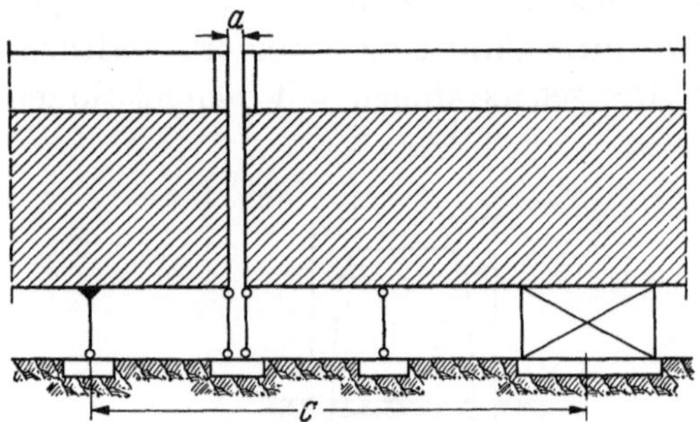

Abb. 171. Zwischenschaltung von Pendelstützen zwischen Bauwerk und Grundkörper

Dabei sind l_1 und l_2 die Längen der an die Trennfuge (Gebäudespalte) anschließenden Bauwerke oder Bauwerksteile (Abb. 173), h die Höhe des niedrigsten an die Fuge anschließenden Bauwerks und R der Krümmungshalbmesser des Baugrundes (Abschn. 5.23). Alle Maße sind in m einzusetzen.

Die lichte Breite der Trennfuge (Gebäudespalte) richtet sich nach dem Krümmungshalbmesser für die *Mulden*lage. Für den Regelfall $R = 5000$ m (Abschn. 5.23) ist

$$a_2 = (l_1 + l_2) \cdot \frac{h}{10\,000}.$$

Für die Länge von Überbrückungen der Trennfugen (Schleppbleche, Dichtung usw.) ist der Krümmungshalbmesser der *Sattel*lage zuständig. Für den Regelfall $R = 2000$ m ist

$$a_2 = (l_1 + l_2) \cdot \frac{h}{4000}.$$

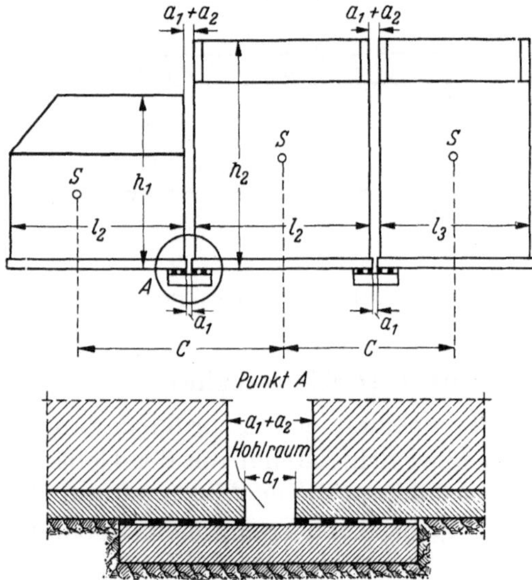

Abb. 172. Gründung unmittelbar auf Streifenfundamenten oder Platten

5.45 Bauliche Ausbildung

5.451 Fugen. Alle Trennfugen sollen möglichst geradlinig verlaufen. Sie müssen durch das ganze Bauwerk einschl. des Daches, der Verkleidungen und der Gründung gehen, mit Ausnahme von Einzelgrundkörpern, auf denen Pendelstützen stehen. Der Zwischenraum der Trennfugen (Gebäudespalten) darf nicht mit Boden, Schutt, Leichtbauplatten oder dgl. ausgefüllt werden, auch nicht teilweise. Überbrückungen der Fugen (Gebäudespalten) durch Schleppbleche, Dichtungen oder dgl. müssen so angeordnet werden, daß sie die Wirkung der Trennfugen nicht beeinträchtigen. Durchgehende Leitungen und Rohre müssen an den Fugen Ausdehnungsvorrichtungen erhalten (vgl. Abschn. 5.56).

5.452 Tür- und Fensterstürze und alle Bauteile, deren Auflager sich bei Bewegungen des Baugrundes verschieben können, müssen besonders große Auflagerlängen erhalten, in

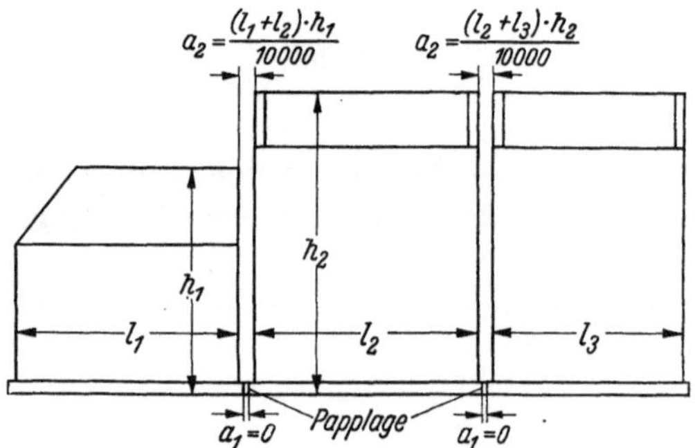

Abb. 173. Gründung auf Streifenfundamenten oder Platten, welche die auf die Gesamtlänge $l_1 + l_2 + l_3$ entfallende Pressung aufnehmen können

der Regel mindestens aber 20 cm oder, wenn die Grundkörper unter der Öffnung nicht zugfest durchgehen, 1% des Schwerpunktabstandes der zugehörigen Grundkörper, wobei jeweils der größere Wert gilt.

5.453 Pilzdecken und gemauerte *Gewölbe* sind bei Bauwerken der Sicherungsstufen 1 und 2 unzulässig, ebenso Bögen, besonders für Fenster- und Türstürze, es sei denn, daß der Abstand der Gewölbewiderlager sich nicht ändern kann, wofür ein Nachweis zu erbringen ist.

5.454 Maschinen- und Ofengrundkörper. Die Grundkörper von Maschinen, Kesseln, Öfen, Einzelschornsteinen usw., welche unmittelbar auf dem Baugrund stehen (nicht auf Bühnen, Decken oder auf durchgehenden, für die Aufnahme der Zerrung und Pressung bemessenen Stahlbetonplatten), sind vom übrigen Bauwerk und seinen Grundkörpern durch ausreichend breite Fugen (Abschn. 5.442 und 5.443) zu trennen. Die Ausbildung der Fugen muß Abb. 172, Punkt *A*, nach Abschn. 5.443 entsprechen. Bei sehr langen Öfen ist außerdem nach Abschn. 5.57 zu verfahren.

5.455 Nachstellbarkeit innerer Einrichtungen. Befinden sich in einem Bauwerk Einrichtungen, welche kein Schiefstellen des Bauwerks vertragen, z. B. Aufzüge, Fahrstühle, Kranbahnen, Maschinen, Torsäulen usw., so müssen ihre Befestigungen nachstellbar sein. Öffnungen in den Decken und Wänden, die zur Durchführung von nachstellbaren Einrichtungen dienen, müssen von vornherein entsprechend größer bemessen werden.

5.456 Grundwasser, Wasserversorgung, unterirdische Behälter. Die Dichtung eines Bauwerks gegen Grundwasser macht im Bergsenkungsgebiet stets große Schwierigkeiten. Wenn irgend möglich, soll man daher die Kellersohle oberhalb des nach Markscheidergutachten später zu erwartenden u. U. höheren Grundwasserspiegels legen oder bei vorhandener Vorflut eine Entwässerung vorsehen. Bei fehlender Vorflut ist eine besondere Pumpenanlage erforderlich. Einzelbrunnen sind wegen der Gefahr des Wasserentzuges durch den Bergbau ungeeignet für die Wasserversorgung.

Abortgruben und unterirdische Wasserbehälter und Klärgruben müssen mindestens 2 m von Kellern oder von Gebäuden für den dauernden Aufenthalt von Menschen entfernt sein und dürfen keinen baulichen Zusammenhang mit diesen Gebäuden haben.

5.5 Besondere Richtlinien für Bauten der Sicherungsstufe 1
5.51 Mauerwerksbauten

5.511 Unterste Decke. Bei Mauerwerksbauten ist die unterste Decke stets in fugenlosem Stahlbeton auszuführen. Diese Decke muß bis nahe zu den Außenflächen der Umfassungswände reichen. Massivdecken zwischen I-Trägern oder aus Stahlbetonfertigteilen sind nur dann als gleichwertig anzusehen, wenn die Träger an den Auflagern zug- und druckfest miteinander verbunden und mit dem Mauerwerk besonders verankert werden. Hierzu kann bei drei- und mehrgeschossigen Gebäuden der in Abschn. 5.513 vorgesehene Ankerbalken herangezogen werden.

5.512 Aufnahme der Zerrungs- und Pressungskräfte. Ist die Breite oder die Länge des Bauwerkes größer als 12 m, so ist rechnerisch nachzuweisen, daß Zerrungs- und Pressungskräfte nach Abschn. 5.24 vom Bauwerk ohne Überschreitung der zulässigen Spannungen (Abschn. 5.8) aufgenommen werden können, und zwar in der Ebene der Grundkörper oder der untersten Decke (z. B. Kellerdecke). Das letzte ist in der Regel etwas billiger, hat aber zur Voraussetzung, daß eine Beschädigung der Kellergeschoßwände die Sicherheit und die Verwendung des Bauwerks nicht gefährdet. Die Sicherung in der Gründungsebene geschieht durch Anordnung einer Stahlbetonplatte in Höhe der Kellersohle, die so bewehrt ist, daß sie die zu erwartenden Längskräfte aus Zerrung und Pressung, aber keine lotrechten Biegemomente aufnehmen kann. Grundkörperstreifen unterhalb der Platte sind durch eine Gleitfuge (Papplage) abzutrennen (Abb. 174).

Häufig erübrigen sich jedoch besondere Grundkörperstreifen, da die Stahlbetonplatte bei entsprechender Bewehrung die anfallende Last auf eine ausreichende Breite verteilt (vgl. Abb. 175).

5.513 Ankerbalken. Bei Mauerwerksbauten mit drei und mehr Vollgeschossen empfiehlt es sich, in Höhe sämtlicher Decken in allen Umfassungs-, deckentragenden Innen- und mindestens 25 cm dicken aussteifenden Querwänden, z. B. in Wohnungstrennwänden,

Brandwänden und Treppenhauswänden, Ankerbalken anzuordnen, auch wenn sie in DIN 1053 nicht gefordert sind[1]. Die Ankerbalken sind an den Schnittpunkten miteinander zug- und druckfest zu verbinden und mit den Decken zu verankern.

Ankerbalken sind nicht erforderlich bei fugenlosen Stahlbetondecken, wenn diese über die ganze Bauwerksgrundfläche durchlaufen und mit ihrer Bewehrung bis zur Außenkante der Außenwände, bei einer Verblendung bis zu dieser reichen, und wenn ihre Hauptbewehrung und die Verteilungsstäbe in beiden Richtungen ungestoßen durchlaufen oder nach DIN 1045, § 14, Ziff. 1c, gestoßen sind.

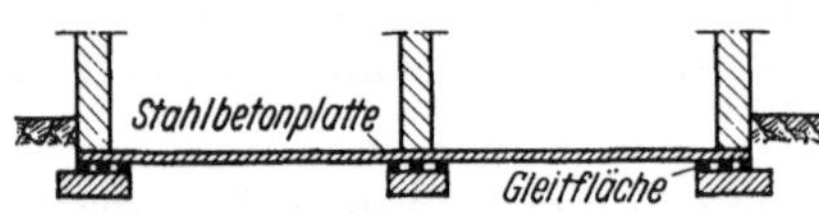

Abb. 174. Zerrungssicherung mit durchgehender Stahlbetonplatte

Abb. 175. Fortfall von Grundkörperstreifen

Die Ankerbalken sind in der Regel aus Stahlbeton herzustellen und werden zweckmäßig mit den Fensterstürzen vereinigt. Bei Außenwänden muß auch im Bereich der Ankerbalken der in DIN 4108 vorgeschriebene Wärmeschutz vorhanden und ein sicheres Haften des Außenputzes gewährleistet sein.

Für die Ankerbalken muß mindestens Beton B 160 verwendet werden. Wird bei kleineren Ausführungen die Würfelfestigkeit W_{28} nicht nachgewiesen, so muß der Beton mindestens 300 kg Zement je m³ fertigen Betons enthalten.

Die Bewehrung der Ankerbalken ist so aufzuteilen, daß in jedem Balken mindestens 4 Bewehrungsstäbe bei Betonstahl I mit einem Durchmesser von mindestens 16 mm, bei anderem Betonstahl mit entsprechendem Querschnitt oder eine größere Zahl dünnerer Bewehrungsstäbe mit gleichem Gesamtquerschnitt liegen. Die Stöße der Bewehrungsstäbe sind gegeneinander zu versetzen. Sollen die Bewehrungsstäbe durch Überdecken gestoßen werden, so dürfen auf 1 m Balkenlänge höchstens 2 Stäbe gestoßen werden. Die Überdeckungslänge muß mindestens 0,75 m betragen, wenn sich nicht nach DIN 1045, §14, Ziff. 1c, größere Längen ergeben. An den Schnittpunkten der Ankerbalken sind die Bewehrungen sicher zu verankern (vgl. Abb. 176).

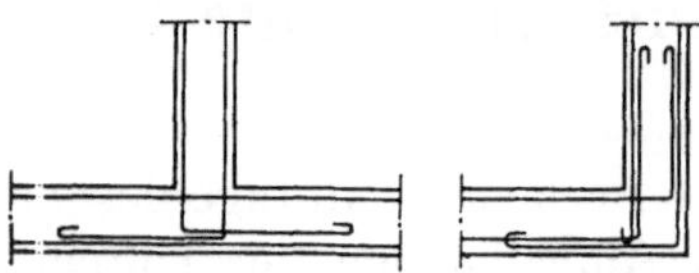

Abb. 176. Eckbewehrung von Ankerbalken

5.52 Gerippebauten und durchlaufende Träger

Bei Gerippebauten sind die Träger und Unterzüge der einzelnen Stränge zug- und druckfest miteinander zu verbinden. Zu diesem Zweck sind bei Stahlgerippen die Träger an den Stützen und Unterzügen mit Laschen zu verbinden, bei Stahlbetongerippen ist über den Stützen eine ausreichende Zahl von Bewehrungsstäben durchzuführen, deren Gesamtquerschnitt mindestens den Angaben in Abschn. 5.513 entspricht. Alle größeren Glasflächen sind durch geeignete Maßnahmen, z, B. durch Fugen oder gelenkige Aufhängung, vor Zerstörungen zu schützen.

5.53 Steife Scheiben

Enthalten Bauwerke steife Scheiben größerer Länge und mit erheblicher Biegefestigkeit in lotrechter Richtung, z. B. Wände von Kaminkühlern, Kläranlagen, offenen Behältern, Rinnen usw., so sind diese durch zusätzliche Trennfugen zu unterteilen, wenn die Scheiben nicht statisch bestimmt gelagert sind oder zur Vollsicherung (vgl. Abschn. 5.7) des Bauwerkes herangezogen werden.

---

[1] Werden die Wände ausnahmsweise aus großflächigen Bauteilen, z. B. geschoßhohen Bauplatten, oder die Decken oberhalb des Erdgeschosses aus Fertigteilen gebildet, so sind Ankerbalken in allen Geschossen, auch in weniger als dreigeschossigen Bauten, erforderlich.

5.54 Rahmen

Für die Ausbildung von Rahmen ist Abschn. 5.442 zu beachten.

Säulen, die durch waagerechte Bewegungen des Baugrundes unmittelbar gefährdet werden, sind in der Regel oben und unten mit Gelenken anzuschließen. Bei besonders schlanken Stielen von Hallen u. dgl. kann auf die Ausbildung von Gelenken in den Fuß- und Rahmenpunkten verzichtet werden, wenn nachgewiesen wird, daß die betreffenden Stiele mit den in Abschn. 5.82 angegebenen höheren zulässigen Spannungen in der Lage sind, einer Änderung von $\pm\,a = 10\ \text{cm} + \frac{1}{2}\,\%$ des Schwerpunktabstandes der Grundkörper zu folgen.

5.55 Hallen- und ähnliche Ingenieurbauten

Hierfür wählt man in der Binderebene zur Vermeidung der kostspieligen Abstandshaltung Tragwerke mit statisch bestimmter Lagerung. In der Wandebene kann man ebenso verfahren, besonders wenn die Ausmauerung im unteren Teil der Wand fehlt. Reicht die Ausmauerung bis zum Grundkörper, so sichert man den Abstand der Fußpunkte der Stiele in der Wandebene durch ausreichend bewehrte Streifengrundkörper. Da die erforderliche Bewehrung mit dem Quadrat der Länge der zusammengefaßten Bauwerksteile wächst, unterteilt man sie durch Fugen, deren Ausbildung und Breite den Darlegungen von Abschn. 5.443 entspricht (vgl. Abb. 172).

Bei Kranbahnstützen, die gleichzeitig Hallenstützen sind, ist eine Fußeinspannung in der Binderebene im allgemeinen zu vermeiden. Ist eine solche Einspannung z. B. bei einzelstehenden Kranbahnstützen nicht zu umgehen, so muß die Auflagerung der Kranbahnträger nach allen drei Richtungen des Raumes nachstellbar sein, und zwar so, daß alle zu erwartenden Bewegungen des Auflagerpunktes ausgeglichen werden können.

5.56 Rinnen und Rohre

Bei allen zur Abführung von Flüssigkeiten dienenden Rohren und Rinnen, welche nicht unter Druck stehen, muß das Gefälle mindestens 1% größer gewählt werden als an sich nötig wäre. Ist eine solche Vergrößerung des Gefälles betrieblich nicht erwünscht (z. B. bei Überlaufrinnen von Kläranlagen), so müssen Vorrichtungen zum späteren Nachregeln getroffen werden.

Rohrleitungen sind möglichst frei zu verlegen. In allen Leitungen, mit Ausnahme von Bleirohren, müssen in angemessenen Abständen, die sich nach der Bauart des Bauwerkes und nach der Betriebsart richten, ausreichende Ausdehnungsvorrichtungen eingebaut werden, z. B. an Bauwerksfugen, an Krümmungen und an Stellen, an denen Risse zu erwarten sind, ebenso an Anschlußstellen von Erdleitungen an Bauwerke. Es empfiehlt sich außerdem, an diesen Anschlußstellen Schächte vorzusehen, um das Beobachten und Ausbessern der Anschlüsse zu erleichtern. Erdleitungen für Gas und Wasser u. dgl. sind möglichst an den Stößen zu schweißen oder mit nachgiebigen Muffenverbindungen herzustellen.

5.57 Innere Einrichtung

Maschineneinrichtungen einschließlich der Hebezeuge, Schienen, Fördervorrichtungen, Klapp- und Schiebetore, Heizungs-, Gas- und Flüssigkeitsrohre müssen sich der Verformung des Baugrundes und der dadurch bedingten Verformung des Bauwerkes und der Bauteile anpassen können. Ist z. B. nach der Bauart der Kranbahnstützen eine Änderung der Spurweite der Kranschienen möglich, so müssen die Krane einen ausreichenden Überstand über die Laufräder erhalten, um ein Herunterfallen des Krans zu verhüten. Wenn nötig, sind die Laufkrane außerdem mit Klauen zu versehen, die außen über die Kranbahnträger fassen. Auf die Seitensteifigkeit der Kranbahnen (DIN 120) ist in Bergbaugebieten besonders zu achten.

Die Befestigung von festen oder beweglichen Einrichtungen oder von Maschinen darf die baulichen Maßnahmen für die Bergschädensicherung (z. B. Trennfugen) nicht unwirksam machen; daher ist z. B. bei Hallentoren die Torführung unten, der notwendige lotrechte Spielraum oben anzuordnen, da bei oben aufgehängten Toren vielfach der zum Ausgleich von Senkungen vorgesehene Spielraum im Fußboden durch Verunreinigung unwirksam wird. Falttore von größerer Breite sind im allgemeinen unzulässig.

5.58 Bauten im Grundwasser

Läßt sich eine grundwasserfreie Lage des Kellers oder anderer Räume nicht ermöglichen (vgl. Abschn. 5.456), so ist die Anordnung einer Zerrungssicherung (vgl. Abschn. 5.24 und 5.442) in der Bauwerkssohle erforderlich. Ferner müssen alle Bauwerke ohne eigene Biege- und Verdrehungssteifigkeit eine nachgiebige Dichtung erhalten. Geklebte Dichtungen geben den im Grundwasser befindlichen Außenflächen auf die Dauer keinen ausreichenden Schutz, da sie beschädigt werden, wenn sich der Baugrund gegenüber dem Bauwerk verschiebt. Bei Stahlbetonbauten ist eine wasserdichte Ausführung des Betons einer äußeren Dichtung vorzuziehen. Die Trennfugen (Bauspalten) zwischen zwei Stahlbeton-Baukörpern sind durch zwei gefaltete Bleche (möglichst aus Kupfer) abzudichten.

5.59 Brücken

Brücken sind für eine spätere Hebung (vgl. a. Abschn. 5.67) einzurichten und statisch bestimmt zu lagern. Dreigelenkbogen und als solche berechnete Gewölbe sind jedoch unzulässig. Fugen an waagerecht verschieblichen Auflagern müssen zum Ausgleich der waagerechten Baugrundbewegung einen waagerechten Spielraum haben von $\pm 1\%$ der Entfernung der nächstgelegenen festen Auflager oder Anschlüsse, mindestens aber von ± 20 cm. Auch an den festen Auflagern muß ein ausreichender Zwischenraum zwischen Brückenende und Widerlager bleiben. Alle Auflagerbänke, besonders die an den verschieblichen Auflagern, müssen so groß sein, daß sie für die zu erwartenden Bewegungen der Brücke infolge der Einwirkungen des Bergbaues ausreichen.

Bei der Bemessung der Pfeiler und Widerlager ist die zu erwartende Verlagerung der Auflagerkräfte infolge der waagerechten Baugrundbewegungen und einer Schiefstellung der Pfeiler und Widerlager um 1% zu berücksichtigen, ebenso die Lastvermehrung bei einer Hebung der Brücke. Bei der Ausbildung der Fahrbahntafel ist zu beachten, daß bei verschiedenartiger Schiefstellung der Pfeiler und Widerlager eine Verwindung entsteht. An den Widerlagern sind die Flügel durch Fugen abzutrennen oder aus den Widerlagern frei auszukragen.

5.6 Besondere Richtlinien für Bauten der Sicherungsstufe 2

5.61 Allgemeines

Für die Sicherungsstufe 2 gelten die Vorschriften des Abschnittes 5.5, soweit nachstehend nichts anderes bestimmt wird.

Eine erhöhte Sicherheit für ein Bauwerk läßt sich erzielen:

a) durch weitere zusätzliche bauliche Maßnahmen (Abschn. 5.62 bis 5.66) und

b) durch Anordnung von waagerecht oder lotrecht nachstellbaren Auflagern oder Gelenken (Abschn. 5.67).

Das Verfahren nach b) setzt eine markscheiderische Überwachung des betreffenden Bauwerkes und eine Nachregelung voraus.

Es empfiehlt sich auch bei anderen größeren Bauwerken, die starken Einwirkungen des Bergbaues ausgesetzt sind, die gegenseitige Höhenlage und Entfernung der wichtigsten Auflagerpunkte sofort nach Fertigstellung und anschließend in angemessenen Abständen durch Messungen festzustellen (vgl. auch DIN 4107: Beobachtung der Bewegungen entstehender und fertiger Bauwerke — Richtlinien).

5.62 Mauerwerks- und Gerippebauten

Mauerwerks- und andere Bauten mit tragenden gemauerten Wänden und frei aufliegenden Deckenträgern sind unzulässig. Sie sind durch Gerippebauten zu ersetzen.

Bei Gerippebauten sollen die zur Aussteifung dienenden Deckenträger und Unterzüge aus dem gleichen Baustoff wie das tragende Gerippe bestehen. Die unterste Decke (z. B. Kellerdecke) ist jedoch entsprechend Abschn. 5.511 stets in Stahlbeton auszuführen. Das Gerippe muß waagerecht in jedem Geschoß durch ausreichend steife Deckenplatten oder durch Fachwerkverbände, mit denen es fest zu verbinden ist, sorgfältig ausgesteift werden.

5.63 Rahmentragwerke

Bei Rahmentragwerken ist im Gegensatz zur Sicherungsstufe 1 die Ausnutzung der federnden Verformung zur Vermeidung von Gelenken (Abschn. 5.54) unzulässig. Alle zur Erreichung der statisch bestimmten Lagerung notwendigen Gelenke müssen bauingenieurmäßigen Anforderungen genügen (Punkt- oder Linienkipplager usw.).

Im Stahlbetonbau genügt es in der Regel, die erforderlichen Gelenke durch Einschnürung des Betonquerschnittes und durch entsprechende Führung der Bewehrung in üblicher Weise auszubilden. Nur bei großen Abmessungen und großen Stützkräften sind die Gelenke und Auflager in Stahl auszuführen.

5.64 Fugen

Die Fugen zwischen zwei Bauwerken oder Bauwerksteilen dürfen nicht verspringen, sondern müssen in einer Ebene verlaufen. Diese Führung der Fugen verlangt eine klare und möglichst regelmäßige Bauform und Grundrißgestaltung.

5.65 Krümmung des Baugrundes

Der Einfluß der Krümmung des Baugrundes (vgl. Abschn. 5.23) muß für die wesentlichen Tragteile statisch nachgewiesen werden. Dabei genügt es, wenn eine Krümmung des Baugrundes gemäß Abschn. 5.23 in beiden Hauptachsrichtungen, nicht aber auch über Eck angenommen wird. Bei Gerippebauten bleibt hierbei die versteifende Wirkung der Ausmauerung außer Ansatz. Abgesehen von den gewollt schwachen Stellen, welche gegebenenfalls zu Bruch gehen sollen, muß die Beanspruchung der Haupttragteile unter Berücksichtigung des Einflusses der Verbiegung des Baugrundes in den Grenzen von Abschn. 5.82 bleiben. Für tragende Mauerwerkswände ist ein solcher Nachweis einstweilen noch nicht erforderlich (Abschn. 5.81).

5.66 Berücksichtigung der Zerrung und Pressung des Baugrundes

Bei allen Bauwerken mit statisch unbestimmter Lagerung müssen alle auf das Bauwerk übergehenden Kräfte infolge der Zerrung oder Pressung des Baugrundes in der ganzen Grundrißausdehnung in einer einzigen waagerechten Ebene aufgenommen werden. Hierzu eignet sich besonders die Anordnung einer Stahlbetonplatte oberhalb der Grundkörper (vgl. Abb. 174).

5.67 Nachstellbarkeit der Bauwerke

Soll ein Bauwerk dadurch in erhöhtem Maße gesichert werden, daß Vorrichtungen zum Nachstellen des ganzen Bauwerkes eingebaut werden, so müssen alle wesentlichen Bauteile, deren Schutz die Einordnung in die höhere Sicherheitsstufe verlangt, in die Hebungsmöglichkeit einbezogen werden (wegen Brücken vgl. Abschn. 5.59). Ob ein Auflager oder Gelenk in einer oder zwei Richtungen nur waagerecht oder lotrecht, oder ob es in allen drei Richtungen nachgestellt werden muß, ergibt sich aus der Bauart und den

Abmessungen des Bauwerkes. Bei Stahlbetonbauten sind die Füße oder Gelenke an den Hubstellen im allgemeinen in Stahl auszuführen.

Die Grundkörper dieser Bauwerke sind so breit zu machen, daß die Auflagerpunkte ohne Überschreitung der zulässigen Kantenpressung seitlich verschoben und auch Hebevorrichtungen aufgestellt werden können.

5.7 Besondere Richtlinien für Bauten der Sicherungsstufe 3

5.71 Arten der Vollsicherung

Über den Anwendungsbereich vgl. Abschn. 5.3. Bei der Vollsicherung unterscheidet man vier Arten.

5.711 Einflächenlagerung. Sie eignet sich für Bauwerke, die eine Grundfläche von verhältnismäßig geringem Ausmaß und von möglichst quadratischer, kreisrunder oder zyklisch-symmetrischer Form und hohe, in sich geschlossene Wände besitzen, die dem Bauwerk eine große Eigensteifigkeit verleihen, z. B. hohe kreisrunde oder rechteckige Behälter und Silos, Maschinengrundkörper von gedrungener Form, Backöfen usw.

5.712 Zweiflächenlagerung. Sie läßt sich hauptsächlich nur für Bauwerke mit länglichem Grundriß anwenden, die im übrigen die in Abschn. 5.711 angegebenen Eigenschaften haben, z. B. längliche Maschinengrundkörper, längliche Behälter mit hohen Wandungen usw.

5.713 Dreipunktlagerung. Sie eignet sich besonders für Bauwerke, die oberhalb der Grundkörper eine über der ganzen Grundfläche durchgehende Scheibe haben, deren Träger möglichst im Dreiecksverband anzuordnen sind.

Die drei Grundkörper erfordern entweder eine Abstandshaltung oder besondere Gleitlager, so daß bei waagerechter Baugrundverformung nur die Reibungskräfte der Lager in das Bauwerk übertragen werden. Die Gleitlager lassen sich auch durch Pendelstützen und -wände ersetzen.

5.714 Unterteilung eines Bauwerkes durch Fugen oder Gelenke in einzelne vollgesicherte Abschnitte, welche ihrerseits nach Abschn. 5.711 bis 5.713 gelagert werden können. Diese Lösung ermöglicht es, auch Bauwerke von großen Grundrißabmessungen mit wirtschaftlich vertretbaren Mitteln voll zu sichern, setzt aber eine zweckentsprechende Planung der Bauform und Grundrißgliederung voraus. Die Breite der Fugen zwischen den einzelnen Abschnitten muß Abschn. 5.443 entsprechen.

5.72 Beanspruchung des Baugrundes und statischer Nachweis

Ist der Baugrund sehr fest und spröde, so empfiehlt es sich, bei schweren Bauten mit hohen Bodenpressungen ein Ausgleichpolster aus bildsamem Ton oder bildsamem Lehm aufzubringen, um ein Einschneiden der Grundkörper bei ungleichmäßiger Baugrundsenkung zu ermöglichen. Diese Maßnahme hat aber nur dann Erfolg, wenn das Ausgleichpolster dauernd ausreichend feucht bleibt.

Sind Abtreppungen zu erwarten (vgl. Abschn. 5.1 und 5.23), so ist die Bodenpressung im Rahmen des Zulässigen (vgl. DIN 1054) möglichst hoch zu wählen, damit ein Teil des Senkungsunterschiedes durch Einpressen der Grundkörper in dem Rücken der Abtreppungen unschädlich gemacht wird. Die Grundlagen für die Anwendung hoher Bodenpressungen sind in solchen Fällen durch besonders eingehende Bodenuntersuchungen gemäß DIN 1054 zu schaffen.

Die Größe der jeweils möglichen Freilage hängt von der Festigkeit des Bodens ab. Es müssen die Grenzfälle der inneren und äußeren Freilage in Richtung der Hauptachsen des Bauwerkes und auch übereck untersucht werden. Eine Näherungsrechnung mit willkürlich angenommener Freilage ist unzureichend. Die Biegemomente sind jeweils bis zum Querkraftwechsel zu verfolgen.

5.8 Zulässige Beanspruchung der Baustoffe

5.81 Allgemeines

Diejenigen Bauteile, die sowohl die allgemeinen Aufgaben der Standsicherheit als auch solche der Bergschädensicherung zu erfüllen haben, müssen sowohl für die allgemein vorgeschriebenen Lastfälle, als auch in getrennter Rechnung für die gleichzeitige Beanspruchung durch bergbauliche Einwirkungen untersucht und bemessen werden. Im ersten Falle dürfen die allgemein festgesetzten zulässigen Spannungen, im zweiten Fall die in Abschn. 5.82 angegebenen nicht überschritten werden, soweit nicht aus anderen Gründen, z. B. wegen der Dichtigkeit von Behältern, niedrigere Spannungen eingehalten werden müssen.

5.82 Zulässige Spannungen bei Berücksichtigung der Einwirkungen des Bergbaues

5.821 Stahl

5.8211 *Baustahl* (vgl. DIN 1050 und 120)

   St. 37.12 und Handelsbaustahl 2200 kg/cm²

   St. 52   3400 kg/cm²

5.8212 *Betonstahl* (vgl. DIN 1045 und 4225)

   Betonstahl I 2200 kg/cm²   Betonstahl III 4000 kg/cm²

   Betonstahl II 3400 kg/cm²   Betonstahl IV 5000 kg/cm²

Für Spannstahl bei Spannbeton die in DIN 4227 zugelassenen Spannungen (keine Spannungserhöhung).

5.8213 *Bei Überbauten von Straßen- und Eisenbahnbrücken.* Die in DIN 1075 und in der BE angegebenen zulässigen Spannungen (keine Spannungserhöhung).

5.822 Beton

5.8221 *Stahlbeton* (Brücken s. Abschn. 5.8223).

Die doppelten Werte der in DIN 1045, Tafel V, und DIN 4225, Tafel II, angegebenen zulässigen Spannungen.

Bei Spannbeton die in DIN 4227 angegebenen zulässigen Spannungen (keine Spannungserhöhung).

5.8222 *Unbewehrte Betonbauten* (Brücken s. Abschn. 5.8223). Die in DIN 1047 angegebenen Werte (keine Spannungserhöhung).

5.8223 *Bei Überbauten von Straßen- und Eisenbahnbrücken.* Die in DIN 1075 angegebenen Werte (keine Spannungserhöhung).

5.823 Stahlbetondruckglieder. Das Zweifache der in DIN 1045 § 27.2 angegebenen zulässigen Werte ($P_{\text{zul}} = \frac{2}{3} P_{\text{Bruch}}$). Bei Brückenüberbauten ist diese Spannungserhöhung nicht zulässig.

5.824 Bauholz. Die in DIN 1052 und DIN 1074 angegebenen Werte (keine Spannungserhöhung).

5.825 Mauerwerk. Die in DIN 1053 angegebenen Werte (keine Spannungserhöhung).
